形状记忆合金智能结构

闫晓军　张小勇　著

科 学 出 版 社

北 京

内 容 简 介

本书以航空航天领域的结构设计需求为背景,通过开展设计需求分析、结构方案设计、材料性能测试、本构模型表征、驱动器设计、结构设计及优化、试验测试与验证、产品工程化等环节,提出和发展了针对形状记忆合金智能结构较完整的基础理论、设计方法及研制流程;同时,给出了形状记忆合金智能结构的工程应用实例,以期进一步推动形状记忆合金智能结构的工程应用。

本书可作为高等学校航空航天、力学、机械、材料等相关专业的教学用书,也可供相关领域结构设计及科研人员参考。

图书在版编目(CIP)数据

形状记忆合金智能结构 / 闫晓军,张小勇著. —北京:科学出版社,2015
ISBN 978-7-03-042871-4

Ⅰ.①形… Ⅱ.①闫… ②张… Ⅲ.①航空材料-形状记忆合金-智能结构
Ⅳ.①V252.2

中国版本图书馆 CIP 数据核字(2014)第 308868 号

责任编辑:裴 育 王 苏 / 责任校对:郭瑞芝
责任印制:吴兆东 / 封面设计:蓝正设计

科学出版社 出版
北京东黄城根北街 16 号
邮政编码:100717
http://www.sciencep.com

北京九州迅驰传媒文化有限公司印刷
科学出版社发行 各地新华书店经销

*

2015 年 1 月第 一 版 开本:720×1000 1/16
2025 年 1 月第八次印刷 印张:17 3/4
字数:344 000
定价:**150.00 元**
(如有印装质量问题,我社负责调换)

前　言

形状记忆合金在环境温度变化时会发生内部材料相变,引起明显的形状变化,具有"形状记忆"和其他优良的物理性能。在结构中使用形状记忆合金,通过合理设计可以使结构主动、自适应地改变几何、刚度、连接、阻尼等特性,实现"智能化"。常见的形状记忆合金有 NiTi 合金、CuZnAl 合金、CuAlNi 合金等。本书选择综合性能优异的镍钛(NiTi)合金开展相关研究和应用。

本书以航空航天领域的结构设计需求为背景,通过开展设计需求分析、结构方案设计、材料性能测试、本构模型表征、驱动器设计、结构设计及优化、试验测试与验证、产品工程化等环节,提出和发展了针对形状记忆合金智能结构较完整的基础理论、设计方法及研制流程;同时,给出了形状记忆合金智能结构的工程应用实例,包括作者及课题组研制的系列化形状记忆合金航天压紧释放机构、形状记忆合金航天锁紧机构、主动变刚度的转子支承结构、拟橡胶金属减振器、形状记忆合金主动阻止裂纹扩展结构、形状记忆合金均载螺栓等智能结构,以期进一步推动形状记忆合金智能结构的工程应用。

本书的基础研究工作得到了教育部全国优秀博士学位论文作者专项资金(200351)、教育部新世纪优秀人才支持计划(NCET-06-0178)、国家自然科学基金(11272025)的资助;工程预研和型号研制工作得到了北京空间飞行器总体设计部、北京控制工程研究所、北京遥测技术研究所、上海航天电子有限公司、中国航空动力机械研究所等单位的资助和支持。在此表示感谢!

感谢课题组的开创者聂景旭教授,他活跃的学术思想和严谨的科研作风,为课题组在智能结构方面的研究奠定了基础。感谢航天五院的赵坚城研究员、刘立平研究员、从强研究员、刘志全研究员、杨巧龙高工、张绍卫高工、刘颖工程师、王晛工程师,上海航天电子有限公司的沈纪政工程师、张连兴高工,北京遥测技术研究所的李凉海研究员、王卫兵高工等在形状记忆合金智能结构研制过程中,长期给予的指导和帮助。

课题组的博士、硕士研究生参加了本书文字、图片、资料的收集工作。感谢黄大伟博士,杨宝锋、秦晓宇、白海波硕士的辛勤付出。

形状记忆合金智能结构涉及多个学科和领域的知识交叉,限于作者的知识范围和水平,书中难免存在不足之处,敬请广大读者批评指正。

作　者

2014 年秋

目　　录

第1章 绪　　论

1.1　智　能　结　构

结构是反映有形物体或无形认知等相互之间关系的概念。结构本身可以由一个或多个物体组成,如机械结构、建筑结构等;也可以是一种属性,如社会结构、数据结构等[1,2]。本书的结构是指由单个或者多个物体组成,能够维持自身形状,并具有一定刚度、阻尼和承载能力的装配体。

按照来源不同,结构可以划分为天然结构和人造结构。天然结构广泛存在于自然界中,如岩石、地壳、植物和动物的组成部分等;人造结构是人类在自然界物体的基础上发明和制造的,如石器、机械、电子产品等。

1.1.1　结构衍变历史

天然结构,尤其是生物体相关的结构,在大自然的长期进化和衍变过程中,形成了经过优化、高效的组织形式,使结构不单具有传统的刚度、承力、支撑功能,还能够根据外界环境的变化,自我传感、思考、驱动,以改变自身的状态,适应外界环境,具有智能化的特征。例如,人类的皮肤(图 1.1),它本身集多种传感、驱动功能为一身,不仅作为人体的保护结构,还具有温度、湿度、压力等传感功能,能驱动毛孔、汗毛、汗腺等的运动,实现人体温度调节。再如,蚕茧(图 1.2)是非常轻质的多孔结构,其内部结构优化、高效,不仅透气性好,还有一定的阻尼,能够消耗一定的外界攻击能量,保护蚕蛹免受伤害。

人造结构随着人类历史发展,其"智能化"程度也在不断提高(图 1.3)。在石器时代,人类直接使用石材、骨头等天然材料,通过简单打磨,制造出的结构形状简单、功能单一;青铜器时代,铜被发现并用于铸造结构,青铜器外形精致,功能多样;铁器时代,人类掌握了铁的冶炼和制造技术,结构的强度进一步提高,形状进一步优化;蒸汽时代,随着蒸汽机的发明,结构有了动力源,变成了"活"的结构;电气时代,随着内燃机、电机等更多动力源

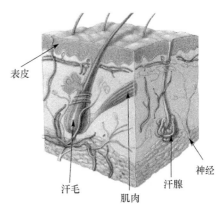

表皮

神经

汗毛　　肌肉　　汗腺

图 1.1　人类皮肤结构

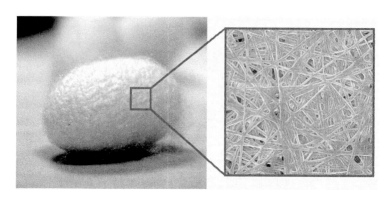

图 1.2　蚕茧

的出现和自控技术的快速发展,结构不仅能够"活"动,而且具备自我控制能力;当前所处的信息时代,随着计算机的发明和普及、微纳米加工技术的发展、新型微传感器与驱动器的出现,结构能够自我思考、传感、驱动,更加趋近于自然界中的生命体。从图 1.3 可以看出,随着人类文明从石器时代发展到现在的信息时代,人造结构的形式越来越精巧,功能越来越多样化,"智能化"程度越来越高。

图 1.3　人造结构衍变历史

1.1.2　智能材料特点

智能材料是指材料的一种或多种性质(如阻尼、刚度、形状、电阻等)会在激励(如力、热、光、电、磁等)作用下,发生显著变化[3]。根据用途不同,智能材料通常可分为两大类:传感(或敏感)材料和驱动材料。

传感材料是指对来自外界或内部的刺激强度及变化具有感知能力,并能以电流、电压、磁场、光等信号进行反馈的材料。这类材料可以用于结构中,实现传感功能。常见的传感材料有光纤、热敏材料、变形敏感材料等。利用传感材料可以制作传感器。传感器是一种能感受指定的被测量,并输出信号的器件或装置[4]。

驱动材料可以根据温度、电场或磁场等的变化来改变自身的颜色、形状、尺寸、位置、刚性、阻尼、相位、内耗等性能,可用在结构中,实现驱动功能。常见的驱动材料有形状记忆合金(shape memory alloys,SMA)、压电材料、电流变材料等。利用驱动材料可以制作驱动器,驱动器是一种将能量(如电能、液压、气压、电磁等)转换为运动或力输出的装置,通常用于结构或系统的移动或控制[5]。

在结构中选用智能材料驱动时,评价其性能的关键指标有驱动应力和应变、能量密度、驱动频率等[6]。图 1.4 为常用智能材料驱动应力、应变及体积能量密度(单位体积中的能量)的对比。图 1.5 为能量密度(单位质量中的能量)及驱动频率的对比。可以看出,在现有智能材料中,SMA 的能量密度最高,同时也具有较高的

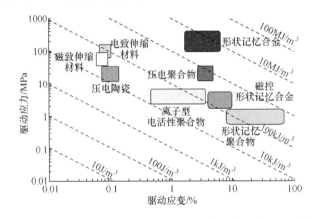

图 1.4　常用智能材料驱动应力、应变及体积能量密度对比[6]

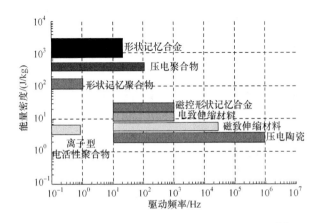

图 1.5　常用智能材料能量密度及驱动频率对比[6]

驱动频率、较大的输出应力和应变,综合性能突出,是一种在工程中易于推广使用的智能材料。

1.1.3　智能结构定义

智能结构是在结构中集成智能材料作为传感器和(或)驱动器,使结构除了具有承载、传力、连接等功能外,还具有感知自身状态(温度、压力、速度等)、改变自身性质(刚度、阻尼、形状等)等功能,以更好地适应外界环境的变化,实现预定功能的一类结构。

智能结构的最显著特点是结构和传感器、驱动器高度集成,这个特点使智能结构明显区别于传统的具有主动控制功能的结构。如图 1.6 所示,传统的具有主动控制功能的结构一般包含传感器、驱动器、控制器等多个部分,并且传感器、驱动器的界限分明。相比之下,智能结构由于利用了智能材料的固有驱动、传感特性,直接将智能材料集成到结构之中,使结构更接近于生物体结构,智能和自适应特点更明显,能够更好地实现结构的功能。

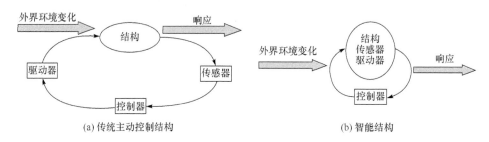

(a) 传统主动控制结构　　　　　　　　　　　　　(b) 智能结构

图 1.6　传统主动控制结构和智能结构的对比

在航空航天飞行器、精密仪器等系统中,为了减轻质量,提高智能化程度,往往在系统中采用智能结构来满足设计和使用需求。例如,智能蜂窝结构将蜂窝作为基体材料,在其中嵌入多个光纤传感器,通过计算机处理光纤中的信号,及时掌握自身温度、应力分布,实现对自身状态的实时监控(图 1.7)[7]。智能机翼在机翼龙骨结构中集成压电驱动器,当外界来流变化或飞机自身需要进行特殊姿态飞行时,可利用驱动器改变机翼的弯曲形状,保证气动性能最优(图 1.8)[8]。

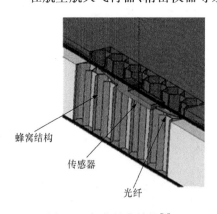

图 1.7　智能蜂窝结构[7]

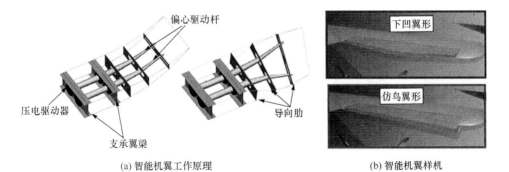

(a) 智能机翼工作原理 (b) 智能机翼样机

图 1.8 美国 Smart Wing 计划发展的智能机翼结构[8]

1.2 形状记忆合金

形状记忆合金是一类能够"记忆"其初始形状的合金材料,由于同时具有传感和驱动功能,是一种智能材料。SMA 具有两种特殊的宏观力学性能,即形状记忆效应(shape memory effect,SME)和超弹性(super elasticity,SE),都是由其内部的微观相变机制引起的。目前,SMA 已经在工业、医学等领域得到了较为广泛的应用。

1.2.1 宏观力学特性

SMA 重要的宏观力学特性包括:形状记忆效应和超弹性。

形状记忆效应是指 SMA 在环境温度低于其相变温度时,对其加载并卸载,卸载后存在残余应变,此时对 SMA 加热,就可以使残余应变消失,SMA 完全回复到加载前的形状,见图 1.9。

基于形状记忆效应,SMA 可以用来作为驱动器。如图 1.10 所示,用 SMA 制作成弹簧,通过对弹簧反复加热、冷却,弹簧将会反复提升、降低重物,对重物做功。这个过程就是形状记忆效应的

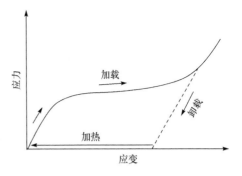

图 1.9 形状记忆效应示意图

一种体现形式,对于这种 SMA 在反复加热、冷却下对恒定负载做功的循环,本书称为形状记忆循环。形状记忆循环下的应变-温度变化曲线如图 1.11 所示。本书第 5~8 章介绍的 SMA 航天压紧释放机构、SMA 航天锁紧机构、主动变刚度的转子支承结构、SMA 主动阻止裂纹扩展结构等都利用了 SMA 的形状记忆效应。

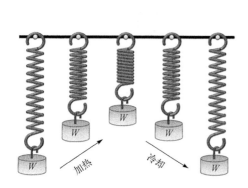

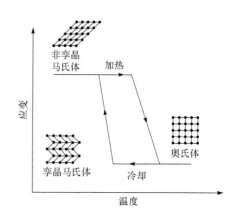

图 1.10　SMA 弹簧的形状记忆循环　　　图 1.11　形状记忆循环下的应变-温度曲线

　　当 SMA 用于驱动器时,通常会设计与之相配合的偏置弹簧(或偏置弹性结构),使其在回复后还能在偏置弹簧作用下重新被拉伸,实现双程驱动,其原理如图 1.12 所示[9]。这类 SMA 驱动器比较常见,如本书第 5、6 章介绍的 SMA 航天压紧释放机构和 SMA 航天锁紧机构都采用了这样的驱动器。

　　超弹性是指当 SMA 处于较高环境温度时,对其施加应力使其发生较大变形,当应力释放后,SMA 仍能回复到变形前的初始形状的现象,见图 1.13。

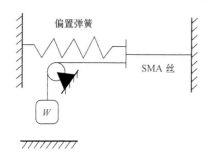

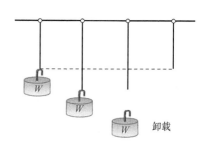

图 1.12　SMA 丝-偏置弹簧驱动器[9]　　　图 1.13　SMA 超弹性示意图

　　基于超弹性特性,SMA 可用在很多需要大变形或大阻尼的结构中。典型的超弹性如图 1.13 所示,通过重物对超弹性 SMA 丝加载,使 SMA 丝发生较大变形,当取下重物后,SMA 丝会自动回复到其加载前的形状。若反复重复上述过程,对超弹性状态的 SMA 丝进行反复加载及卸载循环,称为超弹性循环。典型的超弹性应力-应变曲线如图 1.14 所示,其应力应变曲线将形成滞回圈,耗散机械加载的能量,因此 SMA 具有良好的阻尼特性。NiTi 合金的比阻尼可达 15%～20%,CuZnAl 合金的比阻尼高达 30%～85%[10],是优秀的阻尼材料。本书第 7 章介绍的 SMA 拟橡胶金属减振器就是利用了 SMA 的超弹性和大阻尼特性。

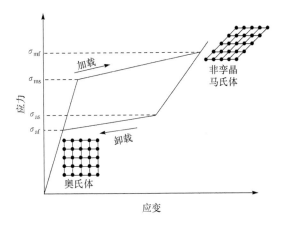

图 1.14　超弹性循环下的应力-应变曲线

当 SMA 用于阻尼减振时,还需具体设计 SMA 的结构形式,进一步增大其阻尼,如本书第 7 章将 SMA 丝缠绕成拟橡胶金属的结构形式。

1.2.2　微观相变机制

SMA 的形状记忆效应、超弹性等宏观力学性能源于其内部晶体的微观相变。如图 1.15 所示,SMA 在不同的应力和温度下,具有奥氏体(用 A 表示)、孪晶马氏体(用 M^t 表示)和非孪晶马氏体(用 M^d 表示)三种相:A 相只在高温区稳定存在,M^t 相只在低温低应力区稳定存在,而 M^d 相在高应力区或低温区稳定存在(图 1.15 中 M_s、M_f、A_s、A_f 分别代表马氏体和奥氏体相变的开始和结束温度;σ_s、σ_f

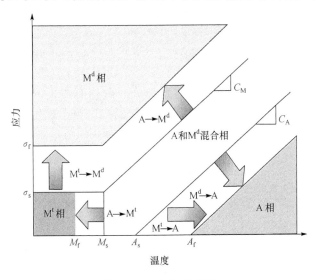

图 1.15　SMA 相变图

为应力诱发马氏体相变的开始和结束临界应力;C_A 和 C_M 为奥氏体相变和马氏体相变过程中的应力影响系数)。SMA 会在这三种相之间发生相变,一共有三类相变:$M^t \leftrightarrow A$、$M^t \rightarrow M^d$ 和 $M^d \leftrightarrow A$ 相变。

$M^t \leftrightarrow A$ 相变:由正、逆两个相变过程构成。由相变图 1.15 可知,在应力低于σ_s($M^t \rightarrow M^d$ 相变开始临界应力)时,降低 SMA 的温度将发生 $A \rightarrow M^t$ 相变;升高SMA 的温度将发生 $M^t \rightarrow A$ 相变。$M^t \leftrightarrow A$ 相变过程对应的微观机制如图 1.16 所示。随着温度的变化,会发生微观的相变,不发生宏观形状的变化。

$M^t \rightarrow M^d$ 相变:只有正相变过程,而没有相应的逆相变。由相变图 1.15 可知,相变温度低于 M_s 时,对 SMA 施加应力超过 σ_s 时才会发生 $M^t \rightarrow M^d$ 相变,这个过程又称为马氏体重取向。然而,当对 M^d 相进行应力卸载时,却不会发生对应的$M^t \rightarrow M^d$ 的逆相变,因为 M^d 相在低温低应力区也能稳定存在。$M^t \rightarrow M^d$ 相变过程的微观机制如图 1.17 所示,随着对孪晶马氏体加载应力的增大,将引起宏观形状的变化。

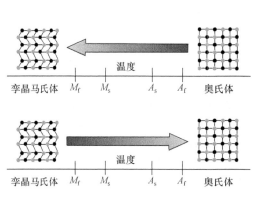

图 1.16　$M^t \leftrightarrow A$ 相变微观机制

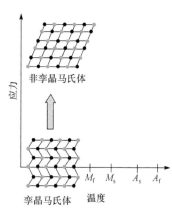

图 1.17　$M^t \rightarrow M^d$ 相变微观机制

$M^d \leftrightarrow A$ 相变:由正、逆两个相变过程构成。由相变图 1.15 可知,在应力高于σ_f($M^t \rightarrow M^d$ 相变结束临界应力)时,升高 SMA 的温度将会发生 $M^d \rightarrow A$ 相变;降低SMA 的温度将会发生 $A \rightarrow M^d$ 相变。$M^d \leftrightarrow A$相变过程的微观机制如图 1.18 所示,在对SMA 施加恒定应力前提下,温度的变化会诱发 $M^d \leftrightarrow A$ 相变,同时引起宏观形状的改变。

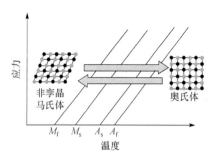

图 1.18　$M^d \leftrightarrow A$ 相变微观机制

上述关于相变过程的分析基于相变图 1.15,该相变图由 Brinson 等提出[11,12],较完整地表示出了 SMA 的相变行为及对应的相变发生条件。

1.2.3　SMA 发展历程

SMA 从发明至今,共经历了形状记忆效应发现(20 世纪 30~50 年代)、NiTi 合金发明并推广应用(20 世纪 60~70 年代)和全面提高发展(20 世纪 80 年代至今)三个阶段。

第一阶段,20 世纪 30~50 年代,SMA 的形状记忆效应被发现。1932 年瑞典化学家 Ölander 首次发现了在 AuCd 合金中存在金属相变,并且相变可以引起材料宏观形状的变化[13]。在 Ölander 研究的基础上,Chang 和 Read 在 1951 年发现了 AuCd 系列合金在马氏体状态下发生形变后,加热到高温能回复到初始形状[14,15],这就是形状记忆合金最重要的特性之一——形状记忆效应。Rachikger 在 1958 年发现了 CuAlNi 合金棒在加载到 4%应变后卸载,形状可以完全回复,他将这一现象定义为"超弹性",这一名词一直沿用至今[16]。尽管这些新发现引起了科学界极大的兴趣,但由于上述材料价格昂贵、制造困难、力学性能较差,尚不能在工程实际中得到应用。

第二阶段,20 世纪 60~70 年代,NiTi 形状记忆合金被发现并引起广泛关注。1962 年,美国海军武器实验室的 Buehler 等发现等原子比的 NiTi 合金具有优良的形状记忆效应(图 1.19[17,18]),并成功研制出廉价且力学性能优异的形状记忆合金"Nitinol"[18]。在 60 年代末,Buehler 等进一步发现在 NiTi 系列合金中添加 Co、Fe 等第三元素,可以大幅降低合金的相变温度[19]。基于该发现,Raychem 公司于 1969 年研发的 CryoFit™ 形状记忆合金智能管接头(图 1.20[20]),被美国 Grumman 航空公司广泛应用于 F-14 喷气战斗机[21]。同年,SMA 智能天线在美国"阿波罗"11 号登月舱上成功应用(图 1.21)[22,23]。随后,Andreasen 成功将超弹性 SMA 用于医学矫齿器中,开启了记忆合金医学应用的大门[24]。

图 1.19　美国海军武器实验室的 Buehler 等发明 NiTi 形状记忆合金[17,18]

第三阶段,20 世纪 80 年代至今,记忆合金力学性能进一步提高、相变温度范围大幅拓宽,在工程中得到广泛应用。2000 年以后,国内外学者通过改善 SMA 的材料成分、引入新元素、改进热处理及训练方法,进一步稳定、提高材料的性能。例如,提高材料循环加载时性能的稳定性,拓宽使用环境温度,提高回复应变及应力等[25~32]。同时,记忆合金相关产品的应用也出现了爆炸性的增长,美国的 TiNi Aerospace 公司、欧洲的 ARQUIMEA 公司等都推出了系列化的利用 SMA 驱动的航天机构产品;SMA 制成的支架(图1.22)、大变形牙髓针(图1.23)、髌骨爪、脊柱矫正器、接骨板、矫齿丝、血栓滤器等也得到了很大的发展,目前已经用于成千上万的患者[33]。此外,在汽车工业、机器人等其他领域,SMA 也被设计和制造成了大量商业产品[34,35]。

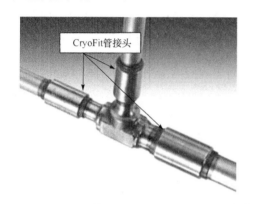

图 1.20　CryoFit™形状记忆合金智能管接头[20]

图 1.21　"阿波罗"11 号登月舱智能天线[23]

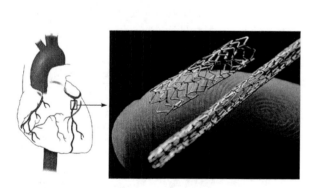

图 1.22　SMA 支架[36]

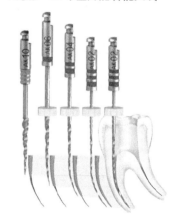

图 1.23　SMA 大变形牙髓针[37]

1.3　SMA 智能结构

1.3.1　定义及分类

　　SMA 智能结构将 SMA 作为驱动器和(或)传感器集成在结构中,在实现承载、连接等功能的同时,实现感知环境刺激、驱动结构等功能,是具有智能化、高度集成特点的一类智能结构。根据 SMA 在智能结构中的使用形式,可以将 SMA 智能结构分为三类:装配驱动式、嵌入复合式和直接构件式。

装配驱动式 SMA 智能结构直接利用 SMA(如 SMA 丝、SMA 弹簧、SMA 柱等)作为驱动器,再将驱动器以机械装配的方法(借助螺钉、螺母等零件)集成到结构中,通过驱动器对特定的结构进行驱动,实现特定功能。图 1.24 所示的 SMA 智能温控阀,其结构中的 SMA 弹簧用于感知温度及驱动阀门开启、关闭,并直接通过装配方法集成到结构中。本书介绍的 SMA 航天压紧释放机构(第 5 章)、SMA 航天锁紧机构(第 6 章)、主动变刚度的转子支承结构(7.2 节)等都属于这一类。

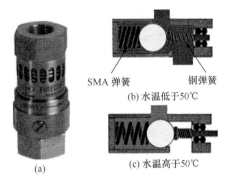

图 1.24　装配驱动式 SMA 智能结构:SMA 温控阀[38]

嵌入复合式 SMA 智能结构是将 SMA(如 SMA 丝、薄带等)植入结构的材料中,形成智能复合结构,通过驱动 SMA 改变结构的形状、刚度、阻尼等,以更好地适应外界环境,满足工作要求。图 1.25 所示的 SMA 智能机翼尾缘,是将 SMA 丝直接植入机翼的夹层材料中,通过 SMA 丝来驱动尾缘形状改变[39,40]。本书介绍的主动阻止裂纹扩展智能结构(8.2 节)就属于这一类。

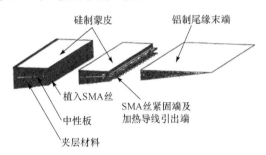

图 1.25　嵌入复合式 SMA 智能结构:SMA 智能机翼尾缘[39,40]

直接构件式 SMA 智能结构是指直接将 SMA 设计成特殊的形状或结构形式,利用 SMA 在不同温度环境中刚度、阻尼等的变化实现结构的智能/自适应调节。图 1.26 所示的 SMA 蜂窝阻尼结构,是将 SMA 薄片直接加工成蜂窝形状,用于主动形状改变和阻尼减振[41~46]。本书介绍的均载螺栓(8.3 节)就属于这一类。

除了上述分类方法外,本书第 5~8 章将研制流程和应用领域接近的 SMA 智能结构划分成一类,分别是 SMA 航天压紧释放机构、SMA 航天锁紧机构、SMA 减振结构和 SMA 强度自适应结构。

图 1.26　直接构件式 SMA 智能结构:SMA 蜂窝阻尼结构[41,42]

1.3.2　研制流程

在 SMA 智能结构中,SMA 以不同的使用方式(装配驱动、嵌入复合、直接构件等)、不同的几何形式(丝、弹簧、柱等)存在,并且由于使用场合、应用领域不同,其研制流程必然存在一定差异;但由于均采用 SMA,且一般要实现智能化的设计目标,因此 SMA 智能结构的研制也存在较大的共性。

结合课题组多年来对 SMA 智能结构的研究,本书将其研制流程归纳为如下几个步骤:设计需求分析、结构方案设计、材料性能测试、本构模型表征、驱动器设计、结构设计及优化、试验测试与验证、产品工程化等 8 个环节(图 1.27)。每个环节的具体工作内容如下。

1. 设计需求分析

设计需求分析是智能结构设计的前提及输入。设计需求是从使用智能结构的系统(如飞机、卫星、发动机等)角度,对智能结构提出要求,具体包括:功能要求(如压紧释放功能、锁紧功能、减振功能等)、性能要求(如包络尺寸、重量、释放载荷、工作电流等)、寿命/可靠性要求(如使用寿命、释放可靠性等)、力学环境要求(如正弦振动、随机振动、冲击力学环境等)和热环境要求(如高/低温环境、真空环境、高低温循环环境等)。通过需求分析,从系统需求分解出对智能结构的设计要求,确定设计目标和后续工作内容。

2. 结构方案设计

结构方案设计是智能结构设计的初步构思。结构方案设计要以设计需求分析为依据,充分利用 SMA 的形状记忆效应或超弹性等特性,提出智能结构设计方案,使结构具有智能特征,能实现形状、阻尼、刚度、强度等的主动或自适应改变。结构方案设计阶段一般需要提出多个基于不同原理的方案,通过对比分析,剖析方案优劣,最后确定最佳方案。

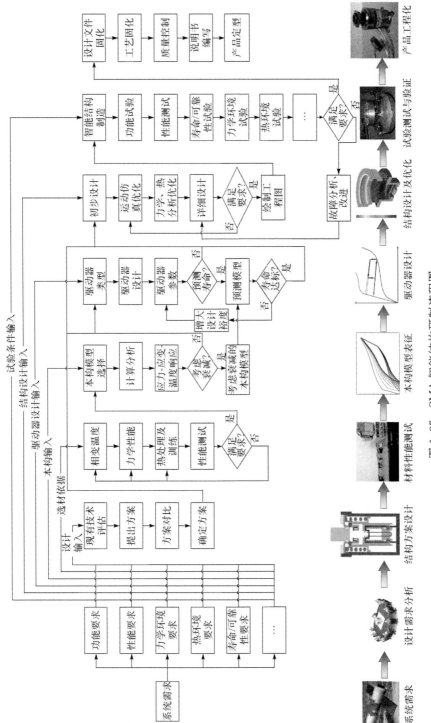

图 1.27 SMA 智能结构研制流程图

3. 材料性能测试

材料性能测试的目的是选取 SMA。对于驱动器中的 SMA,应重点测试其形状记忆效应相关的参数,如相变温度、马氏体相变开始临界应力、最大相变应变、回复应力、奥氏体相变应力影响系数、马氏体相变应力影响系数等;对于阻尼器中的 SMA,应重点测试其超弹性相关参数,如相变温度、马氏体和奥氏体的相变开始和结束临界应力、最大相变应变、能量耗散等;对于需要多次重复使用的驱动器,需要测试 SMA 在循环加载时的最大相变应变衰减值、塑性应变累积值等。

4. 本构模型表征

SMA 本构模型是 SMA 驱动器设计的理论基础。应根据 SMA 智能结构的具体要求,有针对性地发展 SMA 本构模型。例如,对于多次使用的 SMA 驱动器,需要发展考虑循环衰减的 SMA 本构模型;对于 SMA 超弹性非线性系统在随机载荷激励下的响应求解问题,则需要发展低阶次的线性超弹性本构模型。

5. 驱动器设计

SMA 驱动器的设计以 SMA 本构模型为基础,以 SMA 智能结构需求为设计输入,并针对不同的驱动器形式,采用相应的设计理论和方法。例如,若驱动器输出载荷变化,则需要采用变载荷驱动器设计方法;若载荷恒定,则需要采用恒定载荷驱动器设计方法。另外,还需要考虑智能结构使用次数的要求,对驱动器进行寿命预测,保证其使用寿命和可靠性。

6. 结构设计及优化

结构设计及优化是在结构方案设计的基础上,进一步优化、细化结构,完成详细设计。基于提出的设计方案,开展三维建模、运动仿真、关键结构件应力强度分析、热分析、结构优化设计、绘制工程图纸等。通过这一系列的结构设计及优化工作,才能将原理性方案变成可加工制造、能实现设计目标的详细设计方案。

7. 试验测试与验证

试验测试与验证是检验所设计结构的必要手段。在完成结构的设计及制造后,需要开展多个试验来验证其是否满足需求分析中提出的设计要求。具体包括:功能试验(如压紧释放功能、锁紧功能、减振功能等)、性能试验(如包络尺寸、质量、释放载荷、工作电流等)、寿命/可靠性试验、力学环境试验(如正弦振动、随机振动、冲击等)、热环境试验(如热真空、热循环试验)等。若试验考核未通过,还需要开展故障树分析,并返回前述设计过程,排查设计缺陷、SMA 材料缺陷、零件加工超差等情况,并进行改进设计。

8. 产品工程化

产品工程化是由通过试验验证的结构向成熟产品转化的重要工作。通过试验验证的结构只是实验室内的小量样机,尽管它在功能、性能、耐环境等方面都满足要求,但还不能直接用于实际工程,还需要进行产品工程化的工作。具体工作包括:基于实验室研究工作得出的设计图纸、生产流程、制造及装配工艺、使用维护要点等,将整个图纸、工艺、使用维护流程固化,严格编制质量控制文件,管理、控制每个环节,从而保证智能结构的产品质量、一致性及可靠性等。

1.4 国内外研究现状

对 SMA 智能结构的研究涉及材料、力学、机械、航空航天、自动控制等多个学科,对其研究的角度和侧重点也不尽相同,结合图 1.27 所示的研制流程,本节重点介绍 SMA 智能结构相关的材料性能测试、本构模型表征、驱动器设计、工程应用等方面的研究进展。

1.4.1 材料性能测试

SMA 的材料性能是其工程应用的重要基础,也是评价 SMA 智能结构性能的重要指标之一。目前,SMA 材料性能的研究主要可分为以下几方面:①SMA 基本力学性能;②SMA 力学性能循环衰减;③热处理方法对材料性能的影响。

1. SMA 基本力学性能

SMA 基本力学性能试验早期主要集中在宏观的单轴拉伸、扭转等方面。这方面的研究工作最先是由 NiTi 记忆合金发明者 Buehler 展开的,但限于当时的试验条件,仅进行了简单拉伸力学性能试验。随后,结合航空航天应用背景,美国NASA 对 NiTi 记忆合金展开了更为系统的研究工作,研究内容包括单轴拉伸、弯曲、扭转应力应变响应、加热回复力学行为等[47]。

随着微观观测手段的快速发展,对 SMA 材料基本力学性能的研究也更加深入,学术界开始研究其微观结构变化和宏观力学性能之间的联系。日本的 Otsuka等对 NiTi 系的记忆合金开展了全面的研究,研究了相变过程中多种马氏体的微观结构变化情况[48]。近十几年,随着高温形状记忆合金应用需求的凸显,相关学者也开展了大量高温形状记忆合金基本力学性能的研究。日本的 Buenconsejo 等研究了 Ti-Ta 高温形状记忆合金的形状记忆效应以及相应的微观相变特征[49]。

2. SMA 力学性能循环衰减

循环加载会对 SMA 的形状记忆效应造成影响[50~52]。Urbina 等研究了在不同环境温度下，循环对 NiTi 材料性能稳定性的影响，结果表明，环境温度会对循环过程中 NiTi 材料塑性应变、最大相变应变、相变温度等造成影响[50]。Atli 等研究了不同 NiTi 系记忆合金在不同应力下的循环作动衰减力学行为，如图 1.28 所示[51]。Mammano 等研究了 NiTi 丝在完全约束、连接恒定重物和与偏置弹簧配合等条件下，其形状记忆效应的衰减规律及疲劳寿命[52]。

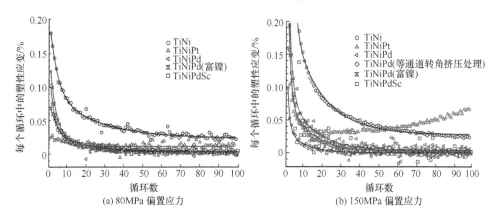

(a) 80MPa 偏置应力　　　　　　　　(b) 150MPa 偏置应力

图 1.28　NiTi 系记忆合金力学性能衰减

循环加载还会对 SMA 的超弹性性能造成影响[53~56]。Olbricht 等在不同的环境温度（均高于相变温度）下对超弹性 NiTi 合金进行循环加载，研究了不同温度对超弹性力学性能的影响[53]。循环加载会引起材料微观结构的变化，Ibarra 对微观位错结构进行观察研究（图 1.29），从微观角度解释了循环加载对超弹性 SMA 材料力学性能的影响[56]。Nemat-Nasser 等系统研究了在不同应变幅、不同加载频率、不同环境温度等加载条件下，超弹性 NiTi 合金的力学性能衰减[55]。

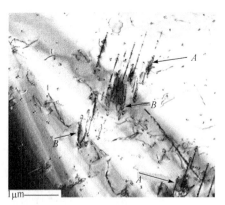

图 1.29　记忆合金材料循环
加载引起的位错[56]

3. 热处理方法对材料性能的影响

不同的处理方法对 SMA 材料性能有着很大的影响，尤其是对于其相变温度及力学性能[57,58]。

退火温度和保温时间都会对相变温度造成影响[59,60]。1984 年，Nishida 等研究发现，由于在 300～500℃内进行时效处理时，富镍 NiTi 记忆合金中的 Ni_4Ti_3 极易形成，从而影响到材料的相变温度[59]。Drexel 等研究了不同冷加工量、退火温度及保温时间对相变温度的影响（图 1.30）[60]。

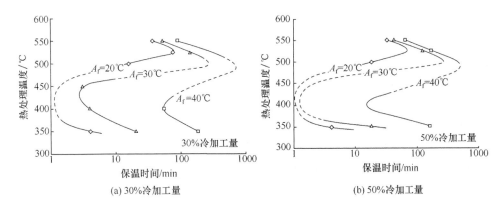

(a) 30%冷加工量　　　　　　　　　(b) 50%冷加工量

图 1.30　NiTi 记忆合金 A_f 温度随退火温度、保温时间的变化规律[60]

退火温度还会对力学性能造成影响[61,62]。Cesari 等的研究结果表明，不同的退火温度会对高温 SMA 中的微观结构造成影响，从而引起宏观力学性能的改变[61]。Miyazaki 等研究了 NiTi 记忆合金冷加工后在不同温度下退火对材料相变临界应力的影响（图 1.31）[62]。Sadiq 等的研究结果表明，退火温度也会对 SMA 材料的最大回复应力造成影响：当退火温度低于 600℃时，最大回复应力将急剧降低（图 1.32）。

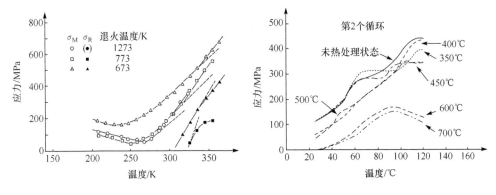

图 1.31　退火温度对相变临界应力的影响　　图 1.32　退火温度对最大回复应力的影响

1.4.2　本构模型表征

SMA 本构模型是对 SMA 在不同温度下应力-应变关系的描述。根据其采用的基础理论和所研究的微结构尺度,可以划分为三类:微观热动力学本构模型、细观力学本构模型和宏观唯象本构模型[63]。

1. 微观热动力学本构模型

微观热动力学本构模型是利用微观热动力学理论,描述一个无限小体积内的微尺度力学行为,包括马氏体形核、生长、马氏体晶界的移动等,它从微观角度揭示材料相变机理,能比较全面地从物理方面揭示 SMA 的各种宏观力学行为,但其计算精度较差,依赖的材料参数非常多,因此更适合于 SMA 本构理论的基础研究。

Landau 基于微观热动力学理论,从材料的单晶自由能构成出发,建立了 SMA 的自由能表达式,通过对自由能求偏导得出了 SMA 本构模型。Falk 基于 Landau 理论,提出考虑形状记忆效应的 Helmoholtz 自由能表达式,详细讨论了模型对 SMA 材料性能描述能力,建立了 Falk 本构模型。除此之外,其他学者也做了大量研究工作[64,65]。

2. 细观力学本构模型

细观力学本构模型是以细观力学为基础,描述单个晶粒的力学行为,并通过某种平均的方法将单个晶粒的力学行为扩展到代表性体积元(representative volume element,RVE),从而实现对 SMA 宏观力学性能的描述。这种模型引入了较多的内变量,当进行三维结构计算时,计算量比较大,不利于工程应用。

Patoor 等首先基于细观力学,研究了 SMA 的本构行为,然后采用平均方法获得了其宏观本构行为的描述,但他们的本构模型仅限于对 $M^d \leftrightarrow A$ 相变过程的描述[66]。Sun 和 Hwang[67,68]把晶体学唯象理论与 Mori-Tanaka 自洽方法相结合,推导出了马氏体变体之间的交互能表达式,获得了单位体积单晶体余自由能的解析表达,从而发展了能够描述 SMA 形状记忆效应和超弹性的细观力学 SMA 本构模型。除此之外,Gao、Huang 和 Marketz 等很多学者也开展了这方面的研究,取得了很大进展[69~72]。

3. 宏观唯象本构模型

宏观唯象本构模型并不侧重从根本上揭示 SMA 力学行为机理,而是重点研究 SMA 的宏观力学行为。它引入了较少的内变量和材料参数,可以简单、高效地对 SMA 的形状记忆效应、超弹性等各种力学行为进行模拟,非常适合于工程中的智能结构或驱动器设计。宏观唯象本构模型自从 20 世纪 80 年代以来,一直都是本构模型研究中的热点,先后经历了一维本构模型、三维本构模型、考虑循环衰减

(循环加载、蠕变)影响的本构模型三个发展阶段。

1) SMA 一维本构模型

Tanaka 等在 1986 年提出了第一个采用内变量描述马氏体变进程的宏观唯象本构模型[73~75]，其最基本的应力应变表达如式(1.1)所示。该本构模型采用马氏体体积分数作为内变量，并假设马氏体体积分数随应力和温度呈指数变化，即假设为指数型硬化函数。另外，Tanaka 等认为 SMA 的相变温度随着作用在材料上的应力增加而升高，模型中采用的相变图如图 1.33 所示，具体表达为

$$\dot{\sigma}=\frac{\partial\sigma}{\partial\varepsilon}\dot{\varepsilon}+\frac{\partial\sigma}{\partial T}\dot{T}+\frac{\partial\sigma}{\partial\xi}\dot{\xi}=E\dot{\varepsilon}+\Theta\dot{T}+\Omega\dot{\xi} \tag{1.1}$$

其中，E 为弹性模量；Θ 为热弹性张量；Ω 为相变张量；σ、ε、ξ 分别为应力、应变、马氏体体积分数。

Liang 和 Rogers 在 Tanaka 等的基础上，提出了更简单并且更加符合试验结果的余弦型硬化函数取代 Tanaka 等的指数型硬化函数，使得计算结果更为精确[76]。

Tanaka 和 Liang、Rogers 在 SMA 一维本构模型上做了大量工作，但计算结果仍然不太理想，主要是由两个原因造成的：①没有考虑 SMA 的一个重要力学行为——马氏体重取向；②没有考虑相变过程中 SMA 材料参数的变化。针对上述问题，Brinson 等于 1993 年在 Liang-Rogers 模型的基础上进一步修正[11,12]。

(1) 将马氏体分为孪晶马氏体和非孪晶马氏体以考虑马氏体重取向过程（$M^t{\rightarrow}M^d$），提出了如下马氏体体积分数表达式：

$$\xi=\xi_T+\xi_s \tag{1.2}$$

其中，ξ_T 为温度诱发的马氏体体积分数（孪晶马氏体）；ξ_s 为应力诱发的马氏体体积分数（非孪晶马氏体）。

(2) 修正了 SMA 相变图，完整考虑了 SMA 的 5 个相变过程，修改后的相变图如图 1.34 所示[11]。

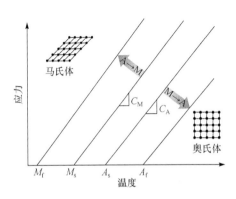

图 1.33　Tanaka 等的模型相变图

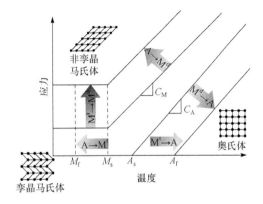

图 1.34　Brinson 等的模型相变图

（3）假设弹性模量等材料参数随相变的进行而变化,修正后的弹性模量 E、相变模量 Ω 的表达式为

$$E(\xi)=E_A+(E_M-E_A)\xi \tag{1.3}$$
$$\Omega(\xi)=-\varepsilon_{max}E(\xi) \tag{1.4}$$

其中,下标 A、M 分别表示奥氏体、马氏体相;ε_{max} 表示最大相变应变;ξ 为总马氏体体积分数。

通过 Brinson 的改进,SMA 一维本构模型的计算精度大幅提高（Brinson、Tanaka、Liang-Rogers 模型的计算结果对比如图 1.35 所示）,能准确描述 SMA 的 5 个相变过程,在工程中得到了广泛应用。

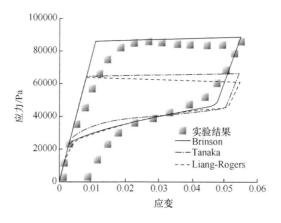

图 1.35　不同本构模型计算结果对比[77]

随着 SMA 支架等复杂三维 SMA 构件的出现,简单的一维本构模型已经不能满足应用的需求,促进了 SMA 三维本构模型的快速发展。

2）SMA 三维本构模型

针对上述问题,很多学者开展了三维 SMA 本构模型的研究,最具代表性的唯象三维本构模型是由 Lagoudas 于 1996 年提出的。Lagoudas 基于 Tanaka 等的一维本构模型的热力学框架[78],建立了 SMA 的 Gibbs 自由能方程,在自由能中采用相变硬化函数对材料相变过程中的界面能（也有文献称交互能）进行描述[79,80]。根据试验结果发展了以马氏体体积分数为内变量的相变应变流动法则,同时发展了 J_2 型相变函数（图 1.36）,用以判断 SMA 相变的开始和结束。基于上述工作,建立了 SMA 三维本构模型[81]。

在此基础上,Qidwai 和 Lagoudas 进一步提出了该三维本构模型的回退映射数值求解方法,并编写了 ABAQUS 的用户材料子程序 UMAT,实现了该三维本构模型的有限元计算[81]。

上述本构模型能对 SMA 三维复杂构件进行形状记忆效应、超弹性等特性的

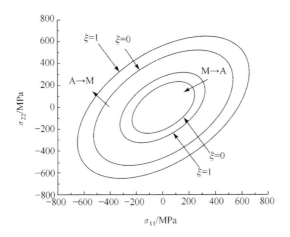

图 1.36 J_2 型相变函数在 σ_{11}-σ_{22} 平面上投影曲线

有限元分析,解决了工程中基本力学性能仿真的问题。然而,在多次循环加载下,SMA 性能会随循环数而发生变化。这种现象是上述本构模型所不能模拟的,需要发展考虑循环加载影响的 SMA 本构模型。

3) 考虑循环衰减影响的本构模型

在工程应用中,往往需要对 SMA 反复多次加载,因此循环加载的影响显得尤为重要。针对这一问题,国内外学者发展了多个考虑循环加载的本构模型。

Auricchio 等在 2007 年通过引入循环加载引起的塑性应变,成功描述了超弹性循环塑性应变累积的影响[82,83],计算曲线如图 1.37 所示。然而,该模型仅能对超弹性循环影响进行描述,不能描述形状记忆循环的影响。

针对这一问题,Zaki 等考虑了形状记忆效应、超弹性循环对 SMA 塑性应变等的影响,发展了考虑循环衰减的 SMA 三维本构模型[84],该本构模型能对超弹性循环衰减进行精确的模拟(试验值与计算值对比如图 1.38 所示)。然而,试验证明,

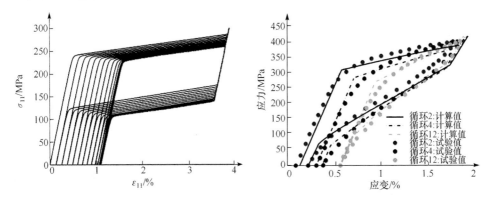

图 1.37 Auricchio 模型超弹性循环曲线   图 1.38 Zaki 模型超弹性循环曲线

形状记忆循环加载会对 SMA 相变温度产生影响,而该模型中没有考虑这种影响,这使其对形状记忆循环影响的计算精度较差(形状记忆循环计算值与试验值对比如图 1.39 所示)。其他学者也针对循环加载的影响开展了大量研究,但大多只考虑了循环加载对塑性应变累积的影响,很少考虑对相变温度的影响,仍需要进一步改进、完善。

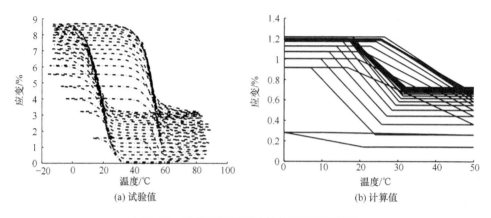

图 1.39　形状记忆循环计算值与试验值对比

　　上述本构模型均可以用于智能结构设计。SMA 一维本构模型可用于采用 SMA 丝或者棒材的智能结构设计;SMA 三维本构模型可用于三维 SMA 构件的设计与分析,如 SMA 弹簧、SMA 螺栓等;考虑循环衰减的 SMA 本构模型可以用于对 SMA 智能结构的使用寿命、多次使用性能衰减进行预测,如对 SMA 丝驱动器寿命预测、SMA 弹簧性能衰减预测等。

1.4.3　驱动器设计

　　SMA 驱动器利用 SMA 的形状记忆效应,将热能转化为位移或力输出。SMA 用于驱动器时通常有棒、丝、板、薄带等多种结构形式,但由于 SMA 丝具有易于和其他结构装配、易于和基体材料复合、可直接通电加热等特点,被大量用作智能结构中的驱动器。SMA 驱动器的设计大致经历了经验设计、简单一维设计和复杂三维设计三个阶段。

　　经验设计依赖大量试验结果,针对特定的驱动器形式,通过总结设计经验和方法来指导设计[85,86]。在 SMA 本构模型还没有发展起来之前,SMA 驱动器大多采用这种方法,如 Hopkins 等发明的 SMA 驱动器。该驱动器没有采用理论方法进行设计,而是通过试验方法确定 SMA 的性能,然后基于经验进行设计[87]。Funakubo 等以 SMA 高温、低温应力应变曲线为基础,认为驱动过程就是在高、低温应力应变曲线间直接切换,基于这种经验设计方法,开展 SMA 驱动器的设计[9,88]。这类设计方法比较原始粗糙，很难进行精确的设计，而且经验只能针对特定类型的驱动器，无法推广到其他结构形式的驱动器。

简单一维设计方法是利用 SMA 一维本构模型，结合驱动器结构形式和 SMA 丝的受力条件，计算出 SMA 丝的几何参数。Liang 等基于 SMA 一维本构模型发展了较为系统的 SMA 丝驱动器设计理论[9]。Liang 对 SMA 丝-偏置弹簧及差动 SMA 丝两类驱动器(图 1.12 和图 1.40 所示)设计原理进行了详细的阐述，并研究了弹簧刚度、SMA 丝长度等参数对 SMA 驱动器驱动性能的影响。剑桥大学的 Huang 基于 SMA 一维本构模型，结合图 1.41 和图 1.42 所示的两种旋转驱动器结构形式，考虑了不同应力及环境温度对驱动器性能的影响，发展了 SMA 驱动器的设计方法[89]。

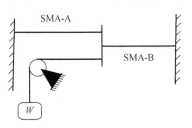

图 1.40 Liang 等设计的差动 SMA 丝驱动器[9]

图 1.41 旋转驱动器方案一[89]

图 1.42 旋转驱动器方案二[89]

复杂三维设计方法是利用 SMA 三维本构模型和有限元工具，对三维 SMA 结构进行计算和优化。这种设计方法是在 SMA 三维本构模型和有限元计算发展起来后才逐渐出现的。Lagoudas 等利用其发展的 SMA 三维本构模型，成功地设计了航空发动机外涵喷口降噪智能结构(图 1.43)[90~93]。Auricchio 等利用 SMA 有限元程序对医用 SMA 支架进行了有限元分析(图 1.44)[94~96]。此外，其他学者也开展了大量三维 SMA 智能结构设计工作[80,97~100]。

1.4.4 工程应用

SMA 在工程中有着广泛的用途，据文献[35]对 SMA 工程应用方面美国专利数目的统计结果可知，自 1990 年以来，SMA 应用已逐渐扩展到生物医学、航空航天、机器人、汽车工业等多个领域(图 1.45)。

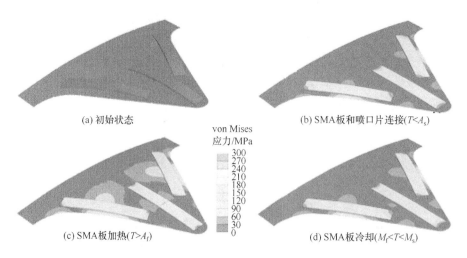

(a) 初始状态　　　　　　　　　　　　　　　　　(b) SMA板和喷口片连接($T<A_s$)

von Mises
应力/MPa
300
270
240
210
180
150
120
90
60
30
0

(c) SMA板加热($T>A_f$)　　　　　　　　　　　(d) SMA板冷却($M_f<T<M_s$)

图 1.43　Lagoudas 用有限元设计的发动机喷口降噪智能结构

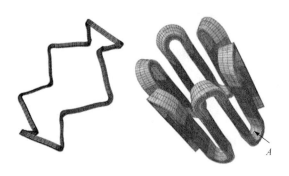

图 1.44　Auricchio 等用 SMA 有限元程序设计心脏支架[95]

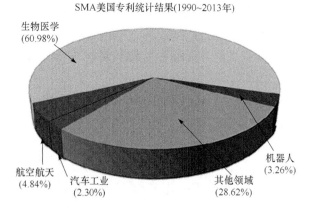

SMA美国专利统计结果(1990~2013年)

生物医学
(60.98%)

机器人
(3.26%)

航空航天
(4.84%)

汽车工业
(2.30%)

其他领域
(28.62%)

图 1.45　SMA 自 1990 年以来的工程应用情况[35]

1. 生物医学

生物医学领域主要使用 NiTi 记忆合金,根据其使用的医学场合,可大致分为矫正整形、外科手术、医疗器械等方面的应用。

矫正整形方面是利用 NiTi 记忆合金制成特殊的矫形结构,利用 NiTi 合金的超弹性特性保证该结构能持续提供适中的矫正力。牙科利用 NiTi 合金丝制成牙齿矫形丝(图 1.46),用以矫正排列不整齐的牙齿,NiTi 合金矫形丝和普通不锈钢矫形相比,不容易发生塑性变形,矫正力适中,给患者造成的不适感较低,矫正效果更好[22,101]。骨科利用超弹性的 NiTi 合金棒制成脊柱矫正器对畸形的脊椎进行矫正,这种 NiTi 脊柱矫正器的奥氏体相变结束温度为 37℃左右,接近人体的体温,可以长时间保持矫正力,效果良好[102~104]。

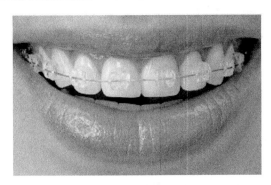

图 1.46 SMA 丝制成牙齿矫形丝

外科手术方面利用了 NiTi 记忆合金制成特殊的结构件,用以替代人体损坏的生物组织或帮助人体生物组织生长、愈合。骨科手术中用 NiTi 接骨板连接断裂的骨骼(图 1.47)。由于 SMA 具有超弹性,它不仅能起到连接的作用,还能持续提供力使骨骼断裂处趋于闭合,有助于患者康复[105,106]。超弹性 NiTi 多孔材料重量

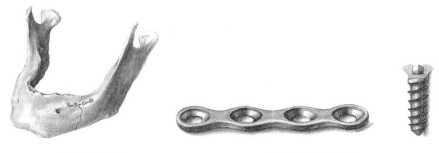

(a) 接骨板连接骨骼　　　　　　　　(b) 接骨板紧固螺钉

图 1.47 NiTi 接骨板及其应用[105]

轻、抗变形能力强、生物相容性好(图 1.48),非常适合制作人工骨骼,用在外科手术中替代损坏或缺失的骨骼[107~109]。血管相关外科手术中用 NiTi 制成超弹性自膨胀支架。这种支架的相变温度在人体温度以下,将支架收拢并在其外套上套管放入人体后,抽出套管,支架会自动扩张,支撑血管(图 1.22)[33,110~112]。

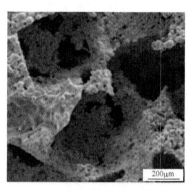 

图 1.48　NiTi 多孔材料[107]

　　医疗器械中利用 SMA 的形状记忆效应实现主动控制结构形状,或利用超弹性保证结构能承受大变形,从而实现特殊的手术或治疗措施。比较典型的应用有 NiTi 血栓滤器,它是利用 NiTi 合金的形状记忆效应。其奥氏体相变结束温度低于人体体温,利用导管将其沿血管放入指定部位,在放入过程中通低温生理盐水,使其处于收拢状态;到达指定地方后,停止通低温盐水,它被体温加热而自动展开,形成过滤网(图 1.49),捕捉、清除血液中的血栓[113~115]。除此之外,还有用于心脏室间隔缺损封堵手术的室间隔缺损封堵器(图 1.50)[116~118]、大变形牙髓针(图 1.23)[101,119,120]以及 SMA 主动内窥镜(图 1.51)[121~126]等。

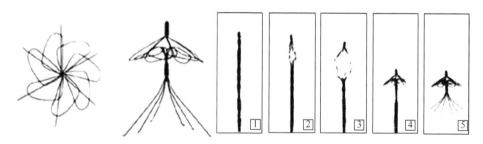

图 1.49　NiTi 血栓滤器及其展开过程

 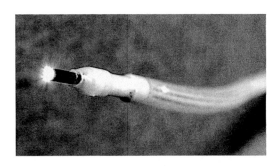

图 1.50　NiTi 室间隔缺损封堵器　　　　　　图 1.51　SMA 主动内窥镜[121]

2. 航空航天

SMA 在航空航天领域主要用作驱动器,驱动特定的结构运动从而改变结构特性或触发预设的动作。主要的应用有飞机发动机进排气调节、机翼翼形调节、航天可展开结构压紧释放等。

发动机进、排气调节是利用 SMA 驱动进气道、尾喷管的结构运动,改变进、排气通道形状,从而改善发动机的气动性能、声学性能。美国 SAMPSON 计划利用 SMA 束驱动器(图 1.52)、植入 SMA 丝的智能可变形蒙皮(图 1.53)等智能结构,实现了对 F-18 战斗机进气道整流罩、导向前缘的俯仰调节及流道内壁形状调节,有效提升了进气道的气动性能[127]。美国联合技术公司(United Technologies Corporation)利用 SMA 束驱动器作为变截面喷口机构的驱动源,设计了 SMA 智能变截面喷口(图 1.54)[128~130]。波音公司开展了 VGC(Variable Geometry Chevron)研究计划,采用 SMA 薄板和发动机外涵喷口处的 V 形锯齿结构复合,形成了可弯曲的 V 形锯齿,有效降低外涵喷口喷射噪声(图 1.55)[90~93,131]。

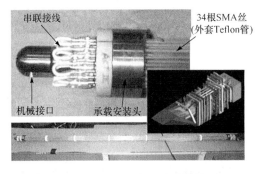 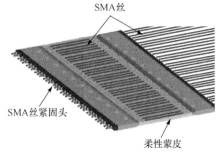

图 1.52　SMA 束驱动器结构　　　　　　图 1.53　SMA 丝驱动器结构

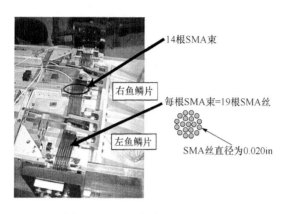

14根SMA束

右鱼鳞片

每根SMA束=19根SMA丝

左鱼鳞片

SMA丝直径为0.020in

图 1.54　SMA 智能变截面喷口

图 1.55　SMA 可变形锯齿降噪结构[131]

　　机翼翼形调节是利用 SMA 改变机翼的翼形,从而改善气动性能。DARPA、AFRL、NASA 等三家机构联合展开了智能机翼(Smart Wing)计划,研究了 SMA 智能结构在可变形智能机翼上的应用[132]。该计划利用植入机翼的 SMA 对拉驱动器(图 1.25)和 SMA 扭管驱动器(图 1.56)对机翼的形状及扭转角度进行调节,改善了机翼的气动性能[39,40]。波音公司联合得克萨斯 A&M 大学研发了可扭转旋翼[131,133,134],其他学者及机构也开展了大量智能机翼的研究工作[135~137]。

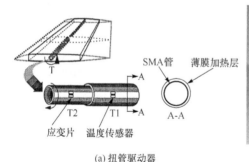

SMA管　薄膜加热层

T

T2　T1

应变片　温度传感器

A-A

(a)扭管驱动器

(b)智能扭转机翼

图 1.56　SMA 扭管驱动器及智能扭转机翼[39,40]

　　SMA 航天压紧释放机构利用 SMA 触发特殊的机构,实现压紧、释放功能。美国空军研究实验室(Air Force Research Laboratory, AFRL)分别资助了 Lockheed Martin 和 Starsys 公司,发展了低载荷螺母(LSN)、二级释放螺母(TSN)压紧释放机构(图 1.57)[138]和 QWKNUT[139]压紧释放机构,其中 LSN、TSN 于 1999 年在 NASA 的 MightySat I 卫星上在轨成功释放(图 1.58)[138],QWKNUT(图 1.59)于 2000 年在美国空军研究院(USA Air Force Academy)的 FalconSat I 上进行了飞行验证[138,140,141]。美国 TiNi Aerospace 公司发展了 SMA 智能拔销器

(PinPuller)及压紧释放机构(Ejector Release Mechanism),如图 1.60 所示。目前,这两种机构已经成功应用于欧美等国家和地区的几十个型号的卫星上,完成了 5000 多次在轨释放[142]。欧洲也发展了多个 SMA 压紧释放机构,如 SENER 公司的 NEHRA 压紧释放机构[143]、Arquimea 公司的 100N、500N 拔销器等[144]。

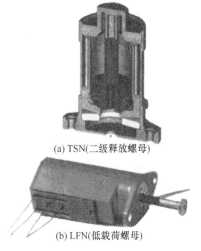

(a) TSN(二级释放螺母)

(b) LFN(低载荷螺母)

图 1.57 LFN、TSN 压紧释放
机构[139]

图 1.58 MightySat I 卫星上的
压紧释放机构试验平台[138]

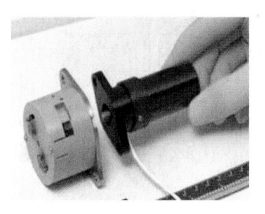

图 1.59 Starsys 公司的 QWKNUT 压紧释放机构[138,139]

3. 机器人

机器人领域利用 SMA 作为驱动器模拟生物的肌肉,驱动实现机器人特定的动作。根据 SMA 驱动机器人实现的动作,可分为仿生机器人和类人机器人两方

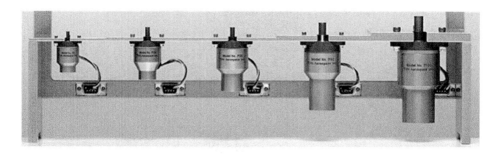

图 1.60　美国 TiNi Aerospace 公司的 SMA 智能拔销器系列产品

面的应用。

　　仿生机器人是利用 SMA 驱动机器人结构模仿自然界生物的动作,如飞行、爬行、蠕动、游泳等。德国 Festo 公司利用 4 个 SMA 驱动器控制仿生机器蜻蜓(BionicOpter,图 1.61)的头左右转动、尾巴上下摆动,从而调节其飞行姿态,保证飞行的稳定性[145,146]。韩国根据线虫蠕动原理,利用 SMA 弹簧驱动多节柱状结构蠕动,设计了小型蠕动机器人(图 1.62)[147,148]。此外,SMA 还在机器蛇[149]、机器鱼[150,151]、机器水母[152,153]等多个仿生机器人中应用。

图 1.61　Festo 公司的机器
蜻蜓(BionicOpter)

图 1.62　小型蠕动机器人

　　类人机器人利用 SMA 模仿人类的肌肉,驱动特殊的结构运动以模仿人类的动作、表情等[154~157]。日本东京大学利用 SMA 丝驱动机器手运动,模仿人类的抓取动作(图 1.63)[154]。加拿大 Alberta 大学用两个 SMA 弹簧驱动眼球,控制眼球左右转动,模仿人类眼球转动的动作(图 1.64)[158]。美国弗吉尼亚理工大学利用多根 SMA 丝嵌入机器人面部的弹性材料中,通过特殊的控制策略驱动机器人面部运动,模仿人类的表情变化(图 1.65)[159]。此外,SMA 在模仿人类手指方面也有广泛的应用[160,161]。

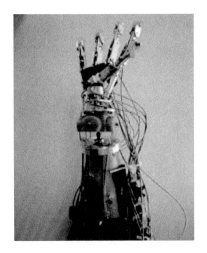 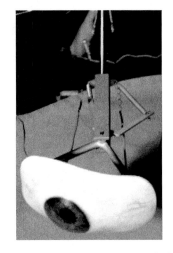

图 1.63　东京大学研制的 SMA 驱动机器手[154]　　图 1.64　　SMA 弹簧驱动眼球[158]

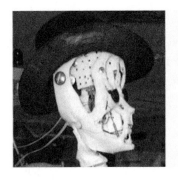 

图 1.65　SMA 驱动实现面部表情控制[159]

4. 汽车工业

汽车领域 SMA 的应用是利用 SMA 作为驱动器或传感器,对汽车的结构进行驱动或感知汽车的运行状态而作出反应,实现特定的功能。按照 SMA 在汽车各部分的应用可分为发动机系统和车身系统两方面。

SMA 可以配合发动机系统实现特定的功能,如调节供油、散热、能量回收、辅助发动机工作。美国通用汽车公司利用 SMA 的形状记忆效应设计能量回收热机(图 1.66),安装在汽车排气管处,利用排气管内的高温气流驱动热机运转给汽车电池充电,回收能量[162,163]。SMA 温度自适应供油器利用 SMA 弹簧在高低温条件下形状的自适应变化来调节油量,当外界气温降低导致油的黏度增加流动变慢时,供油量自动增加,而当温度较高时,油量自动减小,保证供油量稳定[164~166]。此外,SMA 还用于发动机散热[167~169]、发动机控制[170]、节气门调节等[171]。

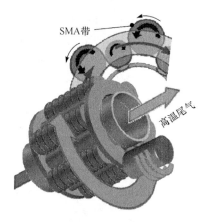

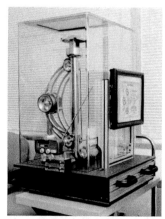

(a) 方案原理　　　　　　　　　　(b) 第一阶段原理样机

图 1.66　通用汽车公司的 SMA 能量回收热机[162]

车身系统利用 SMA 的驱动功能,代替传统的电机驱动、电磁驱动和电热双金属片驱动等,实现对车身系统的自动调节。意大利法可赛汽车配件公司利用 SMA 丝驱动汽车后视镜转动,结构和重量上都优于传统的电机驱动(图 1.67)[172]。德国 Fraunhofer 研究所利用 SMA 丝直接驱动汽车油箱盖的锁定系统,极大地简化了油箱盖结构(图 1.68)[173]。此外,SMA 还用于倒车镜调节[174~177]、车门锁定系统[178,179]、引擎盖支承机构等[180]。

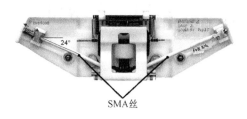

图 1.67　SMA 丝驱动的后视镜[172]　　　图 1.68　SMA 丝驱动的油箱盖[173]

5. 其他领域

SMA 除了在上述四个方面的应用外,还在日常生活、机械工程、建筑工程、玩具设计、体育用品等多个方面有着广泛的应用。比较典型应用有超弹性眼镜架[17]、文胸托架、超弹性放松螺母[181,182]、超弹性垫片[17]、建筑物抗振阻尼器[176,177,183]、高尔夫球杆[6]等。

1.5　本书内容安排

近 20 年以来,针对我国航空航天领域对 SMA 智能结构的需求,作者及所在课题组系统、持续地开展了 SMA 智能结构相关的基础理论和方法、工程应用等多方面的研究工作,在此基础上发展了 SMA 航天压紧释放机构、SMA 航天锁紧机构、SMA 减振结构、SMA 强度自适应结构等,其中航天压紧释放机构已实现了工程应用[184~195]。本书内容就是对上述研究结果的整理和归纳,各章的具体内容如下。

第 1 章,从人造结构的衍变历史及发展趋势,引出智能材料、智能结构的概念。在此基础上,给出 SMA 智能结构的定义,并归纳 SMA 智能结构的研制流程。最后介绍 SMA 智能结构领域的国内外研究现状。

第 2 章,介绍在选择 SMA 材料过程中需要开展的材料性能试验。具体包括相变温度测量、形状记忆效应和超弹性基本力学性能/疲劳性能试验、热处理工艺及其对材料力学性能和相变温度等的影响规律。

第 3 章,针对 SMA 智能结构的应用需求,在第 2 章获得的材料试验数据的基础上,发展描述 SMA 所有相变过程的三维本构模型,具有分段线性特点的 SMA 超弹性本构模型,以及将形状记忆效应比拟成普通材料热膨胀效应的拟温度法本构模型。同时考虑工程中智能结构必须多次重复使用的现实需求,进一步研究考虑循环衰减影响的 SMA 本构模型。这些本构模型为 SMA 智能结构的设计奠定了理论基础。

第 4 章,介绍工程中常用的 SMA 丝驱动器的设计方法。在第 3 章考虑循环衰减影响的 SMA 本构模型基础上,按照恒定载荷、线性变载荷和突变载荷三类驱动器,发展了三类驱动器的设计方法,为第 5、6、8 章中 SMA 智能结构的 SMA 丝驱动器设计提供了设计模型。

第 5 章,介绍课题组针对我国航天领域对非火工、可重复使用、无污染压紧释放机构的需求,发展的多个型号、多种释放载荷的 SMA 航天压紧释放机构。该章从压紧释放机构的设计需求分析、结构方案设计、驱动器设计、试验测试与验证等方面进行具体介绍,是对 1.3 节提出的 SMA 智能结构研制流程的重要实践;所发展的压紧释放机构包括 SMA-100、SMA-3600、SMA-10000、SMA-30000 等,释放载荷(表示 SMA 压紧释放机构压紧需要分离结构时的预紧载荷)的范围为100~30000N。

第 6 章,介绍课题组针对航天旋转结构的锁紧和解锁需求,研制的三类 SMA 航天锁紧机构。该章结合航天旋转结构的特征,从设计需求分析、结构方案设计、驱动器设计、试验测试与验证等方面进行具体阐述,也是对第 1 章提出的 SMA 智能结构研制流程的重要实践。研制的机构包括 SMA 磁悬浮飞轮锁紧机构、SMA 馈源锁紧机构和 SMA 电机等。

第 7 章,介绍课题组研制的主动变刚度的转子支承结构、拟橡胶金属减振器以及考虑预应力的大阻尼减振器。其中,主动变刚度的转子支承结构利用两个 SMA 驱动器实现对支承刚度的调节;拟橡胶金属减振器结合 SMA 的大阻尼和拟橡胶金属结构的优点,具有非常优秀的阻尼性能。此外,该章还针对大阻尼减振器的设计,提出预应力的设计理论和方法。

第 8 章,介绍 SMA 在强度自适应方面的应用,包括 SMA 主动阻止裂纹扩展结构和均载螺栓,其中前者将 SMA 植入铝合金、环氧树脂等材料形成智能结构,实现对结构裂纹的探测和抑制;后者利用 SMA 的超弹性,实现多个螺栓连接时的自动均载。

第 9 章,对本书的内容进行归纳和总结,归纳 SMA 智能结构的研制流程和重要的注意事项,并展望 SMA 智能结构未来的发展趋势。

参 考 文 献

[1] Pullan W, Bhadeshia H. Structure: In Science and Art. Cambridge: Cambridge University Press, 2000.

[2] Kavale S. The connection between strategy and structure. International Journal of Business and Commerce, 2012, 1(6): 60-70.

[3] Rogers C, Barker D K, Jaeger C A. Introduction to smart materials and structures. Smart Materials, Structures and Mathematical Issues, 1989: 17-28.

[4] 黄贤武, 郑筱霞. 传感器原理与应用. 北京: 高等教育出版社, 1999.

[5] Mavroidis C, Pfeiffer C, Mosley M. 5. 1 conventional actuators, shape memory alloys, and electrorheological fluids. Automation, Miniature Robotics and Sensors for Nondestructive Testing and Evaluation, 2000, 4: 189.

[6] Lagoudas D C. Shape Memory Alloys: Modeling and Engineering Applications. New York: Springer, 2008.

[7] Baier H, Mueller U C, Rapp S. Sensing & measurement: Optical-fiber sensor networks in smart structures. http://spie.org/x25470.xml. [2014-12-1].

[8] Florance J P, Burner A W, Fleming G A, et al. Contributions of the NASA Langley Research Center to the DARPA/AFRL/NASA/Northrop Grumman Smart Wing Program. AIAA Dynamics Specialists Conference, 2003: 1-19.

[9] Liang C, Rogers C. Design of shape memory alloy actuators. Proceedings of the International Workshop on Intelligent Structures, Taipei, 1990: 416-438.

[10] Huang W. On the selection of shape memory alloys for actuators. Materials & Design, 2002, 23(1): 11-19.

[11] Brinson L. One-dimensional constitutive behavior of shape memory alloys: Thermomechani-

cal derivation with non-constant material functions and redefined martensite internal varia-
ble. Journal of Intelligent Material Systems and Structures,1993,4(2):229-242.

[12] Brinson L,Bekker A,Hwang S. Deformation of shape memory alloys due to thermo-induced
transformation. Journal of Intelligent Material Systems and Structures,1996,7(1):97-107.

[13] Ölander A. An electrochemical investigation of solid cadmium-gold alloys. Journal of the
American Chemical Society,1932,54(10):3819-3833.

[14] Chang L C,Read T A. Plastic deformation and diffusionless phase changes in metals—The
gold-cadmium beta phase. Transactions of AIME Journal of Metals,1951,47(191):47-52.

[15] Nitinol Devices & Components Inc. A historical perspective. http://www. nitinol. com/
nitinoluniversity/reference-library/a-historical-perspective. [2014-12-1].

[16] Rachikger W. A "super-elastic" single crystal calibration bar. British Journal of Applied
Physics,1958,9:250.

[17] Kauffman G B,Mayo I. The story of nitinol: The serendipitous discovery of the memory
metal and its applications. The Chemical Educator,1997,2(2):1-21.

[18] Buehler W J,Gilfrich J,Wiley R. Effect of low-temperature phase changes on the mechanical
properties of alloys near composition NiTi. Journal of Applied Physics, 1963, 34 (5):
1475-1477.

[19] Wang F E,Buehler W J,Pickart S J. Crystal structure and a unique martensitic transition of
NiTi. Journal of Applied Physics,1965,36(10):3232-3239.

[20] DesignSpark. 形状记忆合金. http://www. rs-online. com/designspark/electronics/blog/
content-117. [2014-12-1].

[21] Schetky L. Shape-memory alloys. Scientific American,1979,(5):74-82.

[22] SMAnitinol. Introduction to the shape memory alloy. http://www. nitinol. com. cn/newsshow.
asp? newsid=24. [2014-12-1].

[23] Aerofit. Couplings—CryoFit. http://www. aerofit. com/sma_couplings. html. [2014-12-1].

[24] Andreasen G F,Hilleman T B. An evaluation of 55 cobalt substituted nitinol wire for use in
orthodontics. The Journal of the American Dental Association,1971,82(6):1373-1375.

[25] Wang J,Sehitoglu H,Maier H. Dislocation slip stress prediction in shape memory alloys.
International Journal of Plasticity,2013,54:247-266.

[26] Ezaz T,Wang J,Sehitoglu H,et al. Plastic deformation of NiTi shape memory alloys. Acta
Materialia,2013,61(1):67-78.

[27] Elrasasi T,Dobróka M,Daróczi L,et al. Effect of thermal and mechanical cycling on the
elastic and dissipative energy in CuAl(11. 5wt%)Ni(5. 0wt%) shape memory alloy. Journal
of Alloys and Compounds,2013,577:S517-S520.

[28] Ueland S M,Schuh C A. Superelasticity and fatigue in oligocrystalline shape memory alloy
microwires. Acta Materialia,2012,60(1):282-292.

[29] Zhang X,Feng P,He Y,et al. Experimental study on rate dependence of macroscopic
domain and stress hysteresis in NiTi shape memory alloy strips. International Journal of

Mechanical Sciences, 2010, 52(12):1660-1670.

[30] Butler T. Structure and properties of Ti-Ni-Au shape memory alloys. Tuscaloosa: The University of Alabama, 2013.

[31] Daly M, Pequegnat A, Zhou Y, et al. Enhanced thermomechanical functionality of a laser processed hybrid NiTi-NiTiCu shape memory alloy. Smart Materials and Structures, 2012, 21(4):045018.

[32] Donkersloot H, Van Vucht J. Martensitic transformations in gold-titanium, palladium-titanium and platinum-titanium alloys near the equiatomic composition. Journal of the Less Common Metals, 1970, 20(2):83-91.

[33] Machado L G, Savi M. Medical applications of shape memory alloys. Brazilian Journal of Medical and Biological Research, 2003, 36(6):683-691.

[34] Stoeckel D. Shape memory actuators for automotive applications. Materials & Design, 1990, 11(6):302-307.

[35] Mohd Jani J, Leary M, Subic A, et al. A review of shape memory alloy research, applications and opportunities. Materials & Design, 2014, 56:1078-1113.

[36] Infoescola. Stent cardíaco. http://www.infoescola.com/medicina/stent-cardiaco/. [2014-12-1].

[37] Wurzelspitze. Life in plastic. It's fantastic. https://wurzelspitze.wordpress.com/tag/komet/. [2014-12-1].

[38] Wu M H, Schetky L. Industrial applications for shape memory alloys. Proceedings of the International Conference on Shape Memory and Superelastic Technologies, Pacific Grove, 2000.

[39] Kudva J N. Overview of the DARPA smart wing project. Journal of Intelligent Material Systems and Structures, 2004, 15(4):261-267.

[40] Sanders B, Crowe R, Garcia E. Defense Advanced Research Projects Agency—Smart materials and structures demonstration program overview. Journal of Intelligent Material Systems and Structures, 2004, 15(4):227-233.

[41] Boucher M, Smith C, Scarpa F, et al. Damping capacity in shape memory alloy honeycomb structures. SPIE Smart Structures and Materials & Nondestructive Evaluation and Health Monitoring, 2010:764332-1-764332-8.

[42] Shaw J A, Churchill C, Grummon D, et al. Shape memory alloy honeycombs: Experiments & simulation. Proceedings of the AIAA/ASME/ASCE/AHS/ASC Structures, Structural Dynamics and Materials Conference, 2007:428-436.

[43] Hassan M R, Scarpa F L, Mohamed N A. Shape memory alloys honeycomb: Design and properties. Smart Structures and Materials, 2004:557-564.

[44] Hassan M R, Scarpa F L, Ruzzene M, et al. Smart shape memory alloy chiral honeycomb. Materials Science and Engineering: A, 2008, 481:654-657.

[45] Hassan M R, Scarpa F L, Mohamed N A. In-plane tensile behavior of shape memory alloy honeycombs with positive and negative Poisson's ratio. Journal of Intelligent Material Sys-

tems and Structures,2009,20(8):897-905.

[46] Toi Y,He J. Computational modeling of honeycomb structures with shape memory alloys. Proceedings of the International Multi Conference of Engineers and Computer Scientists,2014.

[47] Jackson C M,Wagner H J,Wasilewski R J. 55-nitinol—The alloy with a memory—Its physical metallurgy,properties and applications. Washington:NASA,1972.

[48] Otsuka K,Ren X. Physical metallurgy of Ti-Ni-based shape memory alloys. Progress in Materials Science,2005,50:511-678.

[49] Buenconsejo P J S,Kim H Y,Hosoda H,et al. Shape memory behavior of Ti-Ta and its potential as a high-temperature shape memory alloy. Acta Materialia, 2009, 57 (4): 1068-1077.

[50] De la Flor S,Urbina C,Ferrando F. Effect of mechanical cycling on stabilizing the transformation behaviour of NiTi shape memory alloys. Journal of Alloys and Compounds,2009, 469(1):343-349.

[51] Atli K,Franco B,Karaman I,et al. Influence of crystallographic compatibility on residual strain of NiTi based shape memory alloys during thermo-mechanical cycling. Materials Science and Engineering:A,2013,574:9-16.

[52] Mammano G S,Dragoni E. Functional fatigue of Ni-Ti shape memory wires under various loading conditions. International Journal of Fatigue,2014,69:71-83.

[53] Olbricht J,Yawny A,Condo A,et al. The influence of temperature on the evolution of functional properties during pseudoelastic cycling of ultra fine grained NiTi. Materials Science and Engineering:A,2008,481:142-145.

[54] Miyazaki S,Imai T,Igo Y,et al. Effect of cyclic deformation on the pseudoelasticity characteristics of Ti-Ni alloys. Metallurgical and Materials,1986,17(1):115-120.

[55] Nemat-Nasser S,Guo W G. Superelastic and cyclic response of NiTi SMA at various strain rates and temperatures. Mechanics of Materials,2006,38(5):463-474.

[56] Ibarra A,San Juan J,Bocanegra E H,et al. Evolution of microstructure and thermomechanical properties during superelastic compression cycling in Cu-Al-Ni single crystals. Acta Materialia,2007,55(14):4789-4798.

[57] Duerig T W,Melton K N,Stockel D,et al. Engineering Aspects of Shape Memory Alloys. London:Butterworth-Heinemann,1990.

[58] Miyazaki S,Otsuka K,Suzuki Y. Transformation pseudoelasticity and deformation behavior in a Ti-50. 6at%Ni alloy. Scripta Metallurgica,1981,15(3):287-292.

[59] Nishida M,Honma T. All-round shape memory effect in Ni-rich NiTi alloys generated by constrained aging. Scripta Metallurgica,1984,18(11):1293-1298.

[60] Drexel M,Selvaduray G,Pelton A. The effects of cold work and heat treatment on the properties of nitinol wire. ASME 2nd Frontiers in Biomedical Devices Conference,2007:89-90.

[61] Cesari E,Pons J,Santamaría R,et al. Ageing effects in Ni-Ti based shape memory alloys. Applied Crystallography:Proceedings of the XVIII Conference,Wisla,2001:171.

[62] Miyazaki S, Ohmi Y, Otsuka K, et al. Characteristics of deformation and transformation pseudoelasticity in Ti-Ni alloys. Journal de Physique Colloques, 1982, 43(C4):255-260.

[63] Arghavani J. Thermo-mechanical behavior of shape memory alloys under multiaxial loadings: Constitutive modeling and numerical implementation at small and finite strains. Teheran: Sharif University of Technology, 2010.

[64] Abeyaratne R, Knowles J K. On the Driving Traction Acting on a Surface of Strain Discontinuity in a Continuum. New York: Springer, 1999.

[65] Ball J M, James R D. Fine Phase Mixtures as Minimizers of Energy. New York: Springer, 1989.

[66] Patoor E, Eberhardt A, Berveiller M. Micromechanical modelling of superelasticity in shape memory alloys. Le Journal de Physique IV, 1996, 6(C1):277-292.

[67] Sun Q P, Hwang K C. Micromechanics modelling for the constitutive behavior of polycrystalline shape memory alloys—I. Derivation of general relations. Journal of the Mechanics and Physics of Solids, 1993, 41(1):1-17.

[68] Sun Q P, Hwang K C. Micromechanics modelling for the constitutive behavior of polycrystalline shape memory alloys—II. Study of the individual phenomena. Journal of the Mechanics and Physics of Solids, 1993, 41(1):19-33.

[69] Gao X, Huang M, Brinson L C. A multivariant micromechanical model for SMAs. Part 1. Crystallographic issues for single crystal model. International Journal of Plasticity, 2000, 16(10):1345-1369.

[70] Huang M, Gao X, Brinson L C. A multivariant micromechanical model for SMAs. Part 2. Polycrystal model. International Journal of Plasticity, 2000, 16(10):1371-1390.

[71] Huang M, Brinson L. A multivariant model for single crystal shape memory alloy behavior. Journal of the Mechanics and Physics of Solids, 1998, 46(8):1379-1409.

[72] Marketz F, Fischer F. Modelling the mechanical behavior of shape memory alloys under variant coalescence. Computational Materials Science, 1996, 5(1):210-226.

[73] Tanaka K, Nagaki S. A thermomechanical description of materials with internal variables in the process of phase transitions. Archive of Applied Mechanics, 1982, 51(5):287-299.

[74] Tanaka K. A thermomechanical sketch of shape memory effect: One-dimensional tensile behavior. Res Mechanica, 1986, 18(3):251-263.

[75] Tanaka K, Kobayashi S, Sato Y. Thermomechanics of transformation pseudoelasticity and shape memory effect in alloys. International Journal of Plasticity, 1986, 2(1):59-72.

[76] Liang C, Rogers C. One-dimensional thermomechanical constitutive relations for shape memory materials. Journal of Intelligent Material Systems and Structures, 1990, 1(2):207-234.

[77] Epps J J, Chopra I. Comparative evaluation of shape memory alloy constitutive models with test data. Proceedings of the 38th AIAA Structures, Structural Dynamics and Materials Conference and Adaptive Forum, Kissimmee, 1997.

[78] Lagoudas D C, Bo Z, Qidwai M A. A unified thermodynamic constitutive model for SMA

and finite element analysis of active metal matrix composites. Mechanics of Composite Materials and Structures, 1996, 3(2): 153-179.

[79] Peultier B, Ben Zineb T, Patoor E. Macroscopic constitutive law of shape memory alloy thermomechanical behaviour. Application to structure computation by FEM. Mechanics of Materials, 2006, 38(5): 510-524.

[80] Peultier B, Ben Zineb T, Patoor E. A simplified micromechanical constitutive law adapted to the design of shape memory applications by finite element methods. Materials Science and Engineering: A, 2008, 481: 384-388.

[81] Qidwai M A, Lagoudas D C. Numerical implementation of a shape memory alloy thermomechanical constitutive model using return mapping algorithms. International Journal for Numerical Methods in Engineering, 2000, 47(6): 1123-1168.

[82] Auricchio F, Reali A. A phenomenological one-dimensional model describing stress-induced solid phase transformation with permanent inelasticity. Mechanics of Advanced Materials and Structures, 2007, 14(1): 43-55.

[83] Auricchio F, Reali A, Stefanelli U. A three-dimensional model describing stress-induced solid phase transformation with permanent inelasticity. International Journal of Plasticity, 2007, 23(2): 207-226.

[84] Zaki W, Moumni Z. A 3D model of the cyclic thermomechanical behavior of shape memory alloys. Journal of the Mechanics and Physics of Solids, 2007, 55(11): 2427-2454.

[85] Shimizu K, Tadaki T, Funakubo H. Shape Memory Alloys. New York: Gordon and Breach Science Publishers, 1987.

[86] Furuya Y, Shimada H, Goto T, et al. An extreme operation robot designed to develop the deep submarine manganese nodules resources. Proceedings of Symposium International Co-operation on Industrial Robots, SICIR, 1987: 261.

[87] Hopkins J B, Rindner W. Memory material actuator devices. U. S. Patent: 3725835, 1973.

[88] Hodgson D A. Using shape memory alloys. Shape Memory Applications, Sunnyvale, 1988.

[89] Huang W. Shape memory alloys and their application to actuators for deployable structures. Cambridge: University of Cambridge, 1998.

[90] Hartl D J, Lagoudas D C. Characterization and 3-D modeling of Ni60Ti SMA for actuation of a variable geometry jet engine chevron. The 14th International Symposium on Smart Structures and Materials & Nondestructive Evaluation and Health Monitoring, 2007: 65293Z-1-65293Z-12.

[91] Calkins F T, Mabe J H, Butler G W. Boeing's variable geometry chevron: Morphing aerospace structures for jet noise reduction. Smart Structures and Materials, 2006: 61710O-1-61710O-12.

[92] Turner T L, Cabell R H, Cano R J, et al. Testing of SMA-enabled active chevron prototypes under representative flow conditions. The 15th International Symposium on Smart Structures and Materials & Nondestructive Evaluation and Health Monitoring, 2008: 69280Y-1-

69280Y-11.

[93] Turner T L, Buehrle R D, Cano R J, et al. Design, fabrication, and testing of SMA-enabled adaptive chevrons for jet noise reduction. Smart Structures and Materials, 2004:297-308.

[94] Arghavani J, Auricchio F, Naghdabadi R, et al. An improved, fully symmetric, finite-strain phenomenological constitutive model for shape memory alloys. Finite Elements in Analysis and Design, 2011, 47(2):166-174.

[95] Arghavani J, Auricchio F, Naghdabadi R. A finite strain kinematic hardening constitutive model based on Hencky strain: General framework, solution algorithm and application to shape memory alloys. International Journal of Plasticity, 2011, 27(6):940-961.

[96] Arghavani J, Auricchio F, Naghdabadi R, et al. An efficient, non-regularized solution algorithm for a finite strain shape memory alloy constitutive model. ASME 10th Biennial Conference on Engineering Systems Design and Analysis, 2010:131-138.

[97] Khalil W, Mikolajczak A, Bouby C, et al. A constitutive model for Fe-based shape memory alloy considering martensitic transformation and plastic sliding coupling: Application to a finite element structural analysis. Journal of Intelligent Material Systems and Structures, 2012:1045389X12442014.

[98] Divringi K, Ozcan C. Advanced shape memory alloy material models for ANSYS. Sunnyvale:Ozen Engineering Inc. , 2009.

[99] Thériault P, Terriault P, Brailovski V, et al. Finite element modeling of a progressively expanding shape memory stent. Journal of Biomechanics, 2006, 39(15):2837-2844.

[100] Gong X Y, Pelton A R, Duerig T W, et al. Finite element analysis and experimental evaluation of superelastic nitinol stent. Proceedings of the International Conference on Shape Memory and Superelastic Technologies, 2004:453-462.

[101] Torrisi L. The NiTi superelastic alloy application to the dentistry field. Bio-medical Materials and Engineering, 1999, 9(1):39-47.

[102] Sanders J O, Sanders A, More R, et al. A preliminary investigation of shape memory alloys in the surgical correction of scoliosis. Spine, 1993, 18(12):1640-1646.

[103] More R B, Sanders J O, Sanders A E. Nitinol spinal instrumentation and method for surgically treating scoliosis. U. S. Patent:5290289, 1994.

[104] Schmerling M, Wilkov M, Sanders A, et al. Using the shape recovery of nitinol in the Harrington rod treatment of scoliosis. Journal of Biomedical Materials Research, 1976, 10(6):879-892.

[105] Petrini L, Migliavacca F. Biomedical applications of shape memory alloys. Journal of Metallurgy, 2011:1-15.

[106] Dai K, Hou X, Sun Y, et al. Treatment of intra-articular fractures with shape memory compression staples. Injury, 1993, 24(10):651-655.

[107] Bansiddhi A, Sargeant T, Stupp S, et al. Porous NiTi for bone implants: A review. Acta Biomaterialia, 2008, 4(4):773-782.

[108] Wen C, Xiong J, Li Y, et al. Porous shape memory alloy scaffolds for biomedical applications: A review. Physica Scripta, 2010, (T139): 014070.

[109] Likibi F, Assad M, Coillard C, et al. Bone integration and apposition of porous and non porous metallic orthopaedic biomaterials. Annales de Chirurgie, 2005: 235-241.

[110] Bromberg Y, Budigina N, Flomenblit J. Two way shape memory alloy medical stent. U. S. Patent: 5562641, 1996.

[111] Bramfitt J E, Hess R L. Method of implanting a permanent shape memory alloy stent. U. S. Patent: 5545210, 1996.

[112] Morgan N. Medical shape memory alloy applications—The market and its products. Materials Science and Engineering: A, 2004, 378(1): 16-23.

[113] Simon M, Kaplow R, Salzman E, et al. A vena cava filter using thermal shape memory alloy: Experimental aspects. Radiology, 1977, 125(1): 89-94.

[114] Engmann E, Asch M R. Clinical experience with the antecubital Simon nitinol IVC filter. Journal of Vascular and Interventional Radiology, 1998, 9(5): 774-778.

[115] Poletti P, Becker C, Prina L, et al. Long-term results of the Simon nitinol inferior vena cava filter. European Radiology, 1998, 8(2): 289-294.

[116] Thanopoulos B V D, Laskari C V, Tsaousis G S, et al. Closure of atrial septal defects with the Amplatzer occlusion device: Preliminary results. Journal of the American College of Cardiology, 1998, 31(5): 1110-1116.

[117] Chan K, Godman M, Walsh K, et al. Transcatheter closure of atrial septal defect and interatrial communications with a new self expanding nitinol double disc device (Amplatzer septal occluder): Multicentre UK experience. Heart, 1999, 82(3): 300-306.

[118] Walsh K P, Maadi I M. The Amplatzer septal occluder. Cardiology in the Young, 2000, 10(5): 493-501.

[119] Luebke N H, Brantley W A, Alapati S B, et al. Bending fatigue study of nickel-titanium Gates Glidden drills. Journal of Endodontics, 2005, 31(7): 523-525.

[120] Thompson S. An overview of nickel-titanium alloys used in dentistry. International Endodontic Journal, 2000, 33(4): 297-310.

[121] Corporation O. Microcatheter with diagnostic tactile sensors. http://www. olympus-global. com/en/news/1999b/nr991201mskte. jsp. [2014-12-1].

[122] Kugo T, Miyano Y, Yamauchi K. Catheter guidewire with pseudo elastic shape memory alloy. U. S. Patent: 5069226, 1991.

[123] Haga Y, Tanahashi Y, Esashi M. Small diameter active catheter using shape memory alloy. Proceedings of the 11th Annual International Workshop on Micro Electro Mechanical Systems, 1998: 419-424.

[124] Chiang T H. Catheter apparatus employing shape memory alloy structures. U. S. Patent: 4919133, 1990.

[125] Tohoku University Haga Lab. Active catheters. http://www. medmems. bme. tohoku. ac.

jp/actcath_e. html. [2014-12-1].

[126] Namazu T, Komatsubara M, Nagasawa H, et al. Titanium-nickel shape memory alloy spring actuator for forward-looking active catheter. Journal of Metallurgy, 2011: 1-9.

[127] Pitt D M, Dunne J P, White E V, et al. Wind tunnel demonstration of the SAMPSON Smart Inlet. SPIE's 8th Annual International Symposium on Smart Structures and Materials, 2001: 345-356.

[128] Barooah P, Rey N. Closed-loop control of a shape memory alloy actuation system for variable area fan nozzle. SPIE's 9th Annual International Symposium on Smart Structures and Materials, 2002: 384-395.

[129] Rey N M, Miller R M, Tillman T G, et al. Variable area nozzle for gas turbine engines driven by shape memory alloy actuators. U. S. Patent: 6318070B1, 2001.

[130] Rey N M, Tillman T G, Miller R M, et al. Shape memory alloy actuation for a variable area fan nozzle. SPIE's 8th Annual International Symposium on Smart Structures and Materials, 2001: 371-382.

[131] Mabe J H. Full-scale flight tests of aircraft morphing structures using SMA actuators. Proceedings of SPIE, 2007, 6525: 1-12.

[132] Auricchio F, Taylor R L, Lubliner J. Shape-memory alloys: Macromodelling and numerical simulations of the superelastic behavior. Computer Methods in Applied Mechanics and Engineering, 1997, 146(3): 281-312.

[133] Calkins F T, Mabe J H. Shape memory alloy based morphing aerostructures. Journal of Mechanical Design, 2010, 132(11): 111012.

[134] Shirzadeh R, Charmacani K R, Tabesh M. Design of a shape adaptive airfoil actuated by a shape memory alloy strip for airplane tail. Industrial and Commercial Applications of Smart Structures Technologies, 2011: 79790N-1-79790N-11.

[135] Shaw J A. Simulations of localized thermo-mechanical behavior in a NiTi shape memory alloy. International Journal of Plasticity, 2000, 16(5): 541-562.

[136] Yu C, Kang G, Kan Q. Crystal plasticity based constitutive model of NiTi shape memory alloy considering different mechanisms of inelastic deformation. International Journal of Plasticity, 2014, 54: 132-162.

[137] Mehrabi R, Kadkhodaei M, Andani M T, et al. Microplane modeling of shape memory alloy tubes under tension, torsion, and proportional tension-torsion loading. Journal of Intelligent Material Systems and Structures, 2014: 1045389X14522532.

[138] Peffer A, Fosness E, Hill S. Development and transition of low-shock spacecraft release devices for small satellites. 14th Annual/USU Conference on Small Satellites, 2000.

[139] Lazansky C, Christiansen S. Problems and product improvements in a qualified, flight heritage product. Proceedings of the 38th Aerospace Mechanisms Symposium, 2006: 75-88.

[140] Christiansen S, Tibbitts S, Dowen D. Fast acting non-pyrotechnic 10kN separation nut. European Space Agency Publications, 1999, 438: 323-328.

[141] Peffer A,Denoyer K,Fosness E,et al. Development and transition of low-shock spacecraft release devices. Proceedings of the IEEE Aerospace Conference,2000:277-284.

[142] Bokaie M,Barajas K. Non-explosive PinPuller and rotary actuators. 32nd Aerospace Mechanisms Symposium,Washington:NASA Kennedy Space Center,1998.

[143] Vázquez J,Bueno J. Non explosive low shock reusable 20kN hold-down release actuator. European Space Agency Publications,2001,480:131-136.

[144] Nava N,Collado M,Cabás R. New deployment mechanisms based on SMA technology for space applications. 15th European Space Mechanisms & Tribology Symposium,2013:1-6.

[145] Gaissert N,Mugrauer R,Mugrauer G,et al. Inventing a Micro Aerial Vehicle Inspired by the Mechanics of Dragonfly Flight. New York:Springer,2014.

[146] Festo. BionicOpter—Inspired by dragonfly flight. http://www. festo-didactic. com/int-en/ news/bionicopter-inspired-by-dragonfly-flight. htm? fbid = aW50LmVuLjU1Ny4xNy4xNi 40ODg2. [2014-12-1].

[147] Yuk H,Kim D,Lee H,et al. Shape memory alloy-based small crawling robots inspired by C. elegans. Bioinspiration & Biomimetics,2011,6(4):046002.

[148] Kim B,Lee M G,Lee Y P,et al. An earthworm-like micro robot using shape memory alloy actuator. Sensors and Actuators A:Physical,2006,125(2):429-437.

[149] Liu C,Liao W H. A snake robot using shape memory alloys. IEEE International Conference on Robotics and Biomimetics,2004:601-605.

[150] Ono N,Kusaka M,Taya M,et al. Design of fish fin actuators using shape memory alloy composites. Smart Structures and Materials,2004:305-312.

[151] Cho K J,Hawkes E,Quinn C,et al. Design,fabrication and analysis of a body-caudal fin propulsion system for a microrobotic fish. IEEE International Conference on Robotics and Automation,2008:706-711.

[152] Villanueva A,Smith C,Priya S. A biomimetic robotic jellyfish (Robojelly) actuated by shape memory alloy composite actuators. Bioinspiration & Biomimetics,2011,6(3):036004.

[153] Shi L,Guo S,Asaka K. A novel jellyfish-like biomimetic microrobot. IEEE/ICME International Conference on Complex Medical Engineering,2010:277-281.

[154] Loh C S,Yokoi H,Arai T. New shape memory alloy actuator:design and application in the prosthetic hand. 27th Annual International Conference of the Engineering in Medicine and Biology Society,2006:6900-6903.

[155] De Laurentis K J,Mavroidis C. Mechanical design of a shape memory alloy actuated prosthetic hand. Technology and Health Care,2002,10(2):91-106.

[156] De Laurentis K J,Mavroidis C,Pfeiffer C. Development of a shape memory alloy actuated robotic hand. Proceedings of the Actuator Conference,Bremen,2004:19-21.

[157] Maeno T,Hino T. Miniature five-fingered robot hand driven by shape memory alloy actuators. Proceedings of the 12th International Conference on Robotics and Applications, Hawaii,2006.

[158] Wolfe T, Faulkner M, Wolfaardt J. Development of a shape memory alloy actuator for a robotic eye prosthesis. Smart Materials and Structures, 2005, 14(4):759.

[159] Tadesse Y, Hong D, Priya S. Twelve degree of freedom baby humanoid head using shape memory alloy actuators. Journal of Mechanisms and Robotics, 2011, 3(1):011008.

[160] Hino T, Maeno T. Development of a miniature robot finger with a variable stiffness mechanism using shape memory alloy. International Symposium on Robotics and automation, Querétaro, 2004.

[161] Lan C C, Yang Y N. A computational design method for a shape memory alloy wire actuated compliant finger. Journal of Mechanical Design, 2009, 131(2):021009.

[162] Browne A L, Alexander P W, Mankame N, et al. SMA heat engines: Advancing from a scientific curiosity to a practical reality. Smart materials, structures and NDT in aerospace. Montreal: Cansmart CINDE IZFP, 2011.

[163] 搜狐汽车. 通用汽车力推形状记忆合金技术商业化进程. http://auto. sohu. com/20091104/n267962544. shtml. [2014-12-1].

[164] Knebel A M, Salemi M R. Shape memory alloy fuel injector. U. S. Patent: 6691977, 2004.

[165] Allston B K, Knebel A M, Salemi M R. Method and apparatus for controlling a shape memory alloy fuel injector. U. S. Patent: 6019113, 2000.

[166] Knebel A M, Salemi M R. Shape memory alloy fuel injector small package integral design. U. S. Patent: 6318641, 2001.

[167] Browne A L, Johnson N L. Reversibly opening and closing a grille using active materials. U. S. Patent: 7498926, 2009.

[168] Browne A L, Johnson N L. Airflow control devices based on active materials. U. S. Patent: 6979050, 2005.

[169] MacGregor R, Szilagyi A, Von Behrens P E. Flow control assemblies having integrally formed shape memory alloy actuators. U. S. Patent: 7093817, 2006.

[170] Lisy F, Prince T, Shaw G, et al. Pressure sensor with integrated cooler and methods of using. U. S. Patent: 7587944, 2009.

[171] Bellini A, Colli M, Dragoni E. Mechatronic design of a shape memory alloy actuator for automotive tumble flaps: A case study. IEEE Transactions on Industrial Electronics, 2009, 56(7):2644-2656.

[172] Luchetti T, Zanella A, Biasiotto M, et al. Electrically actuated antiglare rear-view mirror based on a shape memory alloy actuator. Journal of Materials Engineering and Performance, 2009, 18(5-6):717-724.

[173] Neugebauer R, Bucht A, Pagel K, et al. Numerical simulation of the activation behavior of thermal shape memory alloys. SPIE Smart Structures and Materials & Nondestructive Evaluation and Health Monitoring, 2010:76450J-1-76450J-12.

[174] Williams E A, Shaw G, Elahinia M. Control of an automotive shape memory alloy mirror

actuator. Mechatronics, 2010, 20(5): 527-534.

[175] Zychowicz R. Exterior view mirror for a motor vehicle. U. S. Patent: 5166832, 1992.

[176] Song G, Ma N, Li H N. Applications of shape memory alloys in civil structures. Engineering Structures, 2006, 28(9): 1266-1274.

[177] Branco M M, Kelly J M, Guerreiro L M. An algorithm to simulate the one-dimensional superelastic cyclic behavior of NiTi strings, for civil engineering applications. Engineering Structures, 2011, 33(12): 3737-3747.

[178] Addington D M, Schodek D L. Smart Materials and New Technologies: For the Architecture and Design Professions. New York: Routledge Press, 2005.

[179] Niskanen J D, Daniels A R, Mrkovic D. Vehicle lock controlled by a shape memory alloy actuator. U. S. Patent: 7364211, 2008.

[180] Brei D, Redmond J, Wilmot N A, et al. Hood lift mechanisms utilizing active materials and methods of use. U. S. Patent: 7063377, 2006.

[181] Zhang X R, Nie J X, Hou G. Development of anti-loosening nuts using shape memory alloys. Materials Science Forum, 2000: 35-38.

[182] Shen Y M, Nie G Q, Li J L, et al. Research on repetitive use of Fe-based shape memory alloy lock nut. Journal Hebei University of Science and Technology, 2005, 26(2): 138.

[183] Aizawa S, Kakizawa T, Higasino M. Case studies of smart materials for civil structures. Smart Materials and Structures, 1998, 7(5): 617.

[184] 北京航空航天大学能源与动力工程学院网站. 我国首个形状记忆合金分瓣螺母机构在轨试验圆满成功. http://news. buaa. edu. cn/kjzx/56452. htm. [2014-12-1].

[185] 张小勇, 闫晓军, 杨巧龙. 形状记忆合金分瓣螺母空间解锁机构的设计与试验研究. 机械工程学报, 2010, (17): 145-150.

[186] 闫晓军, 张小勇, 聂景旭, 等. 采用 SMA 驱动的小型空间磁悬浮飞轮锁紧机构. 北京航空航天大学学报, 2011, 37(2): 127-131.

[187] 闫晓军, 于海, 张可, 等. 小型、快速 SMA 空间解锁机构的设计与试验研究. 宇航学报, 2008, 29(3): 1042-4046.

[188] Zhang X Y, Yan X J, Xie H, et al. Modeling evolutions of plastic strain, maximum transformation strain and transformation temperatures in SMA under superelastic cycling. Computational Materials Science, 2014, 81: 113-122.

[189] Zhang X Y, Yan X J, Yang Q L. Design and experimental validation of compact, quick response shape memory alloy separation device. Journal of Mechanical Design, 2014, 136(1): 1-9.

[190] Zhang X Y, Yan X J, Yang Q L. Design of a quick response SMA actuated segmented nut for space release applications. Sensors and Smart Structures Technologies for Civil, Mechanical, and Aerospace Systems, San Diego, 2010.

[191] Yan X J, Zhang K. Development of a small reusable space release device using SMA. Sen-

sors and Smart Structures Technologies for Civil, Mechanical, and Aerospace Systems, San Diego, 2007.

[192] 闫晓军, 张可. 微型低载荷 SMA 空间同步解锁机构. 中国:200610011632. 3,2006.

[193] 闫晓军, 于海, 张小勇, 等. 采用形状记忆合金驱动的顶紧装置. 中国:200710177158. 6,2007.

[194] 闫晓军, 杨巧龙, 张小勇, 等. 一种 SMA 分组滚棒型大载荷释放机构. 中国:201310132157. 5,2013.

[195] 闫晓军, 杨巧龙, 张小勇, 等. SMA 丝驱动的连接与解锁机构. 中国:200810119580. 0,2008.

第 2 章 SMA 材料性能及测试方法

2.1 概　　述

一般结构设计中,金属材料的选材过程为:根据设计需求,查阅材料手册,获得材料性能参数,经过结构计算和分析,选择合适的材料。

对于智能结构来说,在设计需求(包括结构在工作条件下的静态、振动、冲击载荷、环境温度、作动行程、作动次数等)确定后,为了设计出高性能、高可靠性的 SMA 智能结构,一般需要对选用的 SMA 进行相变温度、基本力学性能、力学性能衰减等方面的材料性能测试,通过测试获得的数据来选择合适的 SMA,进而设计 SMA 智能结构。如果材料性能不满足设计需求,还可以采取合适的热处理工艺来改善 SMA 的性能,以满足智能结构的需求。

本章重点介绍 SMA 的相变温度、基本力学性能、力学性能衰减、热处理工艺等方面的测试方法和实例。SMA 材料性能测试是 SMA 本构模型、SMA 驱动器设计的前提工作,是 SMA 智能结构设计中的基础工作。

2.2　相变温度测试

SMA 智能结构要求在一定的环境温度范围下工作,只有选择具有合适相变温度的 SMA,才能很好利用其形状记忆特性,实现结构的"智能化"。以航天 SMA 压紧释放机构为例,这些机构往往要求在一定的温度环境范围(如 $-40 \sim 70 \, ^\circ\!\mathrm{C}$)内能可靠压紧,所以必须选择奥氏体相变开始温度 A_f 高于 $70 \, ^\circ\!\mathrm{C}$ 的 SMA 才能满足使用环境的要求。

2.2.1　概念及定义

SMA 相变温度是 SMA 在零应力状态下,在加热和冷却过程中发生孪晶马氏体和奥氏体相变($\mathrm{A} \rightarrow \mathrm{M^t}$、$\mathrm{M^t} \rightarrow \mathrm{A}$)的开始和结束温度。4 个相变温度分别标记为 M_s、M_f、A_s 和 A_f。如图 2.1 所示,以 SMA 中奥氏体体积分数来表征相变过程,在高温降至低温过程中,奥氏体逐渐转变为孪晶马氏体(发生 $\mathrm{A} \rightarrow \mathrm{M^t}$ 相变)。这一相变过程的开始温度记作 M_s,结束温度记作 M_f;在低温升至高温过程中,孪晶马氏体逐渐转变为奥氏体(发生 $\mathrm{M^t} \rightarrow \mathrm{A}$ 相变),这一相变过程的开始温度记作 A_s,结束温度记作 A_f。

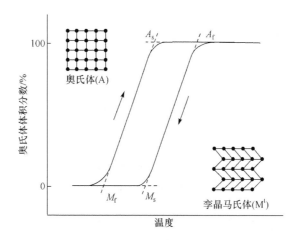

图 2.1　SMA 的 4 个相变温度

需要指出的是,SMA 还有其他 3 个相变过程,分别是 $A \rightarrow M^d$、$M^d \rightarrow A$ 和 $M^t \rightarrow M^d$。其中,$M^t \rightarrow M^d$ 相变是完全由应力诱发的相变,没有对应的相变温度,而 $A \rightarrow M^d$、$M^d \rightarrow A$ 相变涉及的非孪晶马氏体 M^d 相只能在高应力状态下才存在,因此只有在高应力状态时,通过温度诱发才能发生相变,此时对应的相变温度(图 2.2 中的 $M_{s\sigma}$、$M_{f\sigma}$、$A_{s\sigma}$、$A_{f\sigma}$ 表示存在应力情况下的 4 个相变温度)较零应力状态时有所增加,应力-相变温度曲线的斜率为应力影响系数 C_A、C_M(图 2.2)。由于 $A \rightarrow M^d$、$M^d \rightarrow A$ 相变过程中测得的相变温度受测试时的应力影响较大,因此 SMA 相关文献资料中提到的相变温度一般默认为 $A \rightarrow M^t$、$M^t \rightarrow A$ 相变对应的相变温度。

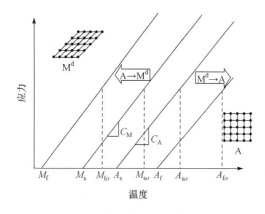

图 2.2　相变温度与 5 个相变的关系

2.2.2　测试方法

SMA 相变温度测量方法原理如下:SMA 在相变过程中,包括电阻率、比热容、弹性模量等在内的多种材料参数均会发生变化,通过测量这些参数的变化特征就可以获取相变温度。常用的方法有差示扫描量热(differential scanning calorimeter,DSC)法、电阻法等[1]。

1. DSC 法

DSC 法是一种热分析方法。该方法采用差示扫描量热仪(图 2.3)来测量 SMA 在相变过程中的热量变化,在此基础上确定相变温度。具体流程如下。

(1) 准备样品。加工出长、宽、高均小于 1mm 的试样(质量在 100mg 以下),放到差示扫描量热仪的刚玉坩埚内。

(2) 操作仪器。设定差示扫描量热仪以一定的升降温速度进行加热和冷却,在温度变化的同时绘制吸、放热曲线(典型曲线如图 2.4 所示)。

(3) 确定相变温度。根据吸、放热曲线,降温过程发生马氏体相变时伴随着一个放热峰,而升温过程发生奥氏体相变时伴随着吸热峰,通过在吸、放热峰两侧画相交切线即可确定出 SMA 的 4 个相变温度(图 2.4)。

图 2.3　差示扫描量热仪[2]

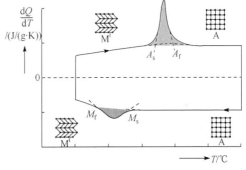

图 2.4　SMA 的热相变 DSC 曲线示意

2. 电阻法

电阻法是通过测量相变过程中 SMA 的电阻变化来确定相变温度。SMA 处于马氏体和奥氏体时的电阻率不同,如图 2.5 所示,在 SMA 由马氏体相变为奥氏体的过程中,电阻率增大;在 SMA 由奥氏体相变为马氏体的过程中,电阻率减小。电阻法测试的具体流程如下。

(1) 搭建测试装置。测试装置需向 SMA 丝通非常小的恒定电流,通过监测电压变化获得电阻变化情况,通过测温仪表监测 SMA 丝上的温度,测试中的电压和温度信号通过数据记录及处理系统采集(图 2.6)。

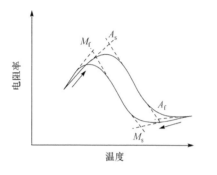

图 2.5　SMA 电阻率随温度的变化　　　　　　图 2.6　电阻法测量 SMA 相变温度

（2）控制升降温并采集数据。通过升降温系统对试样加热或冷却,使其电阻发生改变,同时采集电压和温度信号。

（3）确定相变温度。电流不变,导致试样两端电压发生变化,根据测得的电压、温度变化曲线,再结合电路中的恒定电流值和试样的几何尺寸,就可得到电阻率-温度曲线,如图 2.5 所示,通过相交切线即可确定试样的相变温度。

2.2.3　测试实例

按照 2.2.2 节介绍的 DSC 法和电阻法测试相变温度的方法流程,分别对 NiTi 合金和 Cu-Al-Be[3] 合金开展相变温度测量。

1. NiTi 合金 DSC 法测量

测试采用的样品是直径为 0.3mm、长度为 1mm 的 NiTi 合金丝段（图 2.7）,通过差示扫描量热仪测得的吸、放热曲线如图 2.8 所示。采用相交切线确定的相变温度如表 2.1 所示。

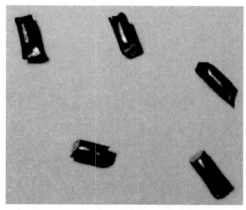

图 2.7　NiTi 合金相变温度测试样品

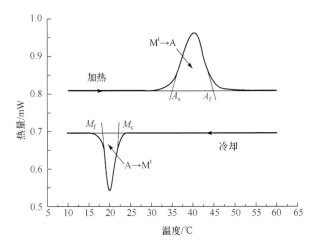

图 2.8　样品 DSC 测试结果

表 2.1　DSC 法测量的 NiTi 合金相变温度

测试方法	$M_f/℃$	$M_s/℃$	$A_s/℃$	$A_f/℃$
DSC 法	18	22	35	45

2. Cu-Al-Be 合金电阻法测量

文献[3]对 Cu-Al-Be 合金开展了相变温度测量,测试采用的样品直径为 0.8mm,测得的电阻率-温度曲线如图 2.9 所示。采用相交切线法确定的相变温度如表 2.2 所示。

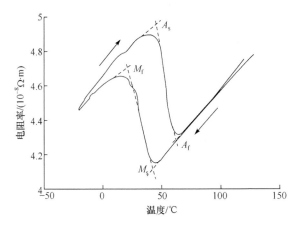

图 2.9　Cu-Al-Be 合金电阻率-温度曲线[3]

表 2.2　电阻法测量的 Cu-Al-Be 合金相变温度

测试方法	$M_f/℃$	$M_s/℃$	$A_s/℃$	$A_f/℃$
电阻法	19	43	46	60

2.3　基本力学性能测试[4~9]

基本力学性能测试分为两个方面,一是单轴拉伸试验,测试 SMA 在不同温度下的应力-应变曲线;二是高温回复试验,测试 SMA 在加热回复下的应变-温度曲线。通过这两方面的测试,可以得出 SMA 在不同温度下的相变临界应力、弹性模量、最大相变应变、应力影响系数、抗拉强度等(表 2.3)。这些参数在 SMA 本构模型(第 3 章)、SMA 驱动器设计理论与方法(第 4 章)、SMA 智能结构设计(第 5~8 章)中都是必不可少的。例如,在 SMA 本构模型中,没有弹性模量,就无法建立广义胡克定律关系式来描述 SMA 在弹性段的力学行为;在 SMA 压紧释放机构中,进行 SMA 丝和偏置弹簧组成的驱动器设计时,需要获得马氏体相变开始临界应力,才能设计与其相配的偏置弹簧。

表 2.3　SMA 基本力学性能测试参数表

材料参数	符号(单位)
奥氏体状态下弹性模量	E_A(MPa)
马氏体状态下弹性模量	E_M(MPa)
最大相变应变(又称最大回复应变)	ε_{max}
奥氏体相变应力影响系数	C_A(MPa/℃)
马氏体相变应力影响系数	C_M(MPa/℃)
$T>M_s$ 时奥氏体相变开始临界应力	σ_{as}(MPa)
$T>M_s$ 时奥氏体相变结束临界应力	σ_{af}(MPa)
$T>M_s$ 时马氏体相变开始临界应力	σ_{ms}(MPa)
$T>M_s$ 时马氏体相变结束临界应力	σ_{mf}(MPa)
抗拉强度	σ_b(MPa)
$T \leqslant M_s$ 时 $M^t \rightarrow M^d$ 相变开始临界应力	σ_s(MPa)
$T \leqslant M_s$ 时 $M^t \rightarrow M^d$ 相变结束临界应力	σ_f(MPa)

2.3.1　概念及定义

1. 单轴拉伸试验

单轴拉伸试验需要在不同的温度下进行,随着温度的升高,SMA 的单轴拉伸应力-应变曲线会发生很大的变化,如图 2.10 所示。

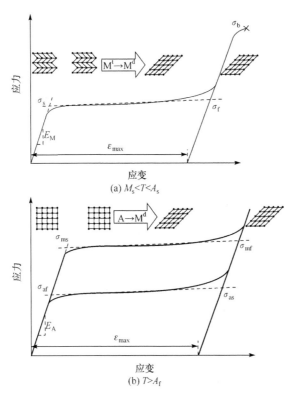

图 2.10　单轴拉伸应力-应变曲线

温度低于奥氏体相变开始温度时($M_s < T < A_s$),SMA 表现出形状记忆效应(图 2.10(a))。在未拉伸时,其内部主要为孪晶马氏体相(M^t),对其拉伸得到的弹性模量为 E_M,拉伸过程中发生 $M^t \rightarrow M^d$ 相变,相变的开始和结束的临界应力分别为 σ_s 和 σ_f,拉伸到断裂时对应的应力为抗拉极限 σ_b,拉伸到 $M^t \rightarrow M^d$ 相变结束后进行卸载,卸载后残余的应变为最大相变应变 ε_{max}。

温度高于奥氏体相变结束温度时($T > A_f$),SMA 表现出超弹性(图 2.10(b))。在未拉伸时,其内部主要为奥氏体相(A),对其拉伸得到的弹性模量为 E_A,拉伸过程中发生 $A \rightarrow M^d$ 相变,马氏体相变开始和结束的临界应力分别为 σ_{ms} 和 σ_{mf},奥氏体相变开始和结束的临界应力分别为 σ_{as} 和 σ_{af},拉伸到 $A \rightarrow M^d$ 相变结束后,假设卸载到应力为零而不发生相变,卸载后残余的应变为最大相变应变 ε_{max}。

2. 高温回复试验

高温回复试验是在 SMA 丝中的应力一定时,对 SMA 丝进行加热-冷却,测量其应变-温度曲线,如图 2.11 所示。

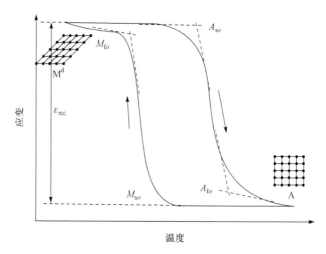

图 2.11 高温回复曲线

在恒定应力 σ 作用下,SMA 丝会伸长,对 SMA 丝加热,温度达到奥氏体相变开始温度 $A_{s\sigma}$ 时,SMA 丝开始收缩,直到温度上升到奥氏体相变结束温度 $A_{f\sigma}$ 后,SMA 丝收缩完毕,此时 SMA 收缩应变为 ε_{rec}。随后对 SMA 丝降温,当温度降低到马氏体相变开始 $M_{s\sigma}$ 后,SMA 丝开始被拉伸,直到温度低于马氏体相变结束温度 $M_{f\sigma}$ 后,SMA 被拉伸到加热前的长度。

2.3.2 测试方法

1. 单轴拉伸试验

SMA 的单轴拉伸试验与普通金属材料的单轴拉伸试验类似,一般在拉伸试验机上进行,试验方案如图 2.12 所示,测试流程如下。

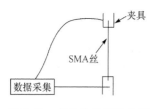

图 2.12 单轴拉伸试验方案

（1）准备试件。根据需要准备 SMA 试件,通常采用 SMA 丝进行测试,测量并记录 SMA 丝的直径。

（2）装夹试件。将 SMA 丝装夹在试验机两个夹头之间,测量并记录两个夹头之间有效拉伸段 SMA 丝的长度。

（3）拉伸试验。控制试验机拉伸 SMA 丝,加载时要保证较低的加载速率,以保证加载为准静态。

（4）确定材料参数。根据试验机采集的力、位移数据和试验测得的 SMA 丝直径、有效拉伸长度计算出应力、应变数据,并计算相应参数(图 2.10)。

单轴拉伸试验中需要注意的是,若试验采用的是 SMA 丝,应确保装夹 SMA
丝的夹具不能对丝造成损伤,以免 SMA 丝在装夹处断裂。

2. 高温回复试验

高温回复试验一般通过重物或恒力弹簧对 SMA 丝施加恒定应力,利用温度
传感器(如热电偶、红外热像仪等)和位移传感器(如激光位移传感器、电涡流传感
器等)测量 SMA 丝的温度和收缩位移,SMA 丝的加热一般采用通电加热法。典
型试验方案如图 2.13 所示,测试流程如下。

(1) 准备试件。根据需要准备 SMA 丝进行测试,测量 SMA 丝直径以便后续
计算应力。

(2) 确定试验参数。根据需要的恒定应力和 SMA 丝直径确定偏置重物的质
量,根据需要达到的加热温度,标定所需的加热电流及通电时间。

(3) 装夹试件。将 SMA 丝上端装夹在试验机上夹头上,下端与产生恒定应力
的配重相连接,并测量有效拉伸长度,然后在丝两端连接加热导线,调节加热电源
到限流模式,并设定加热电流。

(4) 设置传感器。在 SMA 丝上安装热电偶测量温度,安装并调整好激光位移
传感器位置,连接好温度和位移传感器数据采集仪器。

(5) 开展试验。打开加热开关,控制在标定好的电流下加热对应的时间,随后
断开加热开关,完成试验。

(6) 确定材料参数。根据采集的力、位移、温度数据和前面测得的 SMA 丝直
径、有效拉伸长度计算出应力、应变数据等计算相应材料参数(图 2.11),通过同材
料 4 个相变温度对比,得出应力影响系数,如图 2.14 所示。

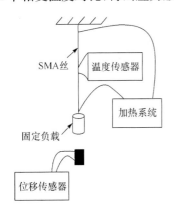

图 2.13　高温回复试验方案

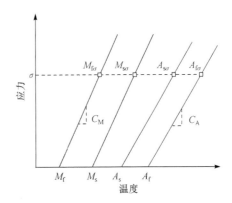

图 2.14　应力影响系数示意图

高温回复试验中还需要注意,SMA 丝需要通电加热,必须保证 SMA 丝和其

他金属结构绝缘。加热时应尽量选择能够加热到相变温度的最低电流,以保证加热时间足够长,热电偶能被充分加热,测得温度数据准确。

2.3.3　测试实例

按照 2.3.2 节介绍的单轴拉伸和高温回复测试方法,分别对 NiTi 合金进行单轴拉伸和高温回复试验,获得了表 2.3 中所列的材料参数。

1. 单轴拉伸试验

单轴拉伸实例包含 $M_s < T < A_s$ 和 $T > A_f$ 两种条件,以保证能够测得 NiTi 合金在形状记忆效应和超弹性两种典型状态下的材料性能。

为了测得在 $M_s < T < A_s$ 下的单轴拉伸性能,采用的 NiTi 合金丝相变温度为 $M_f = 18\,℃$、$M_s = 22\,℃$、$A_s = 46\,℃$、$A_f = 45\,℃$,试验环境温度为 $T = 25\,℃$。测试的 NiTi 合金丝直径为 0.7mm、长度为 150mm(图 2.15(a)),试验在电液伺服拉伸试验机上进行(图 2.15(b))。测试得到的应力-应变曲线如图 2.16(a)所示,对试验曲线进行分析后,可得出表 2.4 所示的材料参数。

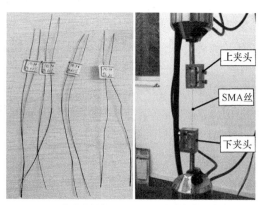

(a) NiTi合金丝试件　　　　(b) 拉伸试验装置

图 2.15　NiTi合金丝单轴拉伸试验

表 2.4　$M_s < T < A_s$ 时的单轴拉伸试验结果

温度情况	E_M/MPa	ε_{max}/%	σ_s/MPa	σ_f/MPa	σ_b/MPa
$T < A_s$	13100	5.5	197	213	1254

为了测得在 $T > A_f$ 下的单轴拉伸性能,采用的试件为 $A_f = 18\,℃$ 的 NiTi 合金丝,试验环境温度为 $T = 25\,℃$。NiTi 合金丝直径为 0.7mm、长度为 150mm,试验在电液伺服拉伸试验机上进行(图 2.15(b))。测试得到的应力-应变曲线如图 2.16(b)

所示。对试验曲线进行分析后，可得出表 2.5 所示的 NiTi 合金参数。

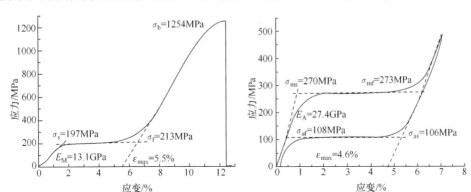

(a) $M_s < T < A_s$　　　　　　　　　　　　(b) $T > A_f$

图 2.16　试件单轴拉伸试验结果

表 2.5　$T > A_f$ 时的单轴拉伸试验结果

温度情况	E_A/MPa	ε_{max}/%	σ_{ms}/MPa	σ_{mf}/MPa	σ_{as}/MPa	σ_{af}/MPa
$T > A_f$	27400	4.6	270	273	106	108

2. 高温回复试验

高温回复试验采用的试件为 NiTi 合金丝，其相变温度为 $M_f = 18℃$、$M_s = 22℃$、$A_s = 35℃$、$A_f = 45℃$，NiTi 合金丝直径为 0.7mm、长度为 200mm。试验装置如图 2.17 所示，通过配重实现对 NiTi 合金丝的恒定应力加载，NiTi 合金丝的温度通过热电偶测量。试验前，首先采用和试验试件相同的 NiTi 合金丝（尺寸、成分、热处理状态都相同）对加热电流进行标定，确定试验中的加热电流和通电时间（图 2.18），试验在电液伺服拉伸试验机上进行（图 2.15(b)）。试验中的恒定应力取为 170MPa，得到的应变-温度曲线如图 2.19 所示，结合试件的 4 个相变温度，可得到应力影响系数，如图 2.20 所示。由图可知，在偏置应力 $\sigma_{bia} = 170MPa$ 时，对应的材料参数如表 2.6 所示。

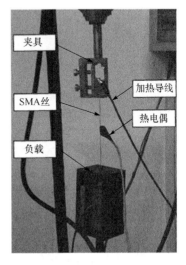

图 2.17　试验装置

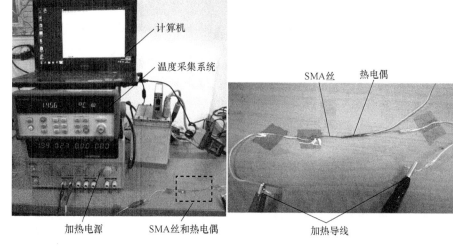

图 2.18　加热电流标定

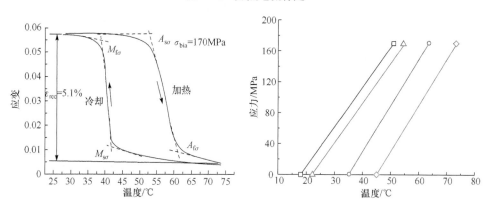

图 2.19　NiTi 合金丝高温回复试验结果　　图 2.20　NiTi 合金丝在不同应力下的相变温度

表 2.6　$\sigma_{\text{bia}}=170\text{MPa}$ 时的高温回复试验结果

$\varepsilon_{\text{rec}}/\%$	$M_{\text{f}\sigma}/℃$	$M_{\text{s}\sigma}/℃$	$A_{\text{s}\sigma}/℃$	$A_{\text{f}\sigma}/℃$	$C_{\text{M}}/(\text{MPa}/℃)$	$C_{\text{A}}/(\text{MPa}/℃)$
5.1	39	42	53	61	8	9

　　需要指出的是，由于本节的主要目的是介绍测量方法，此处仅通过 $\sigma_{\text{bia}}=$ 170MPa 时的相变温度和零应力状态下的相变温度确定，数据点比较小，很可能导致测得的 C_{M}、C_{A} 误差过大。在需要精确测量 C_{M}、C_{A} 时，通常需要在多个应力下测量出对应的相变温度，再结合零应力状态下的相变温度确定 C_{M}、C_{A}。

2.4　力学性能衰减测试[10~13]

SMA 在智能结构中应用时,往往需要经历多次加热、机械加载,这会引起 SMA 力学性能衰减(典型的衰减参数如表 2.7 所示)。例如,SMA 压紧释放机构要求重复使用,这会导致 SMA 丝的驱动性能衰退,最终导致机构失效。因此,需要开展力学性能衰减测试,掌握衰减规律,为 SMA 智能结构的可靠性设计提供依据。

表 2.7　SMA 循环衰减相关材料参数表

材料参数说明	符号(单位)
塑性应变稳定值	ε_{sp}
最大相变应变稳定值	ε_{smax}
耗散能稳定值	$W_{sd}(MJ/m^3)$

智能结构主要利用 SMA 的形状记忆效应和超弹性,因此力学性能衰减测试也主要针对形状记忆效应循环和超弹性循环衰减展开。

2.4.1　概念及定义

1. 形状记忆效应循环衰减测试

形状记忆效应循环衰减测试是在恒定应力作用下,对 SMA 丝循环加热、冷却,测量 SMA 丝的塑性应变、最大相变应变的变化规律,从而得出其衰减性能。

典型的形状记忆效应循环衰减如图 2.21 所示,对应的材料参数见表 2.7。其中,ABCDE 为第 1 个循环,EFGHI 为第 2 个循环。在第 1 个循环完成时,SMA 丝不能回复到其初始位置,产生塑性应变 ε_{p1},回复的最大相变应变为 ε_{max1};在第 2 个循环完成时,对应的塑性应变为 ε_{p2},最大相变应变为 ε_{max2}。当循环到一定次数时,若塑性应变和最大相变应变趋于稳定,则对应的稳定值为 ε_{sp} 和 ε_{smax}。

2. 超弹性循环衰减测试

超弹性循环衰减测试是在恒定环境温度下,对 SMA 进行循环的机械加载、卸载,测量其塑性应变、最大相变应变、耗散能的变化规律,从而得出其衰减性能。

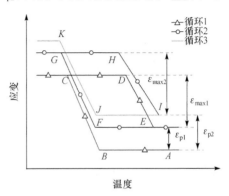

图 2.21　形状记忆效应循环衰减示意图

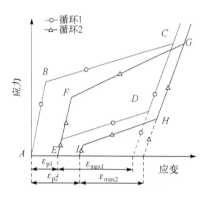

图 2.22　超弹性循环衰减示意图

典型的超弹性循环衰减如图 2.22 所示，对应的材料参数见表 2.7。其中 $ABCDE$ 为第 1 个循环，$EFGHI$ 为第 2 个循环。在第 1 个循环完成时，SMA 丝不能回复到其初始位置，产生塑性应变 ε_{p1}，回复的最大相变应变为 ε_{max1}，$ABCDE$ 围成的多边形面积定义为耗散能 W_{d1}；在第 2 个循环完成时，对应的塑性应变为 ε_{p2}，最大相变应变为 ε_{max2}，耗散能为 W_{d2}。当循环到一定次数时，若塑性应变、最大相变应变和耗散能趋于稳定，则对应的稳定值为 ε_{sp}、ε_{smax} 和 W_{sd}。

2.4.2　测试方法

1. 形状记忆效应循环衰减测试

形状记忆效应循环衰减测试实际上是进行多个高温回复循环，其所需的试验装置与高温回复试验类似(图 2.13)，但需要添加控制通电和断电的延时继电器，以控制对 SMA 的加热和冷却，测试流程如下。

(1) 准备试件。根据需要准备 SMA 试件，通常采用 SMA 丝进行测试，测量 SMA 丝直径。

(2) 确定(标定)试验参数。根据需要的恒定应力和 SMA 丝直径确定偏置重物的质量，根据需要达到的加热温度标定所需加热电流及对应的通电时间。

(3) 装夹试件。将 SMA 丝上端装夹在试验机的上夹头上，下端和产生恒定应力的配重相连接，并测量有效拉伸长度，然后在丝两端连接加热导线，调节加热电源到限流模式，根据标定结果设定加热电流。

(4) 设置延时继电器。根据标定结果设定延时继电器的接通和断开时间来控制电源开关时间，对 SMA 丝通电加热和断电冷却。

(5) 设置传感器。在 SMA 丝上安装热电偶测量温度，安装并调整好激光位移传感器位置，连接好温度和位移传感器数据采集仪器。

(6) 开展试验。打开试验系统，进行形状记忆效应循环衰减试验，根据实际情况，可选择 SMA 丝断裂或者达到一定循环数作为试验结束的标志。

(7) 确定材料参数。根据采集的力、位移、温度数据和 SMA 丝直径、有效拉伸长度计算出应力、应变数据，并结合温度数据计算相应的衰减参数(图 2.21)。

需要指出的是，为了保证在设置的加热电流下，SMA 丝中的温度能够达到需要的考核温度，标定加热、冷却时间及加热电流时，必须在试验所处环境下进行，标定可借助红外热像仪、热电偶(热电偶响应稍慢,不适合加热时间非常短的使用场合)进行。此外,试验过程中,要尽量保证环境温度、环境空气对流情况不变,以免引入试验误差。

2. 超弹性循环衰减测试

超弹性循环衰减测试实际上是对超弹性状态下的 SMA($T>A_f$)进行多次单轴拉伸、卸载循环,其所需的试验装置与单轴拉伸试验类似(图 2.12)。测试流程如下。

(1) 准备试件。根据需要,准备 SMA 试件,通常用 SMA 丝进行测试,测量 SMA 丝直径。

(2) 装夹试件。将 SMA 丝装夹在试验机的两个夹头之间,并测量两个夹头之间有效拉伸段 SMA 丝的长度。

(3) 拉伸试验。控制试验机拉伸 SMA 丝,根据试验研究目的设置加载速率、应变幅等,试验结束点可选为 SMA 丝断裂时刻或者规定一定循环数后结束。

(4) 确定材料参数。根据采集的力、位移数据和 SMA 丝直径、有效拉伸长度计算出应力、应变数据,计算相应的衰减参数(图 2.22)。

需要指出的是,上述试验只是一般的试验流程,对于某些特殊的试验,还需要对试验装置和流程进行调整。例如,若要同时研究循环过程中 SMA 的温度变化情况,则需要添加红外热像仪或热电偶等测温设备。

2.4.3　测试实例

按照 2.4.2 节介绍的形状记忆效应和超弹性循环衰减的测试方法,对 NiTi 合金丝进行测试。

1. 形状记忆效应循环衰减测试

形状记忆效应循环衰减测试在如图 2.23 所示的形状记忆效应循环衰减测试系统上完成。测试系统由直流电源、延时继电器、位移传感器、数据采集卡以及偏置重物(图 2.23 中未示出)组成。通过直流电源对 NiTi 合金丝通电加热,延时继电器控制加热和冷却时间,位移传感器测量 NiTi 合金丝的收缩位移,偏置重物对 NiTi 合金丝提供恒定应力,数据采集卡用于采集测试中 NiTi 合金丝的收缩、伸长位移。

测试温度为室温 23℃,采用的样品是直径为 0.3mm、长度为 150mm 的 NiTi 合金丝。分别进行了恒定应力 $\sigma_{bia}=151\mathrm{MPa}$,多个最高加热温度 $T_{high}=90℃$、136℃、180℃、239℃下的形状记忆效应循环衰减测试。

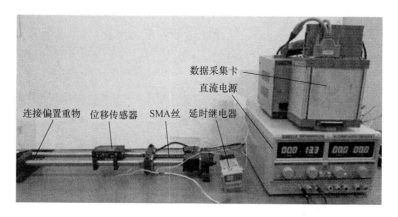

图 2.23　SMA 丝形状记忆效应循环衰减测试系统

　　测试中典型的热、机械载荷循环如图 2.24 所示，一个循环中包含加热、冷却两个过程，加热过程中，延时继电器接通，NiTi 合金丝温度由 T_{low} 升高到 T_{high}，NiTi 合金丝发生相变收缩；冷却过程中，延时继电器断开，NiTi 合金丝冷却，温度由 T_{high} 降低到 T_{low}，同时在恒定应力 σ_{bia} 作用下被重新拉伸，完成一个循环。

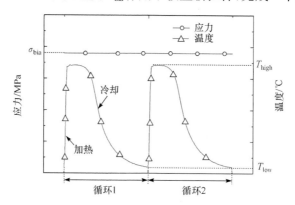

图 2.24　典型温度及应力载荷谱

　　根据 2.4.2 节中的测试流程，测试前必须对 NiTi 合金丝的通电电流与最高加热温度的对应关系进行标定。标定时用的 NiTi 合金丝与测试试件完全相同（尺寸、成分、热处理工艺均相同），对 NiTi 合金丝通电加热，用红外热像仪测量 NiTi 合金丝的温度场如图 2.25 所示。由图可知，NiTi 合金丝中温度场沿丝长度方向非常均匀，沿图中所示测量路径的温度值如图 2.25 中右半部分所示。根据测量路径上的温度曲线可得出加热时 NiTi 合金丝中的最高相变温度 T_{high}。根据焦耳定律，NiTi 合金丝的最高相变温度 T_{high} 与通电电流呈二次曲线关系，标定得到的温度与电流拟合得到的曲线及关系式如图 2.26 所示。

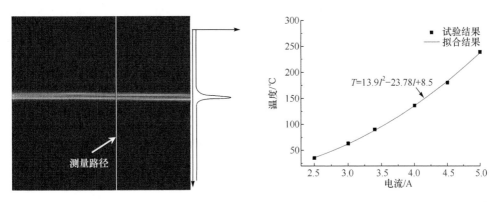

图 2.25　NiTi 合金丝的红外热像照片　　　　图 2.26　标定得到的温度与电流的关系

$$T=13.9I^2-23.78I+8.5$$

　　分别进行了多个最高加热温度 T_{high} 和多个恒定应力 σ_{bia} 下的形状记忆效应循环衰减测试,所有测试均在 NiTi 合金丝断裂后停止,测试结果如图 2.27 所示。

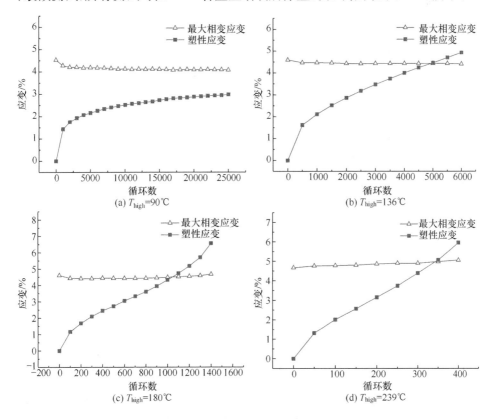

图 2.27　NiTi 合金丝形状记忆效应循环衰减测试结果

由图 2.27 可以看出,在所有情况下,塑性应变 ε_p 都随循环数的增加而增大, T_{high}＝90℃时,塑性应变有趋于稳定的趋势,稳定后的塑性应变 ε_{sp} 约为 3%,而 T_{high} 为 136℃、180℃、239℃时,塑性应变均没有稳定的趋势,如表 2.8 所示。最大相变应变在所有最高加热温度下均趋于稳定,稳定后的值分别为 4.1%、4.5%、4.5%和 5%,如表 2.8 所示。另外,随着最高加热温度的增加,NiTi 合金丝的寿命急剧衰减,循环数从 25000 衰减到 400,如图 2.28 所示。

表 2.8　形状记忆效应性衰减材料参数表

恒定应力/MPa	最高加热温度/℃	材料参数	数值
151	90	ε_{sp}	3%
		ε_{smax}	4.1%
151	136	ε_{sp}	未稳定
		ε_{smax}	4.5%
151	180	ε_{sp}	未稳定
		ε_{smax}	4.5%
151	239	ε_{sp}	未稳定
		ε_{smax}	5%

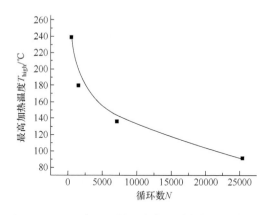

图 2.28　NiTi 合金丝循环寿命随最大加热温度衰减

2. 超弹性循环衰减测试

NiTi 合金的超弹性循环衰减和加载时应变幅、应变率相关。为了研究这两方面的影响,对 NiTi 合金丝开展了不同应变幅、应变率下的超弹性循环衰减测试。

根据 2.4.2 节中的测试流程,对处于超弹性状态的 NiTi 合金丝开展了超弹性的衰减测试。测试在电液伺服拉伸试验机上进行,测试温度为室温 23℃,试验样品是直径为 0.8mm、长度为 130mm 的 NiTi 合金丝。分别进行多个应变幅和应变率条件下超弹性的衰减测试,测试条件见表 2.9。

表 2.9　超弹性循环衰减测试加载条件

组别	应变幅 ε_a/%	应变率 $\dot{\varepsilon}$/s^{-1}
第一类测试	4、5、6、7	0.12
第二类测试	5	0.06、0.12、0.24

　　不同应变幅下的衰减测试按照表 2.9 中的第一类加载条件进行,对 4 种应变幅在应变率为 0.12s^{-1} 下进行了 1000 次加载,测试结果如图 2.29～图 2.31 所示。由图 2.29 可知,在不同的应变幅循环加载下,循环应力-应变滞回圈随着应变幅的增加逐渐增大。同时随着循环数的增加,滞回圈逐渐变得狭长。循环过程中,塑性应变和耗散能的变化规律如图 2.30 和图 2.31 所示,在各应变幅下,塑性应变都随着循环数的增加而增加,最终趋于稳定,且应变幅越大,塑性应变的稳定值越大,应变幅 7% 下的塑性应变稳定值是应变幅 4% 下的 2.31 倍。耗散能随着循环数的增加而迅速衰减,最终趋于稳定,稳定值受应变幅的影响相对较大,应变幅 7% 下的耗散能稳定值是应变幅 4% 下的 1.41 倍。

　　不同应变率下的衰减测试采用表 2.9 中的第二类加载条件,对 3 种应变率在应变幅为 5% 下进行了 1000 次加载,测试结果如图 2.32～图 2.34 所示。由图 2.32 可知,在不同的应变率循环加载下,循环应力-应变滞回圈随着应变率的增加变化并不明显,表明材料的阻尼特性受应变率影响很小。但是,随着循环数的增加,滞回圈逐渐变得狭长,阻尼能力下降。循环过程中,塑性应变和耗散能的变化规律如图 2.33 和图 2.34 所示,在各应变率下,塑性应变都随着循环数的增加而增加,

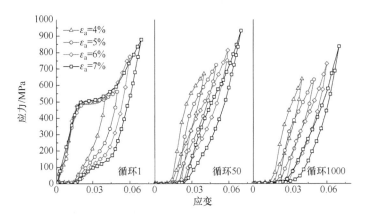

图 2.29　不同应变幅下应力-应变曲线的变化情况

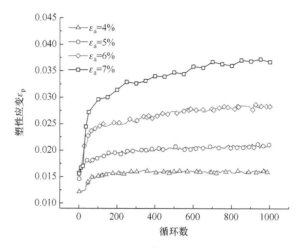

图 2.30　不同应变幅下塑性应变的变化情况

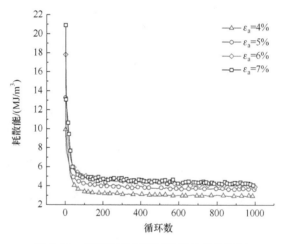

图 2.31　不同应变幅下耗散能的变化情况

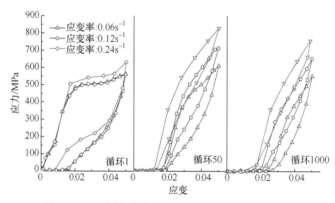

图 2.32　不同应变率下应力-应变曲线的变化情况

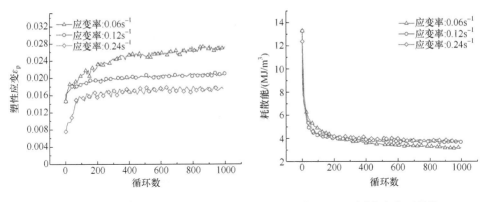

图 2.33　不同应变率下塑性　　　　图 2.34　不同应变率下耗散
　　　应变的变化情况　　　　　　　　　能的变化情况

最终趋于稳定。随着应变率的增加,塑性应变的稳定值呈现减小趋势,应变率 $0.06s^{-1}$ 下的塑性应变稳定值是应变率 $0.24s^{-1}$ 下的 1.59 倍。耗散能随着循环数的增加而迅速衰减,最终趋于稳定,稳定值基本不受应变率影响,应变率 $0.24s^{-1}$ 下的耗散能稳定值是应变率 $0.06s^{-1}$ 下的 1.16 倍。稳定后的塑性应变和耗散能如表 2.10 所示。

表 2.10　NiTi 合金超弹性循环衰减材料参数表

应变幅/%	应变率/s^{-1}	材料参数	数值
4	0.12	ε_{sp}/%	1.6
		W_{sd}/(MJ/m^3)	2.9
5	0.12	ε_{sp}/%	2.1
		W_{sd}/(MJ/m^3)	3.7
6	0.12	ε_{sp}/%	2.8
		W_{sd}/(MJ/m^3)	4.0
7	0.12	ε_{sp}/%	3.7
		W_{sd}/(MJ/m^3)	4.1
5	0.06	ε_{sp}/%	2.7
		W_{sd}/(MJ/m^3)	3.2
5	0.12	ε_{sp}/%	2.1
		W_{sd}/(MJ/m^3)	3.7
5	0.24	ε_{sp}/%	1.7
		W_{sd}/(MJ/m^3)	3.7

2.5　热处理工艺

几乎所有用于智能结构中的 SMA 都需要进行热处理。一方面,由于 SMA 在生产、成形过程中的加工硬化作用,其材料性能并不理想,需要进行热处理来改变其材料性能。另一方面,对于某些智能结构,要求 SMA 构件在高低温下具有特定的几何外形,需要对其进行热处理来定型。

SMA 热处理是将其放在一定的介质内加热、保温、冷却,通过改变其表面或内部的晶相组织结构,来控制或改变其性能的一种金属热加工工艺。SMA 热处理主要有消除加工硬化、调节相变温度、改善力学性能、设定初始形状等几方面的作用。

2.5.1　消除加工硬化

加工硬化是指金属材料在常温下进行锻造、压延或拉拔等塑性加工时,随着变形量的增加,材料组织中的晶粒变小,晶界和亚晶界增多,变形抗力增大,使材料的强度、硬度增大,而延伸率减小,塑性降低的现象。SMA 丝的冷拔成形工艺、SMA 板或薄带的冷轧工艺都会造成严重的加工硬化,影响到其力学性能,需要适当的热处理手段消除加工硬化影响,改善材料力学性能。热处理消除加工硬化影响的效果一般表现在微观和宏观两个方面。

微观方面,热处理可以明显改善 SMA 冷加工带来的微观结构畸变。冷轧成型的 SMA 试件在冷轧及不同热处理温度下的光学显微图像如图 2.35 所示。从图 2.35(a)中可以看到很多交叉平行带,这是试件经过冷加工后典型的畸变结构。从图 2.35(b)和(c)可以看到,应力诱发马氏体的晶界变得越来越模糊,同时在某些特殊方向上出现了第二种相的晶粒沉积,这表明 550~650℃ 的热处理可以有效地消除加工硬化产生的位错、堆叠等瑕疵。

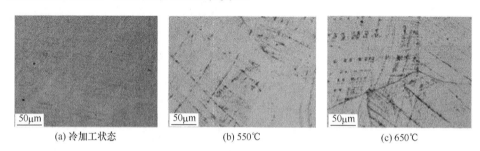

(a) 冷加工状态　　　　　　(b) 550℃　　　　　　(c) 650℃

图 2.35　SMA 光学显微图像[14]

宏观方面,热处理可以明显改善 SMA 的形状记忆效应和超弹性性能。以冷拔加工的 NiTi 合金丝为例,由于加工硬化的影响,没有经过热处理的 SMA 基本不表现出形状记忆效应或超弹性。将其在 550℃ 的高温炉中保温 30min，随后空冷（热处理设备如图 2.36 所示）。处理后的 NiTi 合金丝具有非常明显的屈服平台，表现出良好的形状记忆效应，如图 2.37 所示。

图 2.36　SMA 丝热处理

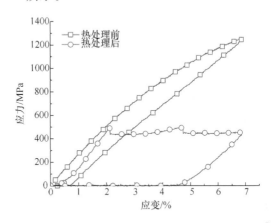

图 2.37　SMA 丝热处理前后的对比

2.5.2　调节相变温度

　　SMA 的相变温度也可通过特定的热处理工艺进行调节，如在不同的热处理温度、不同的保温时间下进行 SMA 的热处理，可以得到不同的相变温度调节效果。

　　文献[15]选用 NiTi 合金试件，在 400～550℃ 范围内的多个热处理温度下保温不同的时间，随后测试其奥氏体相变结束温度 A_f，得到如下结论。

　　(1) 保温时间会影响 NiTi 合金的相变温度。如图 2.38 所示，随着保温时间的增加，在 400～550℃ 范围内的多个热处理温度下，相变温度 A_f 均会逐渐提高，提高幅度在前 20min 比较明显，20min 后增加幅度变得平缓。

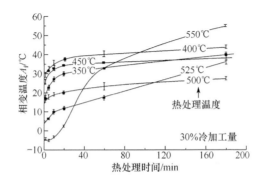

图 2.38　保温时间、热处理温度改变相变温度[15]

（2）热处理温度会影响 NiTi 合金的相变温度。如图 2.38 所示，在保温时间相同时，不同的热处理温度也会导致不同的相变温度 A_f，如保温时间为 40min，热处理温度为 550℃时，相变温度 A_f 为 25℃；相比之下，热处理温度为 400℃时，相变温度 A_f 却可达到 40℃。

2.5.3　改善力学性能

工业上，一般是将较粗的 SMA 丝进行多次冷拔处理从而获得不同直径的 SMA 丝，经过冷拔处理的丝内部存在非常大的残余应力，这对其力学性能存在很大的影响。为了更好地适应驱动器设计的需要，一般会通过热处理来改变 SMA 的力学特性。试验证明，热处理温度和保温时间对 SMA 的相变临界应力和最大回复应力影响很大。

热处理对于 SMA 的马氏体相变开始临界应力 σ_s 和最大相变应变 ε_{max} 具有很大的影响。直径为 0.7mm 的 NiTi 合金丝分别在 350℃、400℃、450℃、470℃、500℃、550℃、600℃下保温 20min，然后空冷。通过单轴拉伸试验测得 SMA 丝的马氏体相变开始临界应力以及最大相变应变如图 2.39 所示。可以看出，随热处理温度的升高，NiTi 合金丝的 σ_f 和 ε_{max} 均呈现先升后降的趋势，热处理温度约 500℃时，可获得最优的最大相变应变值。

热处理对 NiTi 合金丝的约束回复应力也有很大影响。图 2.40 为不同热处理温度下 NiTi 合金丝最大约束回复应力和多次加热后得到的稳定约束回复应力（预应变为 7%）的变化情况。可以看出，随着热处理温度升高，NiTi 合金丝最大约束回复应力总体呈现降低趋势，约 470℃时达到最小值。稳定约束回复应力随热处理温度的变化基本保持不变，最小值也是在热处理温度约 470℃时达到。

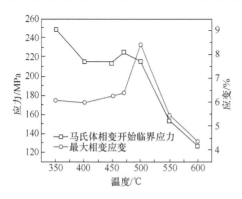

图 2.39　不同热处理温度下 NiTi
合金丝力学性能变化情况

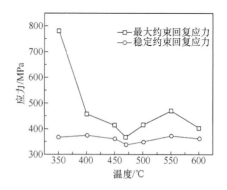

图 2.40　不同热处理温度下 NiTi
合金丝约束回复应力变化情况

2.5.4　设定初始形状[16]

SMA 可以"记忆"其初始形状,这个初始形状可以通过热处理来设定。热处理定型首先将 SMA 形状改变到准备设定的形状,同时通过机械约束保证其形状不变,然后放入热处理炉中进行热处理。热处理温度和保温时间取决于 SMA 的成分,对于 NiTi 合金来说,通常在 550℃ 下退火 30min 即可。图 2.41 为 NiTi 合金弹簧的热处理定型过程。首先设计带有螺旋槽的模具,将 NiTi 合金丝缠绕在模具上,再通过分半套筒进行约束,最后采用热处理炉热处理即可。

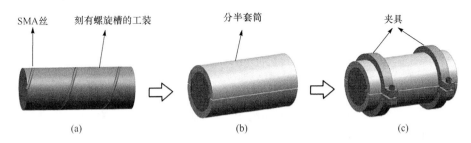

图 2.41　NiTi 合金弹簧热定型

以 NiTi 合金螺旋热定型为例,在 NiTi 合金螺旋的热定型中,NiTi 合金丝按图 2.41 所示方法进行缠绕、约束,随后放入热处理炉中在 400℃ 下保温 30min,并在空气中冷却。冷却后得到的 NiTi 合金螺旋如图 2.42(a)所示,该形状即为其初始形状。将该螺旋在低温下缠绕为中径更小、圈数更多的螺旋后,逐步进行加热,如图 2.42(b)所示,螺旋可以完全回复到高温下的形状。

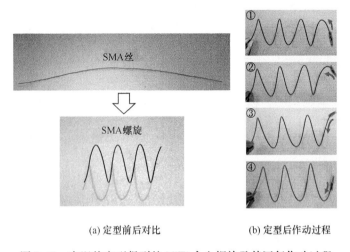

(a) 定型前后对比　　　　　　(b) 定型后作动过程

图 2.42　高温热定型得到的 NiTi 合金螺旋及其回复作动过程

2.6 小 结

本章侧重介绍 SMA 智能结构设计与应用中所关心的 SMA 材料参数以及相应的测试方法和流程,具体包括相变温度测试、基本力学性能测试和力学性能衰减测试,同时还介绍了热处理工艺及其作用。本章内容是后续章节发展 SMA 本构模型、设计 SMA 驱动器和 SMA 智能结构的基础。

参 考 文 献

[1] 甄睿. 形状记忆合金相变温度的常用测量方法. 南京工程学院学报:自然科学版,2006,4(1):27-32.

[2] Williams M L. On the stress distribution at the base of a stationary crack. Journal of Applied Mechanics—Transactions of the ASME,1957,26:109.

[3] Saint-Sulpice L, Arbab-Chirani S, Calloch S. Thermomechanical cyclic behavior modeling of Cu-Al-Be SMA materials and structures. International Journal of Solids and Structures, 2012,49(9):1088-1102.

[4] 张可. SMA 空间解锁机构的设计与试验. 北京:北京航空航天大学硕士学位论文,2006.

[5] 于海. 新型高负荷智能空间锁紧机构的研制. 北京:北京航空航天大学硕士学位论文,2007.

[6] 张小勇,闫晓军,袁鹏. 记忆合金分瓣螺母设计报告. 北京:北京航空航天大学,2011.

[7] 张小勇,闫晓军,张辉. 形状记忆合金压紧释放机构设计报告. 北京:北京航空航天大学,2009.

[8] 杨宝锋,张小勇,闫晓军. 偏置弹簧对 SMA 驱动器输出性能影响规律研究. 北京航空航天大学学报(网络优先出版),2014.

[9] 于颖杰. SMA 转子智能支承结构研究. 北京:北京航空航天大学硕士学位论文,2013.

[10] 白海波,张小勇,闫晓军. NiTi 形状记忆合金超弹性循环性能衰减试验研究. 北京力学会第20届学术年会,北京,2013.

[11] 岳定阳,张小勇,闫晓军. 激励温度及偏置应力对 SMA 丝热机械疲劳性能影响研究. 全国固体力学学术会议,成都,2014.

[12] 岳定阳,张小勇,闫晓军. 不同热机载荷条件下 SMA 丝疲劳性能试验研究. 北京航空航天大学第 11 届研究生学术论坛,北京,2014.

[13] 张小勇. 用于疲劳寿命预测的 SMA 本构模型及其工程应用. 北京:北京航空航天大学博士学位论文,2012.

[14] Yang C, Lin H, Lin K, et al. Effects of thermo-mechanical treatment on a Fe-30Mn-6Si shape memory alloy. Materials Science and Engineering:A,2008,497(1):445-450.

[15] Drexel M, Selvaduray G, Pelton A. The effects of cold work and heat treatment on the properties of nitinol wire. ASME 2nd Frontiers in Biomedical Devices Conference,2007:89-90.

[16] Yan X J, Huang D, Zhang X Y. Note:A novel curvature-driven shape memory alloy torsional actuator. Review of Scientific Instruments,2014,85:126109.

第3章　SMA 本构模型

3.1　概　　述

SMA 本构模型是对 SMA 在不同温度下应力-应变关系的描述。不同于一般的工程材料,SMA 在不同的使用场合下,力学行为差异很大,很难用一个统一的本构模型描述其所有力学行为。因此,在 SMA 智能结构设计中,常常根据 SMA 所表现出的主要力学特征,选择合适、精度高的本构模型来描述。这样有针对性地选择、发展 SMA 本构模型,一方面可以降低建模难度、提高精度;另一方面由于模型简单,计算效率也大大提高,易于工程推广应用。

根据后续章节的需求,本章分类介绍几种本构模型及验证算例。其中,多相变 SMA 三维本构模型可描述 SMA 的所有相变,在 SMA 驱动器设计(4.3 节)、SMA 航天压紧释放机构(第 5 章)、SMA 航天锁紧机构(第 6 章)中得到了应用;考虑循环衰减的一维本构模型可描述 SMA 循环加载时的塑性应变和最大相变应变的变化及衰减规律,在驱动器的寿命预测中(4.4 节)得到了应用;拟温度法将形状记忆效应比拟成普通材料的热膨胀效应,在 SMA 主动阻止裂纹扩展结构(8.2 节)中得到了应用;折线型超弹性本构模型用折线来描述超弹性力学行为,有利于求解超弹性系统在随机载荷下的响应。

3.2　多相变 SMA 本构模型[1]

多相变 SMA 本构模型是基于广义热力学框架,从内变量及应变分解、自由能修正、相变驱动力推导、相变函数构建等方面出发建立的 SMA 本构模型。为了更好地实现模型的工程应用,以此模型为基础,编写了 ABAQUS 有限元软件的用户材料子程序,通过算例计算和试验数据的对比,验证了多相变 SMA 三维模型的计算精度。此外,为了便于在驱动器设计中采用此模型,对多相变 SMA 三维模型还进行了简化,得到其一维表达形式。

3.2.1　三维本构模型

SMA 三维本构模型建立的过程如下:首先需要对内变量(马氏体体积分数)进行分解;然后根据内变量的分解对相变硬化函数进行修正,建立自由能表达式,推导出应力及相变驱动力表达式,确定相变函数及本构模型参数;最后给出流动法则及 Kuhn-Tucker 条件。

1. 内变量及应变

SMA 本构模型中的内变量是用于表征 SMA 的 5 种相变过程的参数。根据图 1.15 所示的相变图，SMA 的 5 种相变过程分别是两种马氏体（孪晶 M^t 和非孪晶 M^d）和奥氏体（A）之间的相变，以及两种马氏体之间的相变。因此，选用 M^t 及 M^d 的体积分数作为内变量，描述相应相变的进行程度：

$$\xi = \xi^t + \xi^d \tag{3.1}$$

其中，ξ^t 表示孪晶马氏体体积分数，即温度诱发马氏体体积分数；ξ^d 表示非孪晶马氏体体积分数，即应力诱发马氏体体积分数；ξ 表示总的马氏体体积分数。

SMA 的总应变通常由弹性应变张量 $\boldsymbol{\varepsilon}^e$ 和非弹性应变张量 $\boldsymbol{\varepsilon}^{in}$ 组成。在受热相变过程中，非弹性应变可分为两部分，分别为相变应变张量 $\boldsymbol{\varepsilon}^t$ 和热应变张量 $\boldsymbol{\varepsilon}^a$。大量试验观测表明，SMA 的热应变和相变应变、弹性应变相比要小很多，因此不考虑材料热应变的影响，可将 SMA 的应变分解如下：

$$\boldsymbol{\varepsilon} = \boldsymbol{\varepsilon}^t + \boldsymbol{\varepsilon}^e \tag{3.2}$$

SMA 的相变应变张量 $\boldsymbol{\varepsilon}^t$ 是由马氏体相变产生的，但并不是每一种马氏体相变都能引起 $\boldsymbol{\varepsilon}^t$ 的改变。$M^t \leftrightarrow A$ 相变只引起材料微观结构的变化，并不引起 $\boldsymbol{\varepsilon}^t$ 的改变（图 1.15）。而 $M^d \leftrightarrow A$ 及 $M^t \leftrightarrow M^d$ 相变过程中有非孪晶马氏体 M^d（应力诱发生成的马氏体）产生，随着 M^d 的产生和消失，材料将产生宏观的形状变化，即相变应变 $\boldsymbol{\varepsilon}^t$ 将发生改变（图 1.15）。

考虑到 $M^d \leftrightarrow A$ 和 $M^t \rightarrow M^d$ 两个相变过程，应力诱发马氏体体积分数 ξ^d 和相变应变张量 $\boldsymbol{\varepsilon}^t$ 之间有如下关系：

$$\begin{cases} \dot{\boldsymbol{\varepsilon}}^t = \boldsymbol{\Lambda} \dot{\xi}^d, & M^d \leftrightarrow A \\ \dot{\boldsymbol{\varepsilon}}^t = \boldsymbol{\Lambda} \dot{\xi}^d, & M^t \rightarrow M^d \end{cases} \tag{3.3}$$

基于 Lagoudas 等[2~6]的工作，采用 J_2 型相变函数，相变张量为

$$\boldsymbol{\Lambda} = \begin{cases} \sqrt{\dfrac{3}{2}} \dfrac{\boldsymbol{s}}{\| \boldsymbol{s} \|} \varepsilon_{max}, & \dot{\xi}^d > 0 \\ \sqrt{\dfrac{3}{2}} \dfrac{\boldsymbol{\varepsilon}^t}{\| \boldsymbol{\varepsilon}^t \|} \varepsilon_{max}, & \dot{\xi}^d < 0 \end{cases} \tag{3.4}$$

其中，$\boldsymbol{s}$ 表示应力偏张量；$\| \cdot \|$ 运算符号为 $\| \boldsymbol{s} \| = (\boldsymbol{s} : \boldsymbol{s})^{1/2}$；$\varepsilon_{max}$ 为最大相变应变，可通过试验测得，为材料参数。

2. 自由能

SMA 的自由能可以通过 Helmoltz 自由能 ψ 表示[7]：

$$\psi = \psi^e(\boldsymbol{\varepsilon}, \xi) + \psi^t(T) + \psi^{tr}(\xi) \tag{3.5}$$

ψ^e 表示弹性应变能密度,其表达式为

$$\psi^e = \frac{1}{2\rho}(\boldsymbol{\varepsilon} - \boldsymbol{\varepsilon}^t) : \boldsymbol{E} : (\boldsymbol{\varepsilon} - \boldsymbol{\varepsilon}^t) \tag{3.6}$$

其中,$\boldsymbol{E}$ 和 ρ 表示材料的弹性模量和密度。

ψ^t 表示热能密度,其表达式为

$$\psi^t = c[(T - T_0) - T\ln(T/T_0)] + u_0 - \eta_0 T \tag{3.7}$$

其中,T 和 T_0 分别表示材料的实时温度和参考温度;c、η_0、u_0 分别是比热容、参考温度下的熵和参考温度下的内能。

ψ^{tr} 表示相变能密度,与相变进行过程相关,其表达式为

$$\psi^{tr} = \frac{1}{\rho}\frac{f(\xi^t, \xi^d)}{\rho} \tag{3.8}$$

其中,$f(\xi^t, \xi^d)$ 是与 5 个相变过程相关的相变能,又称为相变硬化函数。

由于 SMA 相变前后其内部晶粒分别为马氏体和奥氏体,两种晶粒具有完全不同的力学性能,因此 SMA 在相变过程中,其材料参数会随之改变。SMA 材料参数可表示为马氏体体积分数的函数:

$$E(\xi) = E^A + \xi(E^M - E^A) = E^A + \xi\Delta E \tag{3.9}$$

$$\eta_0(\xi) = \eta_0^A + \xi(\eta_0^M - \eta_0^A) = \eta_0^A + \xi\Delta\eta_0 \tag{3.10}$$

$$u_0(\xi) = u_0^A + \xi(u_0^M - u_0^A) = u_0^A + \xi\Delta u_0 \tag{3.11}$$

其中,上标 M 和 A 分别表示对应参量在马氏体(包括孪晶和非孪晶马氏体)和奥氏体状态下的值;Δ 表示两种状态下对应参量值之差。

为了精确描述相变过程,本书提出的非线性相变能 $f(\xi^t, \xi^d)$ 可表示为

$$f(\xi^t, \xi^d) = \begin{cases} [a_t(1 - \mathrm{sgn}\dot{\xi}^t) + b_t(1 + \mathrm{sgn}\dot{\xi}^t)]\left[\dfrac{(\xi^t)^2}{4} + \dfrac{(\xi^t - 1/2)^4}{2} + \dfrac{\xi^t}{4}\right], & A \leftrightarrow M^t \\[3mm] [a_d(1 - \mathrm{sgn}\dot{\xi}^d) + b_d(1 + \mathrm{sgn}\dot{\xi}^d)]\left[\dfrac{(\xi^d)^2}{4} + \dfrac{(\xi^d - 1/2)^4}{2} + \dfrac{\xi^d}{4}\right], & A \leftrightarrow M^d \\[3mm] [b_{dt}(1 + \mathrm{sgn}\dot{\xi}^d)]\left[\dfrac{(\xi^d)^2}{4} + \dfrac{(\xi^d - 1/2)^4}{2} + \dfrac{\xi^d}{4}\right], & M^t \rightarrow M^d \end{cases}$$

$$\tag{3.12}$$

其中,a_t、b_t、a_d、b_d 和 b_{dt} 是与 SMA 相变临界应力(σ_s 和 σ_f)和相变温度(M_s、M_f、A_s 和 A_f)相关的参数;$\mathrm{sgn}(x)$ 是符号函数:

$$\mathrm{sgn}(x) = \begin{cases} 1, & x > 0 \\ 0, & x = 0 \\ -1, & x < 0 \end{cases} \tag{3.13}$$

3. 应力及相变驱动力

应力及相变驱动力可将 Helmoltz 自由能 ψ 和内能 u 代入热力学第一、第二定

律得出：

$$\boldsymbol{\sigma} = \rho \frac{\partial \psi}{\partial \boldsymbol{\varepsilon}} = \boldsymbol{E} : (\boldsymbol{\varepsilon} - \boldsymbol{\varepsilon}^{\text{t}}) \tag{3.14}$$

$$\eta = -\frac{\partial \psi}{\partial T} = C\ln\left(\frac{T}{T_0}\right) - \eta_0 \tag{3.15}$$

$$X^{\text{t}} = -\frac{\partial \psi}{\partial \xi^{\text{t}}} = -\left[\frac{1}{2}(\boldsymbol{\varepsilon} - \boldsymbol{\varepsilon}^{\text{t}}) : \Delta \boldsymbol{E} : (\boldsymbol{\varepsilon} - \boldsymbol{\varepsilon}^{\text{t}}) + \rho(\Delta u_0 - \Delta \eta_0 T) + \frac{\mathrm{d}f}{\mathrm{d}\xi^{\text{t}}}\right] \tag{3.16}$$

$$X^{\text{d}} = -\frac{\partial \psi}{\partial \xi^{\text{d}}} = -\left[\frac{1}{2}(\boldsymbol{\varepsilon} - \boldsymbol{\varepsilon}^{\text{t}}) : \Delta \boldsymbol{E} : (\boldsymbol{\varepsilon} - \boldsymbol{\varepsilon}^{\text{t}}) - \boldsymbol{\sigma} : \boldsymbol{\Lambda} + \rho(\Delta u_0 - \Delta \eta_0 T) + \frac{\mathrm{d}f}{\mathrm{d}\xi^{\text{d}}}\right]$$
$$\tag{3.17}$$

$$X^{\text{dt}} = -\frac{\partial \psi}{\partial \xi^{\text{d}}} = -\left(-\boldsymbol{\sigma} : \boldsymbol{\Lambda} + \frac{\mathrm{d}f}{\mathrm{d}\xi^{\text{d}}}\right) \tag{3.18}$$

其中，X^{t}、X^{d} 和 X^{dt} 分别为与 $M^{\text{t}} \leftrightarrow A$、$M^{\text{d}} \leftrightarrow A$ 和 $M^{\text{t}} \rightarrow M^{\text{d}}$ 三类相变过程相关的相变驱动力。

4. 相变函数

相变函数用于判断 SMA 相变的开始和结束。假设相变驱动力达到某一临界值 R 后，材料开始发生相变。对于不同的相变过程，其临界值 R 有不同的取值。因此，在每个相变过程中相变函数都是不同的，需要分别分析 5 个相变过程中的相变函数。

在 $A \rightarrow M^{\text{t}}$ 相变过程中，$\dot{\xi}^{\text{t}} > 0$，假设相变驱动力 X^{t} 具有正的临界值 R^{t1}，则相变方程具有如下的形式：

$$F^{\text{t1}} = X^{\text{t}} - R^{\text{t1}}, \quad \dot{\xi}^{\text{t}} > 0 (A \rightarrow M^{\text{t}}) \tag{3.19}$$

在 $M^{\text{t}} \rightarrow A$ 相变过程中，$\dot{\xi}^{\text{t}} < 0$，假设相变驱动力 X^{t} 具有负的临界值 R^{t2}，则相变方程具有如下的形式：

$$F^{\text{t2}} = -X^{\text{t}} - R^{\text{t2}}, \quad \dot{\xi}^{\text{t}} < 0 (M^{\text{t}} \rightarrow A) \tag{3.20}$$

在 $A \rightarrow M^{\text{d}}$ 相变过程中，$\dot{\xi}^{\text{d}} > 0$，假设相变驱动力 X^{d} 具有正的临界值 R^{d1}，则相变方程具有如下的形式：

$$F^{\text{d1}} = X^{\text{d}} - R^{\text{d1}}, \quad \dot{\xi}^{\text{d}} > 0 (A \rightarrow M^{\text{d}}) \tag{3.21}$$

在 $M^{\text{d}} \rightarrow A$ 相变过程中，$\dot{\xi}^{\text{d}} < 0$，假设相变驱动力 X^{d} 具有负的临界值 R^{d2}，则相变方程具有如下的形式：

$$F^{\text{d2}} = -X^{\text{d}} - R^{\text{d2}}, \quad \dot{\xi}^{\text{d}} < 0 (M^{\text{d}} \rightarrow A) \tag{3.22}$$

在 $M^{\text{t}} \rightarrow M^{\text{d}}$ 相变过程中，$\dot{\xi}^{\text{d}} > 0$ 且 $\dot{\xi}^{\text{t}} + \dot{\xi}^{\text{d}} = 0$，假设相变驱动力 X^{dt} 具有正的临界值 R^{dt}，则相变方程具有如下的形式：

$$F^{\text{dt}} = -X^{\text{dt}} - R^{\text{dt}}, \quad \dot{\xi}^{\text{d}} > 0, \dot{\xi}^{\text{t}} + \dot{\xi}^{\text{d}} = 0 (M^{\text{t}} \rightarrow M^{\text{d}}) \tag{3.23}$$

5. 本构模型参数确定

在 SMA 本构模型中，为了简化本构模型表达式，需要采用一个参数表示几个 SMA 材料参数的代数组合，这种参数在本书中称为本构模型参数。式(3.12)所示的相变硬化函数 $f(\xi^{\mathrm{t}},\xi^{\mathrm{d}})$ 及式(3.19)~式(3.23)所示的相变函数都涉及本构模型参数，依次为 a_{t}、b_{t}、a_{d}、b_{d}、b_{dt}、R^{t1}、R^{t2}、R^{d1}、R^{d2} 及 R^{dt}，需要对这些本构模型参数进行推导，得出其基于 SMA 材料参数的表达式。

考虑图 3.1 所示的 3 种加载路径包含的 5 个相变过程，依次对每种加载路径运用前面推导的相变方程即可完成本构模型参数的推导。

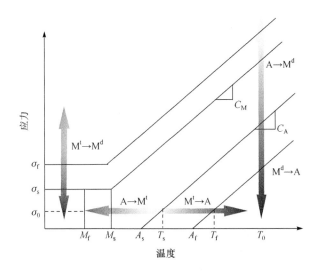

图 3.1　加载路径示意图

首先考虑 $\mathrm{M^t}{\rightarrow}\mathrm{A}$ 相变过程，设此时施加在 SMA 上的单轴应力为 σ_0，则在相变结束时，具有条件：$\xi^{\mathrm{t}}=0$、$T_{\mathrm{f}}=\dfrac{\sigma_0}{C_{\mathrm{A}}}+A_{\mathrm{f}}$，由式(3.20)可得

$$F^{\mathrm{t2}}=\rho(\Delta u_0-\Delta\eta_0 T_{\mathrm{f}})-R^{\mathrm{t2}}=0 \tag{3.24}$$

在相变开始时，具有条件：$\xi^{\mathrm{t}}=1$、$T_{\mathrm{s}}=\dfrac{\sigma_0}{C_{\mathrm{A}}}+A_{\mathrm{s}}$，由式(3.20)可得

$$F^{\mathrm{t2}}=\rho(\Delta u_0-\Delta\eta_0 T_{\mathrm{f}})-R^{\mathrm{t2}}+2a_{\mathrm{t}}=0 \tag{3.25}$$

将式(3.24)与式(3.25)联立求解得

$$\begin{cases} a_{\mathrm{t}}=\dfrac{\rho\Delta\eta_0(T_{\mathrm{s}}-T_{\mathrm{f}})}{2} \\ R^{\mathrm{t2}}=\rho(\Delta u_0-\Delta\eta_0 T_{\mathrm{f}}) \end{cases} \tag{3.26}$$

然后考虑 $\mathrm{A}{\rightarrow}\mathrm{M^t}$ 相变过程，设此时施加在 SMA 上的应力为 σ_0，则在相变开始

时，具有条件：$\xi=0$、$T=M_s$，由式(3.19)可得

$$F^{t1}=-\rho(\Delta u_0-\Delta\eta_0 M_s)-R^{t1}=0 \tag{3.27}$$

在相变结束时，具有条件：$\xi=1$、$T=M_f$，式(3.19)可得

$$F^{t1}=-\rho(\Delta u_0-\Delta\eta_0 M_f)-R^{t1}-2b_t=0 \tag{3.28}$$

将式(3.27)与式(3.28)联立求解得

$$\begin{cases} b_t=\dfrac{\rho\Delta\eta_0(M_f-M_s)}{2} \\ R^{t1}=\rho(\Delta\eta_0 M_s-\Delta u_0) \end{cases} \tag{3.29}$$

用同样的方法对剩余的 3 个相变过程进行分析，即可得到其余的本构模型参数。

与 $M^d\rightarrow A$ 相变过程相关的本构模型参数如下：

$$\begin{cases} a_d=\dfrac{\dfrac{1}{2}\Delta E(\varepsilon_{af}^{e\ 2}-\varepsilon_{as}^{e\ 2})+(\sigma_{as}-\sigma_{af})\varepsilon_{max}}{2} \\ \\ b_d=\dfrac{\dfrac{1}{2}\Delta E(\varepsilon_{ms}^{e\ 2}-\varepsilon_{mf}^{e\ 2})+(\sigma_{mf}-\sigma_{ms})\varepsilon_{max}}{2} \end{cases} \tag{3.30}$$

$$\begin{cases} R^{d1}=-\dfrac{1}{2}\Delta E\varepsilon_{ms}^{e\ 2}-\rho(\Delta u_0-\Delta\eta_0 T_0)+\sigma_{ms}\varepsilon_{max} \\ \\ R^{d2}=-\dfrac{1}{2}\Delta E\varepsilon_{af}^{e\ 2}-\rho(\Delta u_0-\Delta\eta_0 T_0)+\sigma_{af}\varepsilon_{max} \end{cases} \tag{3.31}$$

其中，T_0 表示相变开始时的温度；σ_{as}、σ_{af} 及 σ_{ms}、σ_{mf} 分别表示在 T_0 温度下，SMA 的奥氏体和马氏体相变开始及结束的临界应力，如图 3.2 所示；ε_{as}^e、ε_{af}^e、ε_{ms}^e、ε_{mf}^e 分别是对

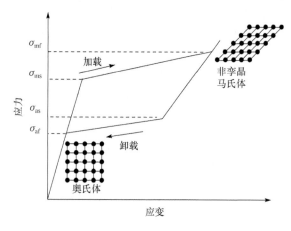

图 3.2　临界应力示意图

应临界应力下的弹性应变。其表达式如下：

$$\begin{cases}\sigma_{as}=(T_0-A_s)C_A\\\sigma_{af}=(T_0-A_f)C_A\\\sigma_{ms}=\sigma_s+(T_0-M_s)C_M\\\sigma_{mf}=\sigma_f+(T_0-M_s)C_M\end{cases}\tag{3.32}$$

$$\begin{cases}\varepsilon_{as}^e=\varepsilon_{max}+\dfrac{\sigma_{as}}{E_M}\\[2mm]\varepsilon_{af}^e=\varepsilon_{max}+\dfrac{\sigma_{af}}{E_A}\\[2mm]\varepsilon_{ms}^e=\dfrac{\sigma_{ms}}{E_M}\\[2mm]\varepsilon_{mf}^e=\dfrac{\sigma_{mf}}{E_M}\end{cases}\tag{3.33}$$

其中，σ_s、σ_f 分别表示在温度低于 M_s 时，SMA 由孪晶马氏体向非孪晶马氏体转变的开始及结束临界应力。

$M^t{\rightarrow}M^d$ 相变过程中涉及的本构模型参数为

$$\begin{cases}b_{dt}=\dfrac{(\sigma_f-\sigma_s)\varepsilon_{max}}{2}\\[2mm]R^{dt}=\sigma_s\varepsilon_{max}\end{cases}\tag{3.34}$$

通过以上推导，得出了所有本构模型参数 a_t、b_t、a_d、b_d、b_{dt}、R^{t1}、R^{t2}、R^{d1}、R^{d2} 及 R^{dt} 的表达式。

6. 流动法则及 Kuhn-Tucker 条件

塑性力学中关联型流动法则表达式如下[8]：

$$d\boldsymbol{\varepsilon}=d\lambda\frac{\partial F}{\partial\boldsymbol{\sigma}}\tag{3.35}$$

其中，$d\lambda$ 是一个非负标量，又称比例因子；F 表示屈服函数。由式(3.3)可知，SMA 的相变应变 $\dot{\boldsymbol{\varepsilon}}^t$ 与非孪晶马氏体体积分数 ξ^d 成比例，依照塑性力学中流动法则的定义，考虑到式(3.3)，并将式(3.19)~式(3.23)代入式(3.35)中可得到一维条件下 5 个相变过程中相变应变 $\dot{\boldsymbol{\varepsilon}}^t$ 的增量表达式为

$$\begin{cases} \dot{\boldsymbol{\varepsilon}}^{t}=\dot{\lambda}_{t1}\dfrac{\partial F^{t1}}{\partial \boldsymbol{\sigma}}=0, & A{\rightarrow}M^{t} \\[2mm] \dot{\boldsymbol{\varepsilon}}^{t}=\dot{\lambda}_{t2}\dfrac{\partial F^{t2}}{\partial \boldsymbol{\sigma}}=0, & M^{t}{\rightarrow}A \\[2mm] \dot{\boldsymbol{\varepsilon}}^{t}=\dot{\lambda}_{d1}\dfrac{\partial F^{d1}}{\partial \boldsymbol{\sigma}}=\dot{\lambda}_{d1}\dfrac{\partial X^{d}}{\partial \boldsymbol{\sigma}}=\dot{\xi}^{d}\boldsymbol{\Lambda}, & A{\rightarrow}M^{d} \\[2mm] \dot{\boldsymbol{\varepsilon}}^{t}=\dot{\lambda}_{d2}\dfrac{\partial F^{d2}}{\partial \boldsymbol{\sigma}}=-\dot{\lambda}_{d2}\dfrac{\partial X^{d}}{\partial \boldsymbol{\sigma}}=\dot{\xi}^{d}\boldsymbol{\Lambda}, & M^{d}{\rightarrow}A \\[2mm] \dot{\boldsymbol{\varepsilon}}^{t}=\dot{\lambda}_{dt}\dfrac{\partial F^{dt}}{\partial \boldsymbol{\sigma}}=\dot{\lambda}_{dt}\dfrac{\partial X^{dt}}{\partial \boldsymbol{\sigma}}=\dot{\xi}^{d}\boldsymbol{\Lambda}, & M^{t}{\rightarrow}M^{d} \end{cases} \tag{3.36}$$

由式(3.36)可知,在 $M^{t}{\leftrightarrow}A$ 相变过程中,由于没有相变应变的变化,其流动法则实际上并不存在,但其温度诱发马氏体(或孪晶马氏体)体积分数 ξ^{t} 发生了变化,因此此依照式(3.36)的推导方法,给出了 $M^{t}{\leftrightarrow}A$ 相变过程中温度诱发马氏体体积分数 ξ^{t} 的流动法则:

$$\begin{cases} \dot{\xi}^{t}=\dot{\lambda}_{t1}\dfrac{\partial F^{t1}}{\partial T}=\rho\Delta\eta_{0}\dot{T}, & A{\rightarrow}M^{t} \\[2mm] \dot{\xi}^{t}=\dot{\lambda}_{t2}\dfrac{\partial F^{t2}}{\partial T}=-\rho\Delta\eta_{0}\dot{T}, & M^{t}{\rightarrow}A \end{cases} \tag{3.37}$$

5 个相变过程中的 Kuhn-Tucker 加载/卸载条件如下:

$$\begin{cases} \dot{\xi}^{t}{\geqslant}0, F^{t1}{\leqslant}0, \dot{\xi}^{t}F^{t1}=0, & A{\rightarrow}M^{t} \\ \dot{\xi}^{t}{\geqslant}0, F^{t2}{\leqslant}0, \dot{\xi}^{t}F^{t2}=0, & M^{t}{\rightarrow}A \\ \dot{\xi}^{d}{\geqslant}0, F^{d1}{\leqslant}0, \dot{\xi}^{d}F^{d1}=0, & A{\rightarrow}M^{d} \\ \dot{\xi}^{d}{\geqslant}0, F^{d2}{\leqslant}0, \dot{\xi}^{d}F^{d2}=0, & M^{d}{\rightarrow}A \\ \dot{\xi}^{d}{\geqslant}0, F^{dt}{\leqslant}0, \dot{\xi}^{d}F^{dt}=0, & M^{t}{\rightarrow}M^{d} \end{cases} \tag{3.38}$$

上述即为本章发展的多相变 SMA 三维本构模型。为了利用该本构模型对 SMA 构件进行有限元数值仿真,后续将把该本构模型写入 ABAQUS 有限元软件的用户材料子程序。

3.2.2　有限元数值计算及验证

为了能利用商业有限元软件 ABAQUS 对 SMA 三维构件进行计算,本节在多相变 SMA 三维本构模型的基础上,进行了用户材料子程序编程,将 SMA 三维本构模型嵌入商业有限元软件中,实现对 SMA 构件的有限元分析,并将计算结果与试验结果进行对比分析。

1. 用户材料子程序编程

首先进行本构模型的离散化。对于 SMA 一般边值问题的数值方法求解（如有限元求解），通常可作如下表述。对于某一个给定的 SMA 微元体，其在上一时刻（设为 t_n 时刻）的材料状态参数是已知的，包括应力 $\boldsymbol{\sigma}_n$、应变 $\boldsymbol{\varepsilon}_n$、马氏体体积分数 ξ_n（包括 ξ_n^t 和 ξ_n^d）和温度 T_n 等，并且下一时刻（设为 t_{n+1} 时刻）的应变增量 $\Delta\boldsymbol{\varepsilon}_{n+1}$ 和温度增量 ΔT_{n+1} 也是已知的，数值求解的目的是通过 t_n 时刻的已知材料状态参量和 t_{n+1} 时刻的已知参数增量，求解出 t_{n+1} 时刻的 $\boldsymbol{\sigma}_{n+1}$ 和 ξ_{n+1}（包括 ξ_{n+1} 和 ξ_{n+1}^d）。t_{n+1} 时刻的应变增量 $\Delta\boldsymbol{\varepsilon}_{n+1}$ 和温度增量 ΔT_{n+1} 定义如下：

$$\Delta\boldsymbol{\varepsilon}_{n+1} = \boldsymbol{\varepsilon}_{n+1} - \boldsymbol{\varepsilon}_n \tag{3.39}$$

$$\Delta T_{n+1} = T_{n+1} - T_n \tag{3.40}$$

要得到 t_{n+1} 时刻的应力 $\boldsymbol{\sigma}_{n+1}$ 和马氏体体积分数 ξ_{n+1}（包括 ξ_{n+1} 和 ξ_{n+1}^d），必须在满足条件式（3.38）的前提下求解式（3.14）、式（3.36）和式（3.37）。下面先对这几个表达式进行离散化。

对流动法则式（3.36）和式（3.37）离散化，并将 $M^t \leftrightarrow A$ 相变过程中的流动法则合并，可得到如下表达式：

$$\begin{cases} \xi_{n+1}^t = \xi_n^t + \Delta T_{n+1}\rho\Delta\eta_0, & A \to M^t \\ \xi_{n+1}^t = \xi_n^t + \Delta T_{n+1}\rho\Delta\eta_0, & M^t \to A \\ \boldsymbol{\varepsilon}_{n+1}^t = \boldsymbol{\varepsilon}_n^t + (\xi_{n+1}^d - \xi_n^d)\boldsymbol{\Lambda}_{n+1}, & A \to M^d \\ \boldsymbol{\varepsilon}_{n+1}^t = \boldsymbol{\varepsilon}_n^t + (\xi_{n+1}^d - \xi_n^d)\boldsymbol{\Lambda}_{n+1}, & M^d \to A \\ \boldsymbol{\varepsilon}_{n+1}^t = \boldsymbol{\varepsilon}_n^t + (\xi_{n+1} - \xi_n)\boldsymbol{\Lambda}_{n+1}, & M^t \to M^d \end{cases} \tag{3.41}$$

其中，相变张量如下：

$$\boldsymbol{\Lambda}_{n+1} = \begin{cases} \sqrt{\dfrac{3}{2}}\dfrac{\boldsymbol{s}_{n+1}}{\|\boldsymbol{s}_{n+1}\|}\varepsilon_{\max}, & \xi_{n+1}^d - \xi_n^d > 0 \\ \sqrt{\dfrac{3}{2}}\dfrac{\boldsymbol{\varepsilon}_{n+1}^t}{\|\boldsymbol{\varepsilon}_{n+1}^t\|}\varepsilon_{\max}, & \xi_{n+1}^d - \xi_n^d < 0 \end{cases} \tag{3.42}$$

对应力应变关系式（3.14）离散化可得到如下表达式：

$$\boldsymbol{\sigma}_{n+1} = \boldsymbol{E}_{n+1} : (\boldsymbol{\varepsilon}_{n+1} - \boldsymbol{\varepsilon}_{n+1}^t) \tag{3.43}$$

其中，弹性模量型矩阵离散化表达式如下：

$$\boldsymbol{E}_{n+1}(\xi_{n+1}) = \boldsymbol{E}^A + \xi_{n+1}(\boldsymbol{E}^M - \boldsymbol{E}^A) = \boldsymbol{E}^A + \xi_{n+1}\Delta\boldsymbol{E} \tag{3.44}$$

式（3.19）～式（3.23）中的相变函数离散表达如下：

$$\begin{cases} F_{n+1}^{t1} = X_{n+1}^{t} - R^{t1}, & \xi_{n+1}^{t} - \xi_{n}^{t} > 0, & A \to M^{t} \\ F_{n+1}^{t2} = -X_{n+1}^{t} - R^{t2}, & \xi_{n+1}^{t} - \xi_{n}^{t} < 0, & M^{t} \to A \\ F_{n+1}^{d1} = X_{n+1}^{d} - R^{d1}, & \xi_{n+1}^{d} - \xi_{n}^{d} > 0, & A \to M^{d} \\ F_{n+1}^{d2} = -X_{n+1}^{d} - R^{d2}, & \xi_{n+1}^{d} - \xi_{n}^{d} < 0, & M^{d} \to A \\ F_{n+1}^{dt} = -X_{n+1}^{dt} - R^{dt}, & \xi_{n+1}^{d} - \xi_{n}^{d} > 0, \xi_{n+1} - \xi_{n} = 0, & M^{t} \to M^{d} \end{cases} \quad (3.45)$$

结合回退映射算法[9]和 Newton-Raphson 迭代法,对式(3.41)、式(3.43)及式(3.45)进行求解,即可得到 t_{n+1} 时刻的应力 $\boldsymbol{\sigma}_{n+1}$ 和马氏体体积分数 ξ_{n+1}(包括 ξ_{n+1}^{t} 和 ξ_{n+1}^{d})。

完成模型离散化之后,接着进行 ABAQUS 有限元用户材料子程序的编写。采用上述数值方法,参照 ABAQUS 用户材料子程序的接口规范[10]进行编程,整个用户材料子程序的计算流程如图 3.3 所示。在流程图倒数第二步中,提到了对状态变量的更新,弹性应变 $\boldsymbol{\varepsilon}_{n+1}^{e}$、相变应变 $\boldsymbol{\varepsilon}_{n+1}^{t}$、两类马氏体体积分数 ξ_{n+1}^{t}、ξ_{n+1}^{d} 及总的马氏体体积分数 ξ_{n+1} 在用户材料子程序中的 STATEV 状态变量数组中的存储格式如表 3.1 所示。

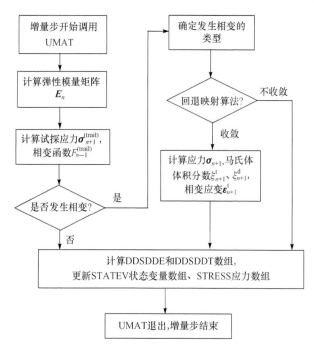

图 3.3　用户材料子程序流程图

表 3.1　STATEV 状态变量数组存储内容

存储位置	STATEV(1~6)	STATEV(7~12)	STATEV(13)	STATEV(14)	STATEV(15)	STATEV(16)
存储项目	$\boldsymbol{\varepsilon}^{\mathrm{e}}$	$\boldsymbol{\varepsilon}^{\mathrm{t}}$	$\varepsilon_{\mathrm{eq}}$	ξ^{t}	ξ^{d}	ξ

2. 多相变过程的数值模拟

对于多相变过程模拟的验证,本章采用了 Zaki 和 Moumni[11] 的试验数据。他们首先对材料进行热处理,将直径为 2mm 的 NiTi 合金丝冷轧(冷加工量为20%),然后在 400℃ 退火 1h。在试验中,环境温度在 30~100℃ 区间以 10℃ 为间隔递增,同时进行拉伸试验。由于试验温度较宽,使结果包含了 SMA 丝的 $\mathrm{M}^{\mathrm{t}} \rightarrow \mathrm{M}^{\mathrm{d}}$ 和 $\mathrm{M}^{\mathrm{d}} \leftrightarrow \mathrm{A}$ 相变过程,因此采用该试验数据对进行对比,可以对本章提出的本构模型进行全面的验证。

计算中采用的 SMA 材料参数如表 3.2 所示,不同温度下的应力-应变曲线试验结果与计算结果对比如图 3.4 所示。不同马氏体体积分数随加载时间步变化的计算结果如图 3.5 所示。

表 3.2　计算中采用的 SMA 材料参数表

参数	数值	参数	数值
$E_{\mathrm{A}}/\mathrm{MPa}$	61500	$M_{\mathrm{s}}/℃$	22
$E_{\mathrm{M}}/\mathrm{MPa}$	24000	$M_{\mathrm{f}}/℃$	18
$\varepsilon_{\mathrm{max}}$	0.04	$\rho/(\mathrm{kg/m^3})$	6500
$C_{\mathrm{A}}/(\mathrm{MPa/℃})$	9	$\Delta\eta/(\mathrm{J/(kg \cdot K)})$	−17.77
$C_{\mathrm{M}}/(\mathrm{MPa/℃})$	8	$\Delta u/(\mathrm{J/(kg \cdot K)})$	−20
$A_{\mathrm{f}}/℃$	45	$\sigma_{\mathrm{f}}/\mathrm{MPa}$	210
$A_{\mathrm{s}}/℃$	35	$\sigma_{\mathrm{s}}/\mathrm{MPa}$	190

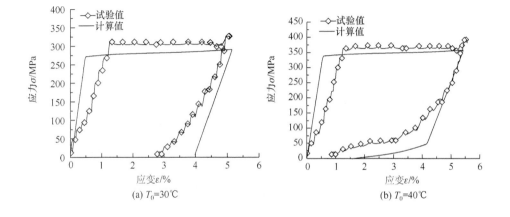

(a) $T_0=30℃$　　　　　　　　　　　　　　(b) $T_0=40℃$

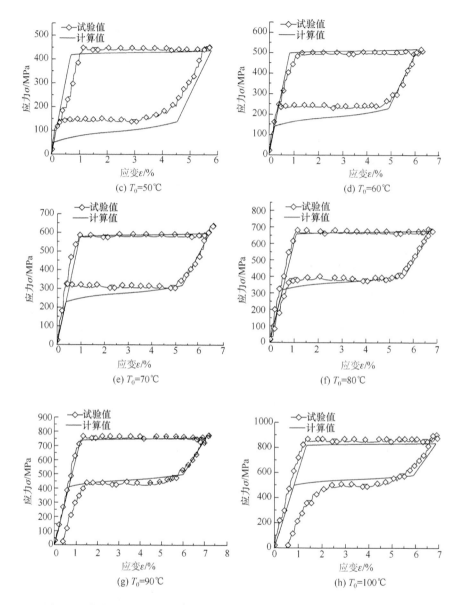

图 3.4　应力-应变曲线的数值计算与试验对比(环境温度 $T_0 = 30 \sim 100℃$)

　　数值计算结果中,屈服应力在 $T_0 = 30℃$ 较试验结果偏低(图 3.4),这是由于文献[11]用于试验的 SMA 丝具有 R 相,在 30℃进行拉伸时,SMA 丝会首先发生 R 相变,随后才发生马氏体相变,受 R 相变的影响,试验的屈服力偏高[11]。

　　数值计算结果中,逆相变屈服应力在 40℃、50℃及 60℃时较试验结果偏低(图 3.4),这是由于在本章发展的本构模型中,假设奥氏体相变的应力影响系数

C_A 是一个定值,但这个值会随着环境温度的升高而有较小的变化[12],导致了数值计算误差。

多相变过程的数值模拟情况如图 3.5 所示,图中分别给出了在环境温度 T_0 为 30℃、40℃ 及 100℃时,材料马氏体体积分数随加载时间的变化曲线。

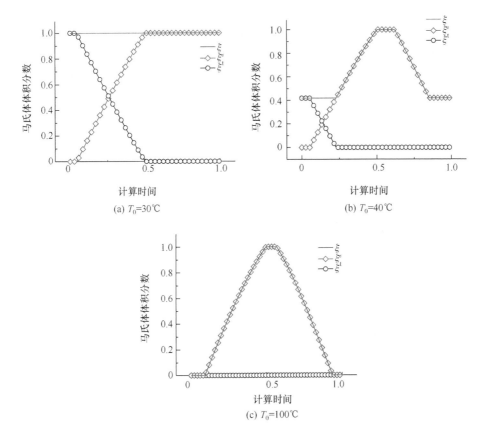

(a) T_0=30℃　　　　　　　　　　　　(b) T_0=40℃

(c) T_0=100℃

图 3.5　马氏体体积分数变化曲线

环境温度为 30℃时,模型能够描述材料全为孪晶马氏体的情况(初始孪晶马氏体体积分数 ξ^t 为 1)。由图 3.5(a)可知,加载时环境温度低于 A_s,奥氏体相变还未开始;随着加载的进行,逐渐发生 $M^t \rightarrow M^d$ 相变,SMA 中的孪晶马氏体体积分数 ξ^t 减小,与此同时,非孪晶马氏体体积分数 ξ^d 增加;当加载完毕后,材料中的孪晶马氏体 M^t 全部转化为非孪晶马氏 M^d,此时 $\xi^d=1$,$\xi^t=0$。当卸载后,由于环境温度低于 A_s,非孪晶马氏体 M^d 可以稳定存在,因此保持 $\xi^d=1$ 恒定不变。

环境温度为 40℃时,模型能描述材料为孪晶马氏体和奥氏体混合的情况(初始孪晶马氏体体积分数 ξ^t 为 0.42)。由图 3.5(b)可知,在加载时环境温度高于 A_s

低于 A_f,有部分孪晶马氏体发生了 $M^t \rightarrow A$ 相变;随着加载的进行,材料逐渐发生 $M^t \rightarrow M^d$ 相变,SMA 中的孪晶马氏体体积分数 ξ^t 减小,与此同时,非孪晶马氏体体积分数 ξ^d 增加;当材料中的孪晶马氏体全部完成相变后,材料中的奥氏体开始发生 $A \rightarrow M^d$ 相变,因此非孪晶马氏体体积分数 ξ^d 继续增加;当加载完毕后,材料中的孪晶马氏体 M^t 和奥氏体 A 全部转化为非孪晶马氏体 M^d,此时 $\xi^d = 1, \xi^t = 0$。当卸载后,由于环境温度高于 A_s 低于 A_f,会有部分非孪晶马氏体发生 $M^d \rightarrow A$ 相变,但部分非孪晶马氏体仍可以稳定存在,因此最终保持 $\xi^d = 0.42$ 恒定不变。

环境温度为 100℃时,模型能描述材料全为奥氏体的情况(初始孪晶马氏体体积分数 ξ^t 为 0)。由图 3.5(c)可知,加载时环境温度高于 A_f,孪晶马氏体 M^t 不能稳定存在,材料中全为奥氏体;随着加载的进行,材料逐渐发生 $A \rightarrow M^d$ 相变,SMA 中的奥氏体减少,与此同时,非孪晶马氏体体积分数 ξ^d 增加;当加载完毕后,材料中的奥氏体 A 全部转化为非孪晶马氏体 M^d,此时 $\xi^d = 1$。当卸载后,由于环境温度高于 A_f,非孪晶马氏体不能稳定存在,因此非孪晶马氏体发生 $M^d \rightarrow A$ 相变,当卸载完毕后,材料中的非孪晶马氏体全部转化为奥氏体,因此 $\xi^d = 0$。

基于以上分析,本章提出的多相变 SMA 本构模型能完整地模拟 SMA 的所有相变过程。

3. 三维构件的有限元仿真

前述数值计算验证都局限于一维的情况,为了进一步验证三维构件的计算能力及精确度,这里使用薄壁圆筒试样的单轴拉伸试验数据对用户材料子程序进行验证。

薄壁圆筒试样的单轴拉伸试验数据来自西北工业大学王亚芳等的试验[13,14]。薄壁圆筒试样尺寸如图 3.6 所示,试样材料是北京有色金属研究总院提供的国产

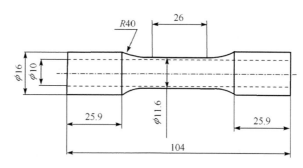

图 3.6　薄壁圆筒试样尺寸图(单位:mm)

NiTi 合金棒材,材料的奥氏体相变结束温度 A_f 约为 -5℃,因此室温时材料完全处于奥氏体状态。通过深孔钻,将试样加工成薄壁圆筒状,如图 3.6 所示。为了消除机械加工产生的残余应力,对试样进行了简单的热处理:将加工好的试样在 350℃ 下退火 30min,然后放在冷水中迅速冷却。采用 MTS-858 型电液伺服拉扭疲劳试验机对薄壁圆筒试样进行了单轴拉伸试验,所有试验均在室温下(22~25℃)下进行。

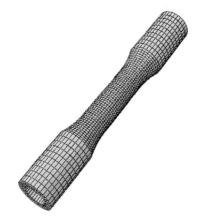

图 3.7　计算采用的有限元模型

计算采用的有限元模型如图 3.7 所示,对其中一端约束,另一端加载,加载到最大轴向应变为 5% 后,再卸载到应变为 0,对整个试样加载均匀温度场 $T_0 = 298\text{K}$。计算中采用 ABAQUS 单元库中的 C3D8 单元,计算中采用的材料参数如表 3.3 所示,相应的计算结果如图 3.8~图 3.11 所示。

表 3.3　计算中采用的 SMA 材料参数表

参数	数值	参数	数值
E_A/MPa	40000	M_s/℃	-25
E_M/MPa	30000	M_f/℃	-55
ε_{max}	0.023	ρ/(kg/m³)	6500
C_A/(MPa/℃)	4	$\Delta\eta$/(J/(kg・K))	-17.77
C_M/(MPa/℃)	3	Δu/(J/(kg・K))	-20
A_f/℃	-5	σ_f/MPa	45
A_s/℃	-10	σ_s/MPa	20

模型对相变过程的模拟效果可由加载过程中的应力及马氏体体积分数云图看出(图 3.8~图 3.10)。加载到 10% 时,由于应力还没达到应力诱发马氏体的临界应力,试样中没有发生相变,马氏体体积分数为 0(图 3.8);加载到 50% 时,试样中的应力已经大于应力诱发马氏体相变的临界应力,此时相变已经开始,最大马氏体体积分数达到了 0.3(图 3.9);加载到 100% 时,马氏体相变已经完成,此时试样中最大马氏体体积分数达到了 1(图 3.10)。

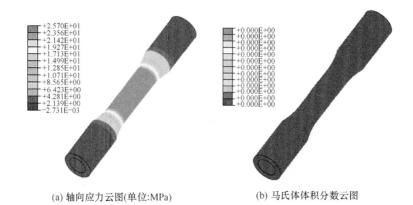

(a) 轴向应力云图(单位:MPa)　　　　　　(b) 马氏体体积分数云图

图 3.8　加载到 10%时的应力及马氏体体积分数云图

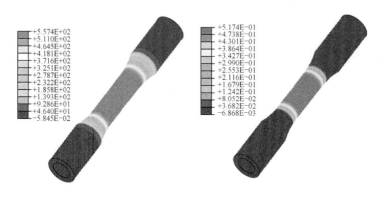

(a) 轴向应力云图(单位:MPa)　　　　　　(b) 马氏体体积分数云图

图 3.9　加载到 50%时的应力及马氏体体积分数云图

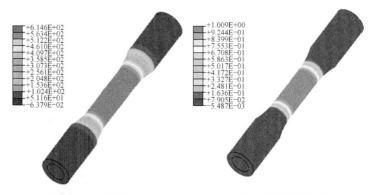

(a) 轴向应力云图(单位:MPa)　　　　　　(b) 马氏体体积分数云图

图 3.10　加载到 100%时的应力及马氏体体积分数云图

　　模型数值计算的精度可由单元的计算结果分析得出。在试样的试验段取一个节点,提取轴向应力-应变数据,绘制应力-应变曲线,并与试验结果作对比,如图 3.11 所示。由图可知,在加载阶段,计算结果和试验吻合良好,加载达到的最大应力及应变值也基本一致;卸载过程中,计算结果和试验结果也基本一致,但在卸载结束后,试验结果有约 0.3% 的残余应变,而 ABAQUS 计算结果则没有任何残余应变。这是由本章提出的多相变 SMA 本构模型没有考虑加载引起的不可回复残余塑性应变造成的,3.3 节将对这种现象进行讨论,并建立能描述这种现象的本构模型。

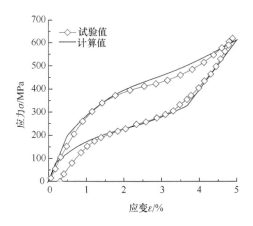

图 3.11　轴向应力-应变曲线(计算与试验对比)

3.2.3　一维本构模型

　　多相变 SMA 一维本构模型是 SMA 驱动器设计的理论基础,本书第 4 章将利用其进行 SMA 驱动器设计。因此,本节对 SMA 三维本构模型进行一维简化,推导 SMA 丝的低温预拉伸应力-应变关系和高温作动时应力-应变关系。

　　1. 一维简化

　　当对一维情况下的 SMA 力学行为进行描述时,其本构模型中的应力张量、应变张量均为单轴应力和应变,则其应力应变关系简化为

$$\sigma = E(\varepsilon - \varepsilon^{t}) \tag{3.46}$$

　　在一维情况下相变张量 $\boldsymbol{\Lambda}$ 可简化为 $\varepsilon_{\max}$,因此 $M^{t} \leftrightarrow A$、$M^{d} \leftrightarrow A$ 和 $M^{t} \rightarrow M^{d}$ 三类相变过程中的相变驱动力 X^{t}、X^{d}、X^{dt} 可简化为

$$X^{t} = -\rho \frac{\partial \psi}{\partial \xi^{t}} = -\left[\frac{1}{2}\Delta E \left(\varepsilon - \varepsilon^{t}\right)^{2} + \rho(\Delta u_{0} - \Delta \eta_{0} T) + \frac{\mathrm{d}f}{\mathrm{d}\xi^{t}} \right] \tag{3.47}$$

$$X^{d} = -\rho \frac{\partial \psi}{\partial \xi^{d}} = -\left[\frac{1}{2}\Delta E \left(\varepsilon - \varepsilon^{t}\right)^{2} - \sigma \varepsilon_{\max} + \rho(\Delta u_{0} - \Delta \eta_{0} T) + \frac{\mathrm{d}f}{\mathrm{d}\xi^{d}} \right] \tag{3.48}$$

$$X^{\mathrm{dt}}=-\rho\frac{\partial\psi}{\partial\xi^{\mathrm{d}}}=-\left[-\sigma\varepsilon_{\max}+\frac{\mathrm{d}f}{\mathrm{d}\xi^{\mathrm{d}}}\right] \tag{3.49}$$

相变函数简化为

$$\begin{cases} F^{\mathrm{t1}}=X^{\mathrm{t}}-R^{\mathrm{t1}}, & \dot{\xi}^{\mathrm{t}}>0, & \mathrm{A}{\rightarrow}\mathrm{M}^{\mathrm{t}} \\ F^{\mathrm{t2}}=-X^{\mathrm{t}}-R^{\mathrm{t2}}, & \dot{\xi}^{\mathrm{t}}<0, & \mathrm{M}^{\mathrm{t}}{\rightarrow}\mathrm{A} \\ F^{\mathrm{d1}}=X^{\mathrm{d}}-R^{\mathrm{d1}}, & \dot{\xi}^{\mathrm{d}}>0, & \mathrm{A}{\rightarrow}\mathrm{M}^{\mathrm{d}} \\ F^{\mathrm{d2}}=-X^{\mathrm{d}}-R^{\mathrm{d2}}, & \dot{\xi}^{\mathrm{d}}<0, & \mathrm{M}^{\mathrm{d}}{\rightarrow}\mathrm{A} \\ F^{\mathrm{dt}}=-X^{\mathrm{dt}}-R^{\mathrm{dt}}, & \dot{\xi}^{\mathrm{d}}>0,\dot{\xi}^{\mathrm{t}}+\dot{\xi}^{\mathrm{d}}=0, & \mathrm{M}^{\mathrm{t}}{\rightarrow}\mathrm{M}^{\mathrm{d}} \end{cases} \tag{3.50}$$

流动法则可简化为

$$\begin{cases} \dot{\xi}^{\mathrm{t}}=\dot{\lambda}_{\mathrm{t1}}\dfrac{\partial F^{\mathrm{t1}}}{\partial T}=\dot{T}\rho\Delta\eta_{0}, & \mathrm{A}{\rightarrow}\mathrm{M}^{\mathrm{t}} \\[2mm] \dot{\xi}^{\mathrm{t}}=\dot{\lambda}_{\mathrm{t2}}\dfrac{\partial F^{\mathrm{t2}}}{\partial T}=\dot{T}\rho\Delta\eta_{0}, & \mathrm{M}^{\mathrm{t}}{\rightarrow}\mathrm{A} \\[2mm] \dot{\varepsilon}^{\mathrm{t}}=\dot{\lambda}_{\mathrm{d1}}\dfrac{\partial F^{\mathrm{d1}}}{\partial\sigma}=\dot{\lambda}_{\mathrm{d1}}\varepsilon_{\max}=\dot{\xi}^{\mathrm{d}}\varepsilon_{\max}, & \mathrm{A}{\rightarrow}\mathrm{M}^{\mathrm{d}} \\[2mm] \dot{\varepsilon}^{\mathrm{t}}=\dot{\lambda}_{\mathrm{d2}}\dfrac{\partial F^{\mathrm{d2}}}{\partial\sigma}=-\dot{\lambda}_{\mathrm{d2}}\varepsilon_{\max}=\dot{\xi}^{\mathrm{d}}\varepsilon_{\max}, & \mathrm{M}^{\mathrm{d}}{\rightarrow}\mathrm{A} \\[2mm] \dot{\varepsilon}^{\mathrm{t}}=\dot{\lambda}_{\mathrm{dt}}\dfrac{\partial F^{\mathrm{dt}}}{\partial\sigma}=\dot{\lambda}_{\mathrm{dt}}\varepsilon_{\max}=\dot{\xi}^{\mathrm{d}}\varepsilon_{\max}, & \mathrm{M}^{\mathrm{t}}{\rightarrow}\mathrm{M}^{\mathrm{d}} \end{cases} \tag{3.51}$$

Kuhn-Tucker 加载/卸载条件为

$$\begin{cases} \dot{\lambda}_{\mathrm{t1}}\geqslant0,F^{\mathrm{t1}}\leqslant0,\dot{\lambda}_{\mathrm{t1}}F^{\mathrm{t1}}=0, & \mathrm{A}{\rightarrow}\mathrm{M}^{\mathrm{t}} \\ \dot{\lambda}_{\mathrm{t2}}\geqslant0,F^{\mathrm{t2}}\leqslant0,\dot{\lambda}_{\mathrm{t2}}F^{\mathrm{t2}}=0, & \mathrm{M}^{\mathrm{t}}{\rightarrow}\mathrm{A} \\ \dot{\lambda}_{\mathrm{d1}}\geqslant0,F^{\mathrm{d1}}\leqslant0,\dot{\lambda}_{\mathrm{d1}}F^{\mathrm{d1}}=0, & \mathrm{A}{\rightarrow}\mathrm{M}^{\mathrm{d}} \\ \dot{\lambda}_{\mathrm{d2}}\geqslant0,F^{\mathrm{d2}}\leqslant0,\dot{\lambda}_{\mathrm{d2}}F^{\mathrm{d2}}=0, & \mathrm{M}^{\mathrm{d}}{\rightarrow}\mathrm{A} \\ \dot{\lambda}_{\mathrm{dt}}\geqslant0,F^{\mathrm{dt}}\leqslant0,\dot{\lambda}_{\mathrm{dt}}F^{\mathrm{dt}}=0, & \mathrm{M}^{\mathrm{t}}{\rightarrow}\mathrm{M}^{\mathrm{d}} \end{cases} \tag{3.52}$$

2. 低温预拉伸应力-应变关系

当 SMA 丝用于驱动器时,在低温状态下,偏置弹簧或负载对 SMA 丝加载,使 SMA 丝伸长,这一过程中,SMA 丝的应力-应变关系即为低温时的应力-应变关系。

加载前,SMA 初始状态为孪晶马氏体,加载过程中,应力-应变曲线分为典型的三个阶段,如图 3.12 所示。第 I 阶段为弹性变形阶段,此时由于 SMA 内部全为孪晶马氏体,其弹性模量为 E_{M};类似地,第 III 阶段也为弹性变形阶段,此时 SMA 内部为非孪晶马氏体,其弹性模量也为 E_{M}。第 I、III 阶段的应力-应变关系式为

$$\begin{cases} \sigma = E_M \varepsilon, & 0 \leqslant \sigma \leqslant \sigma_s\ (\text{第 I 阶段}) \\ \sigma - \sigma_f = E_M(\varepsilon - \varepsilon_f), & \sigma \geqslant \sigma_f\ (\text{第 III 阶段}) \end{cases} \tag{3.53}$$

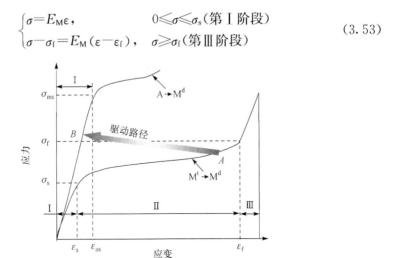

图 3.12　典型高、低温应力-应变曲线

第 II 阶段中,由于 SMA 发生 $M^t \rightarrow M^d$ 相变,其应力-应变关系具有强烈的非线性,不能用简单的线弹性表达,必须根据前面简化的 SMA 一维本构模型进行推导。

相变过程中应满足相应的相变方程,由式(3.50)可知,该过程中的相变方程为

$$F^{dt} = -X^{dt} - R^{dt} \tag{3.54}$$

将式(3.18)代入式(3.54)中得

$$F^{dt} = -\sigma\varepsilon_{max} + \frac{\mathrm{d}f}{\mathrm{d}\xi^d} - R^{dt} \tag{3.55}$$

将 $f(\xi^t, \xi^d)$(式(3.12))和 R^{dt}(式(3.34))代入式(3.55)中得

$$F^{dt} = -\sigma\varepsilon_{max} + \frac{(\sigma_f - \sigma_s)\varepsilon_{max}}{2}\left[\frac{(\xi^d)^2}{4} + \frac{(\xi^d - 1/2)^4}{2} + \frac{\xi^d}{4}\right] - \sigma_s\varepsilon_{max} \tag{3.56}$$

由 Kuhn-Tucker 不等式(3.52),$M^t \rightarrow M^d$ 相变过程中 $F^{dt} = 0$,因此在第 II 阶段中,SMA 的应力-应变关系式为

$$-\sigma\varepsilon_{max} + \frac{(\sigma_f - \sigma_s)\varepsilon_{max}}{2}\left[\frac{(\xi^d)^2}{4} + \frac{(\xi^d - 1/2)^4}{2} + \frac{\xi^d}{4}\right] - \sigma_s\varepsilon_{max} = 0 \tag{3.57}$$

对式(3.51)中 $M^t \rightarrow M^d$ 相变过程中的流动法则积分,并代入式(3.46)中可得

$$\sigma = E(\varepsilon - \xi^d\varepsilon_{max}) \tag{3.58}$$

联立求解式(3.57)、式(3.58)即可得到第 II 阶段的应力-应变关系。

3. 高温作动时的应力-应变关系

驱动器工作过程中,SMA 丝受热收缩,从图 3.12 所示的 A 点,沿着路径 AB

收缩到 B 点,完成驱动过程。SMA 丝收缩完毕时,对应 B 点的应力就是 SMA 丝收缩所能达到的最大应力。B 点的应力必须通过 SMA 丝高温时的应力-应变关系曲线确定,因此需要通过本构模型从理论上对 SMA 丝高温时的应力-应变关系进行描述。

由图 3.12 可知,在温度高于奥氏体相变结束温度 A_f 时对 SMA 丝加载,其应力应变将呈现线性关系,如图 3.12 中的第 I 阶段。当加载的应力超过奥氏体向非孪晶马氏体的转变应力 σ_s 时,SMA 丝便会发生 A→M^d 相变,此时应力、应变呈非线性关系。但 SMA 丝驱动器工作过程中应力不可能超过 σ_s[15],因此只需要对图 3.12 中第 I 阶段的力学行为进行描述。

在高温应力-应变关系的第 I 阶段,SMA 处于线弹性状态,由于 SMA 处于纯奥氏体状态,其弹性模量为 E_A,因此第 I 阶段的应力-应变关系式为

$$\sigma = E_A \varepsilon, \quad 0 \leqslant \sigma \leqslant \sigma_s (\text{第 I 阶段}) \tag{3.59}$$

3.3　考虑循环衰减的一维本构模型[16]

SMA 作为驱动器应用于智能结构时,往往需要多次重复作动。试验研究证明,SMA 多次作动后,会发生力学性能的衰减,具体表现在塑性应变的累积、最大相变应变和相变温度变化等三个方面[17~25]。

现有 SMA 本构模型中,对于循环加载引起塑性应变的累积方面已经进行了一定的研究[26~33],而对于相变应变和相变温度随循环加载的演变行为的研究却非常少。基于此,本节在 3.2 节提出的多相变 SMA 本构模型的基础上,从典型的循环加载试验结果中分析循环衰减的规律,对多相变本构模型进行循环衰减的修正,发展了考虑循环衰减的 SMA 一维本构模型。

3.3.1　循环衰减特点

SMA 驱动过程中典型的循环衰减曲线如图 3.13 所示,对其进行简化可得出图 3.14 所示的循环衰减示意图。详细分析图 3.14 所示两个循环中的 4 个相变温度、塑性应变和相变应变的变化情况,从而得出循环加载导致衰减的特点。

在第一个循环中(图 3.14 中的循环 $ABCDE$),4 个相变温度分别为 M_{s1}、M_{f1}、A_{s1}、A_{f1},当循环结束后(对应图中 E 点),可发现和循环开始前的应变(图中 A 点应变)相比,SMA 丝的应变增加了 $\Delta \varepsilon_{p1}$。此处增加的应变不能通过加热而回复,因此不可能是材料的相变应变;另外,由于作用在 SMA 丝的上应力在 A 点和 E 点不变,材料的弹性模量也没发生改变,因此 A 点和 E 点的弹性应变应该是一样的。

由此可知,增加的应变应为塑性应变。

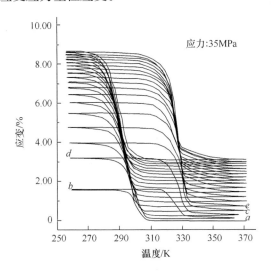

图 3.13　典型循环衰减曲线[28]

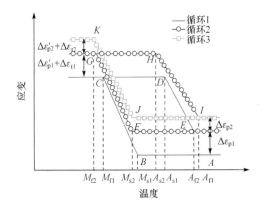

图 3.14　循环衰减示意图

　　在第二个循环中(图 3.14 中的循环 $EFGHI$),4 个相变温度分别为 M_{s2}、M_{f2}、A_{s2}、A_{f2},和第一个循环中对应的相变温度相比,均有所降低。当循环进行到 G 点,即完成 A→M^d 相变时,和前一个循环的对应时刻相比(即和 C 点相比),SMA 丝的应变增加了 $\Delta\varepsilon'_{p1}+\Delta\varepsilon_{t1}$,其中 $\Delta\varepsilon'_{p1}$ 项是由第一个循环完成时累积的塑性应变 $\Delta\varepsilon_{p1}$ 和在 EFG 过程中产生的塑性应变共同组成,$\Delta\varepsilon_{t1}$ 项是相变应变增量,它在加热后将完全回复。当循环完后(对应图中 I 点),和循环开始时(对应图中 E 点)相比,其塑性应变增加了 $\Delta\varepsilon_{p2}$。

　　通过以上两个循环的分析,SMA 丝在循环加载的过程中,其 4 个相变温度逐渐降低,塑性应变和相变应变都在逐渐增加。因此,要构建考虑循环衰减的 SMA 本构模型,必须掌握上述几个量随循环增加的变化规律。

　　为了了解循环中上述各个量的变化规律,对 Lagoudas 等[28] 的试验数据(如图 3.13所示)进行进一步分析,并对其 4 个相变温度、塑性应变增量 $\Delta\varepsilon^p$ 及相变应变增量 $\Delta\varepsilon^t$ 随循环数的变化趋势进行拟合,最终发现以指数规律描述这 6 个参量的衰减规律的拟合系数最高,拟合曲线如图 3.15～图 3.20 所示,这和文献[20]、[21]、[34]的研究结果是一致的。基于此,在后续推导中将采用指数函数来模拟这几个变量随循环数的衰减规律。

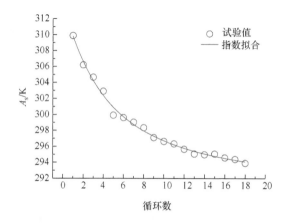

图 3.15　A_s 随循环数增加的衰减规律

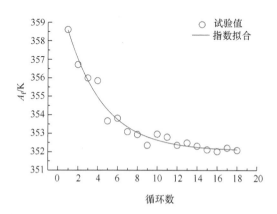

图 3.16　A_f 随循环数增加的衰减规律

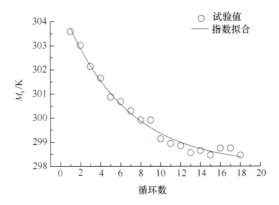

图 3.17　M_s 随循环数增加的衰减规律

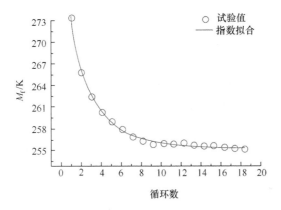

图 3.18　M_f 随循环数增加的衰减规律

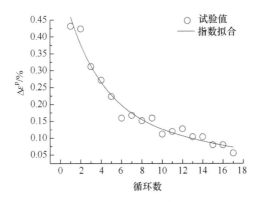

图 3.19　$\Delta \varepsilon^p$ 随循环数增加的变化曲线

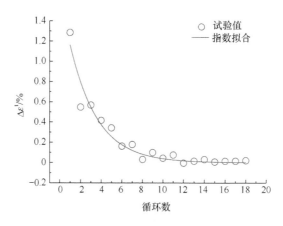

图 3.20　$\Delta\varepsilon^{t}$ 随循环数增加的变化曲线

3.3.2　衰减控制方程

衰减控制方程是描述循环过程中塑性应变、最大相变应变、相变温度等参数演化规律的一组方程,它是考虑循环衰减本构模型的核心。

衰减控制方程的自变量应该是循环数,这样才能描述上述变量随循环数的演化规律。然而,循环数并不适合作为描述材料参数演化的变量。例如,在两次试验中,循环数一样,但前者每次都加载到 SMA 完全发生相变,而后者每次都只发生了一半相变。这种情况下,显然两者的材料参数演化规律不同,而循环数却相同,因此需要选择一个更合理、更客观的物理量。

基于上述原因,以循环过程中马氏体相变发生的多少作为描述循环多少的物理量,定义了如下累积马氏体体积分数 ξ^{c}:

$$\xi^{c}=\xi^{ac}+\xi^{mc} \tag{3.60}$$

其中

$$\xi^{ac}=\int|\dot{\xi}^{a\to m}|\,\mathrm{d}t,\quad \xi^{mc}=\int|\dot{\xi}^{m\to a}|\,\mathrm{d}t \tag{3.61}$$

其中,$\dot{\xi}^{a\to m}$ 表示在 $A\to M^{t}$(或 $A\to M^{d}$)相变过程中的马氏体生成率;$\dot{\xi}^{m\to a}$ 表示在 $M^{t}\to A$(或 $M^{d}\to A$)相变过程中的马氏体生成率。用 ξ^{c} 作为自变量,结合 3.3.1 节中得出的指数衰减规律,SMA 的 4 个相变温度的控制方程为

$$M_{s}(\xi^{c})=M_{s0}-M_{smax}(1-\mathrm{e}^{-\xi^{c}m_{1}}) \tag{3.62}$$

$$M_{f}(\xi^{c})=M_{f0}-M_{fmax}(1-\mathrm{e}^{-\xi^{c}m_{2}}) \tag{3.63}$$

$$A_{s}(\xi^{c})=A_{s0}-A_{smax}(1-\mathrm{e}^{-\xi^{c}m_{3}}) \tag{3.64}$$

$$A_{f}(\xi^{c})=A_{f0}-A_{fmax}(1-\mathrm{e}^{-\xi^{c}m_{4}}) \tag{3.65}$$

SMA 塑性应变增量控制方程为

$$\varepsilon^{\mathrm{p}} = \varepsilon_{\max}^{\mathrm{p}} e^{-\xi^{\mathrm{c}} m_5} \tag{3.66}$$

其中,下标"0"表示循环前对应的材料参数;M_{fmax}、M_{smax}、A_{smax}、A_{fmax} 分别表示在趋于无限次循环后,对应相变温度的变化量;$\varepsilon_{\mathrm{pmax}}$ 表示在趋于无限次循环后,塑性应变的变化量;m_1、m_2、m_3、m_4 及 m_5 分别为对应控制方程的控制参数。

根据式(3.3)和式(3.4),在循环过程中,考虑一维情况,材料相变应变有如下表达:

$$\dot{\varepsilon}^{\mathrm{t}} = \dot{\xi}^{\mathrm{d}} \varepsilon_{\max} \tag{3.67}$$

由式(3.67)可知,在马氏体体积分数变化率 $\dot{\xi}^{\mathrm{d}}$ 一定的情况下,要使相变应变变化率 $\dot{\varepsilon}^{\mathrm{t}}$ 增加,只能是材料的最大相变应变 $\varepsilon_{\max}$ 发生了变化。由此推断,材料的最大相变应变将随 ξ^{c} 而变化,设材料最大相变应变的变化规律如下:

$$\varepsilon_{\max}(\xi^{\mathrm{c}}) = \varepsilon_{\max 0} + \varepsilon_{\max}^{\mathrm{t}}(1 - e^{-\xi^{\mathrm{c}} m_6}) \tag{3.68}$$

其中,$\varepsilon_{\max 0}$ 表示循环前的最大相变应变;$\varepsilon_{\max}^{\mathrm{t}}$ 表示在趋于无限次循环后,材料最大相变应变的变化量。

由于在循环中有塑性应变产生,式(3.2)所示的应变分解不再适用,适用于循环中的应变分解如下:

$$\varepsilon = \varepsilon^{\mathrm{t}} + \varepsilon^{\mathrm{p}} + \varepsilon^{\mathrm{e}} \tag{3.69}$$

将式(3.69)代入式(3.14)中便可得到考虑循环衰减情况下的应力-应变表达式为

$$\sigma = E(\varepsilon - \varepsilon^{\mathrm{t}} - \varepsilon^{\mathrm{p}}) \tag{3.70}$$

上述即为循环中 SMA 材料参数的变化规律及应力-应变关系的推导,将式(3.62)~式(3.66)及式(3.68)、式(3.70)替代前面多相变本构模型一维形式中的相关项,即可得到考虑循环衰减的 SMA 一维本构模型。

3.3.3　算例及验证

对于多相变过程模拟的验证,本章采用了 Kockar 等[35] 的试验数据。该试验采用 NiTi 合金,在恒定应力 150MPa 下进行 10 次循环。用本节发展的本构模型进行数值计算,计算中采用的参数值如表 3.4 所示,计算结果和试验结果对比如图 3.23 和图 3.24 所示。

表 3.4　NiTi 合金材料参数表

参数	数值	参数	数值
基本参数			
$E_{\mathrm{A}}/\mathrm{MPa}$	70000	$\Delta u/(\mathrm{J}/(\mathrm{kg} \cdot \mathrm{K}))$	-20
$E_{\mathrm{M}}/\mathrm{MPa}$	55000	$c/(\mathrm{J}/(\mathrm{kg} \cdot \mathrm{K}))$	4×10^6
$\Delta\eta/(\mathrm{J}/(\mathrm{kg} \cdot \mathrm{K}))$	-17.77	$\rho/(\mathrm{kg}/\mathrm{m}^3)$	6.5×10^{-9}

参数	数值	参数	数值
基本参数			
A_s/K	365	$C_M/(MPa/℃)$	6
A_f/K	385	σ_s/MPa	50
M_s/K	343	σ_f/MPa	150
M_f/K	318	ε_{max}	0.052
$C_A/(MPa/℃)$	6		
循环相关参数			
$M_{smax}/℃$	7.4	m_1	0.045
$M_{fmax}/℃$	11.0	m_2	0.5
$A_{smax}/℃$	13.0	m_3	0.085
$A_{fmax}/℃$	9.0	m_4	0.05
ε_{max}^p	0.048	m_5	0.195
ε_{max}^t	0	m_6	0

　　数值计算及试验的循环应变-温度曲线如图 3.21 和图 3.22 所示,由图可知,发展的本构模型可以模拟循环过程中的应变-温度变化规律。为了进一步验证该模型的精度,将第 2、4、6、8、10 次循环数据分别和试验曲线进行对比,如图 3.23 所示。由图可知,该模型能精确模拟每次循环中的塑性应变、相变温度等的变化。

　　4 个相变温度的计算与试验曲线对比如图 3.24 和图 3.25 所示,塑性应变增量的计算与试验曲线对比如图 3.26 所示。由图可知,该模型很好地模拟了循环过程中相变温度及塑性应变的变化规律。

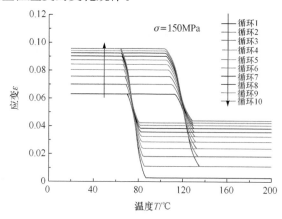

图 3.21　循环温度-应变曲线(计算值)

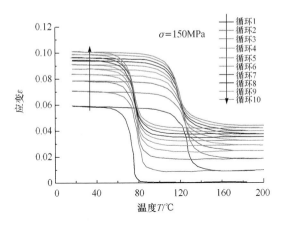

图 3.22　循环温度-应变曲线（试验值）

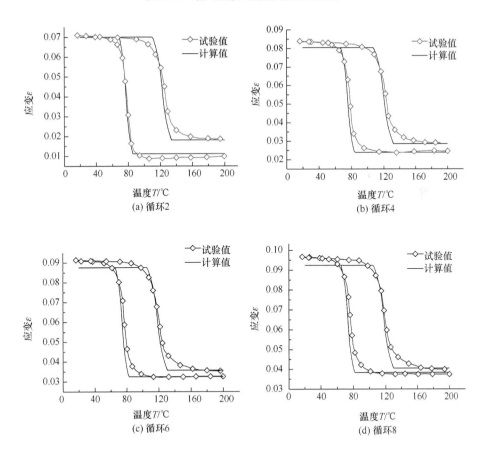

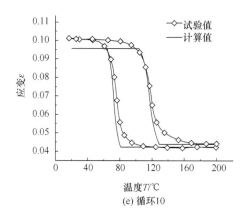

(e) 循环10

图 3.23　第 2、4、6、8、10 次循环计算与试验曲线对比

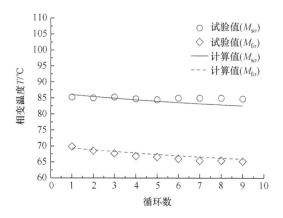

图 3.24　$M_{s\sigma}$、$M_{f\sigma}$ 计算与试验曲线对比

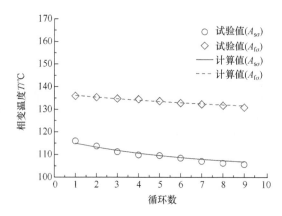

图 3.25　$A_{s\sigma}$、$A_{f\sigma}$ 计算与试验曲线对比

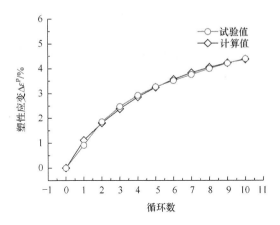

图 3.26　$\Delta\varepsilon^p$ 计算与试验曲线对比

3.4　拟温度法[36~41]

拟温度法由杜彦良、张学仁等在博士论文研究中提出，它是一种将 SMA 受热时表现出的形状记忆效应比拟成普通材料的热膨胀效应，在此基础上计算其应力和应变的方法。这种方法把 SMA 的受热回复效应等效为热应力（温度载荷），可以直接利用现有的商业有限元程序进行 SMA 回复效应的数值分析。

本书的拟温度法主要用于嵌入复合式 SMA 智能结构（1.3.1 节和 8.2.1 节）的数值计算，在本构模型推导时就考虑了 SMA 丝与基体材料相复合的受力边界条件。因此，在推导过程中，首先需要考虑 SMA 丝和基体材料之间的受力情况，结合热应力公式推导拟温度法模型，再考虑 SMA 加热回复时回复力和温度之间的非线性关系，进一步修正拟温度法模型。

3.4.1　拟温度法原理

拟温度法首先假定 SMA 与基体材料两者之间为理想黏合，即

$$\varepsilon_f = \varepsilon_m \tag{3.71}$$

其中，ε_f 和 ε_m 表示 SMA 和基体材料的应变。基体材料的应力-应变关系为

$$\varepsilon_m = \frac{\sigma_m}{E_m} + \alpha_m \Delta T_m \tag{3.72}$$

其中，E_m、α_m 和 ΔT_m 表示基体材料的弹性模量、线膨胀系数和温度变化量。同样地，SMA 的应力-应变关系也假设为线性关系，与基体材料的类似：

$$\varepsilon_f = \frac{\sigma_f}{E_f(T)} + \alpha_f \Delta T_f \tag{3.73}$$

其中，σ_f、E_f、α_f 和 ΔT_f 表示 SMA 的应力、弹性模量、线膨胀系数和温度变化量。假

定不受外力,则 SMA 与基体材料的受力平衡条件为

$$\sigma_f A_f + \sigma_m A_m = 0 \tag{3.74}$$

由式(3.71)~式(3.74)可以解得 SMA 与基体材料的应力分别为

$$\sigma_f = \frac{\alpha_f \Delta T_f - \alpha_m \Delta T_m}{E_f(T) A_f + E_m A_m} E_f(T) E_m A_m \tag{3.75}$$

$$\sigma_m = -\frac{\alpha_f \Delta T_f - \alpha_m \Delta T_m}{E_f(T) A_f + E_m A_m} E_f(T) E_m A_m \tag{3.76}$$

若假定仅对 SMA 施加一温度,即 $\Delta T_f = -\Delta T_p$,而 $\Delta T_m = 0$,则式(3.75)将会变成

$$\sigma_f = \frac{\alpha_f \Delta T_p}{E_f(T) A_f + E_m A_m} E_f(T) E_m A_m \tag{3.77}$$

而如果 SMA 在整个结构中所占体积很小,即 $E_f(T) A_f \ll E_m A_m$,则式(3.76)将近似变为

$$\sigma_m = E_f(T) \alpha_f \Delta T_p \tag{3.78}$$

这样,便可以由式(3.77)和式(3.78)来模拟 SMA 被加热时的回复力,使 σ_f 随温度($-\Delta T_p$)的变化正好与 SMA 被加热时随 ΔT_p 的变化所产生的回复力相吻合。这样便可以绘制 σ_f-ΔT_p 曲线来模拟实际载荷变化的情况。

上述推导过程中没有考虑 SMA 本身的本构特性,仅仅简单地假设 SMA 应力和温度之间呈线性关系,这显然降低了模型计算的精确性。为了解决这一问题,进一步在 Liang 本构模型的基础上,将 SMA 非线性本构模型经过数学推导得到的线性关系式写成普通热弹性材料一维应力-应变关系的形式。

对于普通热弹性材料,其一维应力-应变关系为

$$\sigma = E(\varepsilon - \varepsilon_0) = E\varepsilon - E\alpha\Delta T \tag{3.79}$$

其中,ε_0 为温度引起的热应变;α 为材料的线膨胀系数;ΔT 为温度的变化值。

将 Liang 本构模型通过数学推导线性化为

$$\sigma^r = E\varepsilon^r + \sigma_r^* \tag{3.80}$$

其中

$$E = \begin{cases} E_M, & T \leqslant A_{s\sigma} \\ \left[E_A + \xi(E_M - E_A)\right] \Big/ \left\{1 + \dfrac{\Omega}{2}\xi_M b_A \sin\left[a_A(T - A_s) + b_A \sigma_r^*\right]\right\}, & A_{s\sigma} \leqslant T \leqslant A_{f\sigma} \\ E_A, & T \geqslant A_{f\sigma} \end{cases} \tag{3.81}$$

其中,ξ 为马氏体体积分数;上标 r 代表回复,$\varepsilon^r = \varepsilon - \varepsilon^p$,即 ε^r 是总应变 ε 与塑性应变 ε^p 之差,σ_r^* 是指完全约束回复下的 σ^r。

将式(3.80)写成如下形式:

$$\sigma_f^r = E_f(T)\varepsilon_f^r + E_f(T)\alpha_f \Delta T_f \tag{3.82}$$

其中,$E_f = E$;$\Delta T_f = \dfrac{\sigma_r^*}{E_f(T)\alpha}$。

式(3.82)与式(3.79)类似,即所推导的 SMA 本构模型形式与普通热弹性材料类似,则可以用现有的有限元程序按温度载荷来分析形状记忆合金的回复效应。

3.4.2　拟温度法算例[40]

拟温度法算例是针对嵌入复合式 SMA 智能结构展开的,嵌入材料为 SMA 薄带,基体材料为 LY12CZ 板材。如图 3.27 所示,首先在铝板基体材料中间预制长度 $a = 9.4\text{mm}$ 的裂纹,两条 NiTi 合金经预变形处理后埋入两片铝板之间,并通过黏结剂黏结在一起。两条薄带并行布置于构件裂纹处,薄带中心距裂纹开口边缘分别为 3.5mm 和 7.5mm。

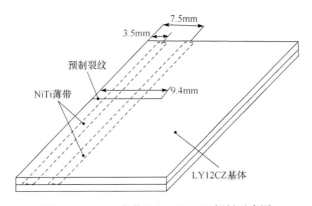

图 3.27　NiTi 薄带植入 LY12CZ 板材示意图

当板两端受力时,裂纹将扩展,此时,通过激励埋入基体中的 NiTi 薄带来改变裂纹尖端处的应力和应变场、减小裂纹尖端应力强度因子,从而阻止裂纹的张开和扩展。此过程的受力状态如图 3.28 所示。

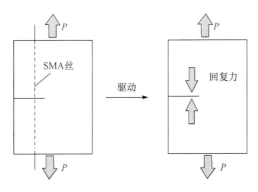

图 3.28　NiTi 薄带控制裂纹扩展示意图

对于裂纹控制过程的模拟,首先利用拟温度法模型结合有限元软件求出带裂纹物体的位移场和应力场,然后根据断裂力学的能量法,求出裂纹尖端的应力强度因子。铝合金板和 NiTi 薄带分别采用 8 节点实体元和 2 节点桁架元来模拟,薄带与铝合金基体之间的连接为理想黏结。基体材料 LY12CZ 的数据可查手册获得,NiTi 薄带材料参数如表 3.5 所示。由于结构对称性,只取构件的 1/4 来进行分析。为了验证计算结果,通过激光 Moire 云纹干涉法对应力场进行了测量,并和计算结果进行对比。

表 3.5　NiTi 薄带材料参数

E_M/MPa	E_A/MPa	M_f/℃	M_s/℃	A_s/℃	A_f/℃	C_A/(MPa/℃)	C_M/(MPa/℃)	Θ/(MPa/℃)	ε_{max}/%
23000	55000	−125	−67	0	38	8.4	8.4	0.55	7

首先计算不对试件加温、试件两端正应力 σ_∞ 为不同值时的应力强度因子 K_I,如图 3.29 所示;然后计算 $\sigma_\infty = 9.5$MPa 和 $\sigma_\infty = 12.7$MPa 两种状态下,改变薄带的温度及回复应力值,求得相应的 K_I 随温度及回复应力的变化关系,如图 3.30 所示。

图 3.29 比较了试验和计算所得到的 $K_I\text{-}\sigma_\infty$ 曲线,可见在不加温时,计算与试验结果十分接近,此时 SMA 薄带只有超弹性效应。由图可见,埋入 SMA 薄带的试件裂纹尖端应力强度因子比纯 LY12CZ 基体的应力强度因子有较明显的减小,如 $\sigma_\infty = 12.72$MPa 时,K_I 减小约 20%。

图 3.30 比较了 σ_∞ 为常数时,试验和计算所得的 $K_I\text{-}T$ 和 $K_I\text{-}\sigma_r$ 曲线。由图可见,随着温度的升高(即回复应力的增加),K_I 逐渐减小,NiTi 薄带对裂纹的控制作用逐渐增大;另外,比较计算与试验结果可知,二者也是很相近的,但随着温度的升高,两者之间误差逐渐加大,引起这一现象的原因是基体的温度场发生了变化。

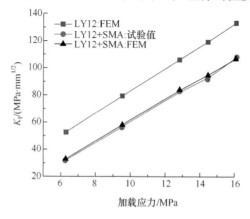

图 3.29　不加温时应力强度因子 K_I 随正应力 σ_∞ 的变化曲线

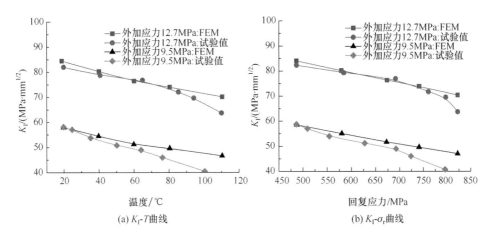

(a) K_{I}-T曲线　　　　　　　(b) K_{I}-σ_{r}曲线

图 3.30　加热 SMA 薄带时应力强度因子 K_{I} 变化曲线

3.5　折线型超弹性本构模型[42,43]

在结构中直接采用 SMA 超弹性构件可以改善结构的阻尼特性(7.3 节)，并且采用多个超弹性构件时，在承载方面还具有均匀载荷的作用，提高结构的自适应性(8.3 节)。采用 SMA 超弹性构件后，准确预测结构或系统在动态，尤其是随机载荷作用下的响应就非常重要。例如，采用 SMA 超弹性构件的单自由度系统如图 3.31所示，需要利用等价线性化方法对不同阻尼系统在平稳白噪声激励下的响应进行计算。此时，采用精度高、复杂的非线性 SMA 超弹性本构模型将会给计算带来很大的难度，因此需要更为简单的线性 SMA 超弹性本构模型。

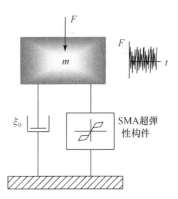

图 3.31　采用 SMA 超弹性构件的单自由度系统示意图

折线型超弹性本构模型用简单的折线来描述 SMA 的超弹性力学行为，在一定程度上牺牲了模型的精确度，但大幅简化了模型的表达式，有利于等价线性化方法的计算，使系统运动方程的系数可以通过显式积分方法得出。相比之下，传统的非线性 SMA 超弹性本构模型表达式比较复杂，导致系统运动微分方程的系数无法显式表达，必须利用数值方法进行 3 重积分后得到，使计算得到的系统响应均方根值误差太大，失去实际意义。

3.5.1　折线型模型

折线型超弹性本构模型的思想是通过分段线性的折线代替一般超弹性本构模型中的高次曲线，从而降低本构模型的阶次，如图 3.32 所示。由图可知，折线型本构模型具有两个明显的刚度(弹性模量)，设两个刚度分别为 k 和 αk，则图 3.32 所示的折线型本构模型可通过图 3.33 所示的方法进行分解，分解后系统的超弹性回复力为

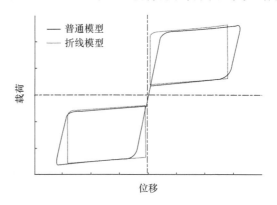

图 3.32　普通超弹性本构模型和折线型本构模型对比

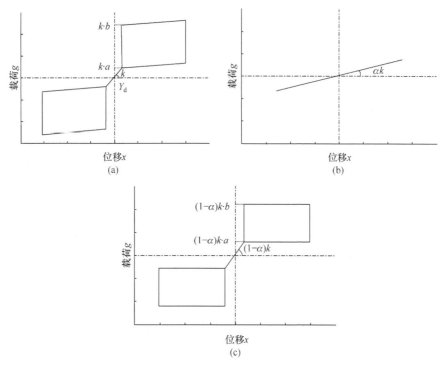

图 3.33　超弹性回复力分解图

$$g(x,\dot{x})=\alpha kx+(1-\alpha)kz \tag{3.83}$$

其中,z 为滞变位移,不同的 SMA 超弹性力学行为可以通过不同的滞变位移进行描述。因此,发展折线型本构模型的核心是发展能够描述 SMA 超弹性力学行为的滞变位移 z。

根据超弹性 SMA 丝的试验结果,提出了如下超弹性滞变位移:

$$z=\{1-\mathrm{sgn}[\mathrm{sgn}(|x|-a)+1]\}x$$
$$+\frac{\mathrm{sgn}(|x|-a)+1}{2}\left[\frac{\mathrm{sgn}(x)+\mathrm{sgn}(\dot{x})}{2}(b-a)+a\mathrm{sgn}(x)\right] \tag{3.84}$$

其中,$\mathrm{sgn}(x)$ 为符号函数,根据 x 取值为正、负、0,其值分别取为 1、-1、0;a 和 b 分别表示系统的弹性极限和开始诱发马氏体相变点所对应的位移值,如图 3.33 所示,可通过试验来确定其取值。

将式(3.84)代入式(3.83),即可得到折线型超弹性本构模型:

$$g(x,\dot{x})=\alpha kx+(1-\alpha)k\left\{x-x\mathrm{sgn}[\mathrm{sgn}(|x|-a)+1]\right.$$
$$\left.+\frac{\mathrm{sgn}(|x|-a)+1}{2}\left[\frac{\mathrm{sgn}(x)+\mathrm{sgn}(\dot{x})}{2}(b-a)+a\mathrm{sgn}(x)\right]\right\} \tag{3.85}$$

3.5.2 等价线性化分析

折线型本构模型最大的优势是当其用于非线性超弹性系统的等价线性化分析时,系统运动方程的系数可以通过显式积分方法得出。为了进一步体现这一优势,本节基于折线型本构模型,利用等价线性化方法对不同阻尼系统在平稳白噪声激励下的位移响应均方值进行计算分析。

令下标 e 表示用下述方程代替式(3.84)所产生的误差:

$$z=C_e\dot{x}+K_ex \tag{3.86}$$

为了使误差最小,等价线性化方法通常的准则是使误差过程 e 的平方的期望(即 e 的均方值 $E(e^2)$)最小,并按照此准则来确定 C_e 和 K_e。根据多元函数求极值的方法,可以证明使 $E(e^2)$ 取最小的充分必要条件为

$$\frac{\partial E(e^2)}{\partial C_e}=0, \quad \frac{\partial E(e^2)}{\partial K_e}=0 \tag{3.87}$$

求解式(3.87),系统运动方程的系数可以显式表达为

$$C_e=\frac{(b-a)}{\sqrt{2\pi}\sigma_x}\left[1-\mathrm{Erf}\left(\frac{a}{\sqrt{2}\sigma_x}\right)\right]$$
$$K_e=\frac{(a+b)}{\sqrt{2\pi}\sigma_x}\mathrm{e}^{\frac{-a^2}{2\sigma_x^2}} \tag{3.88}$$

其中,$\mathrm{Erf}(x)$为变量x的误差函数(进一步的详细解释,可参见文献[44]):

$$\mathrm{Erf}(x) = \frac{2}{\sqrt{\pi}}\int_0^x \mathrm{e}^{-t^2}\,\mathrm{d}t \tag{3.89}$$

因此,利用等价线性化方法得到的超弹性系统在白噪声激励下系统的等价线性方程可表示为

$$\begin{cases} \ddot{x}+2\xi_0\omega_0\dot{x}+\alpha\omega_0^2 x+(1-\alpha)\omega_0^2 z=F(t)/m \\ z=C_e\dot{x}+K_e x \end{cases} \tag{3.90}$$

其中,ξ_0为系统阻尼比;ω_0为对应线性系统的固有频率;m为系统质量;$F(t)$为白噪声激励,其功率谱密度为S_0。

3.5.3　单自由度系统算例[43]

采用 SMA 超弹性构件的单自由度系统如图 3.31 所示,利用等价线性化方法对不同阻尼系统在平稳白噪声激励下的位移响应均方值进行计算,并和数值模拟的计算结果进行对比,如图 3.34 所示。其中,横轴为激励源强度,用无量纲参数D/Y_d来表示,Y_d表示参数Y所对应的位移;纵轴为响应的均方值σ_x利用D进行了无量纲化,其中$D=\sqrt{2s_0/\omega_0^3}$。

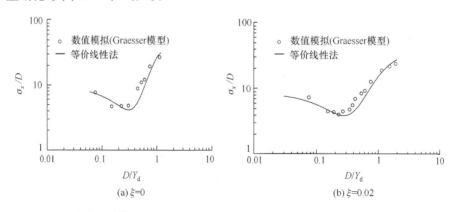

图 3.34　两种方法计算的不同阻尼系统在白噪声激励下的位移响应的均方值(无量纲)

从图 3.34 可以看到,利用解析的等价线性化方法和数值模拟方法所得到的系统位移响应的均方值是接近一致的,并且在各个激励水平上等价线性化方法都有很好的精度。可以看出,虽然本章提出的简单折线超弹性模型在描述 SMA 的超弹性特性方面不如 Graesser 模型真实,但从等价线性化方法的计算结果来看,该模型还是较好地描述了超弹性的本质特性,并且有利于等价线性化方法的计算,使系统运动方程的系数可以通过显式积分方法得出,便于在工程上推广和使用。

3.6　小　　结

本章针对 SMA 在智能结构中不同的应用形式,发展和介绍了多个本构模型,为第 4 章中的驱动器设计、后续章节中 SMA 智能结构的设计奠定了理论基础。本章发展的本构模型具有如下特点。

（1）多相变 SMA 三维本构模型完整地考虑了 SMA 的 5 种相变过程,可以模拟形状记忆效应、超弹性和马氏体重取向等 SMA 的材料特性。在该模型的基础上,发展了 ABAQUS 有限元软件的用户材料子程序,可用于对 SMA 三维结构进行有限元分析。

（2）考虑循环衰减的一维本构模型针对循环过程中塑性应变、最大相变应变和相变温度的变化,发展了相应的控制方程,能够精确模拟 SMA 丝循环过程中的性能衰减,非常适合用于 SMA 丝驱动器的设计与疲劳寿命预测。

（3）拟温度法将 SMA 丝、带等一维结构的约束回复应力等效成热应力,大幅简化了回复应力的计算分析,实现了 SMA 一维结构的有限元分析。该模型适用于嵌入复合式 SMA 智能结构的有限元分析。

（4）折线型超弹性本构模型利用线性的折线代替复杂的曲线,简化 SMA 超弹性本构模型,降低了模型阶次。这种低阶次本构模型可用于 SMA 超弹性单自由度系统的等价线性化分析中,使系统运动方程的系数可以显式表达,降低了等价线性化分析的难度。

参 考 文 献

[1] 张小勇. 用于疲劳寿命预测的 SMA 本构模型及其工程应用. 北京:北京航空航天大学博士学位论文,2012.

[2] Lagoudas D C. Shape Memory Alloys: Modeling and Engineering Applications. New York: Springer,2008.

[3] Qidwai M A,Lagoudas D C. Numerical implementation of a shape memory alloy thermomechanical constitutive model using return mapping algorithms. International Journal for Numerical Methods in Engineering,2000,47(6):1123-1168.

[4] Boyd J G,Lagoudas D C. Thermodynamical constitutive model for shape memory materials. Part 1. The monolithic shape memory alloy. International Journal of Plasticity,1996,12(6): 805-842.

[5] Lagoudas D C,Bo Z,Qidwai M A. Unified thermodynamic constitutive model for SMA and finite element analysis of active metal matrix composites. Mechanics of Composite Materials and Structures,1996,3(2):153-179.

[6] Qidwai M A,Lagoudas D C. On thermomechanics and transformation surfaces of polycrystal-

line NiTi shape memory alloy material. International Journal of Plasticity, 2000, 16(10): 1309-1343.

[7] Bouvet C, Calloch S, Lexcellent C. A phenomenological model for pseudoelasticity of shape memory alloys under multiaxial proportional and nonproportional loadings. European Journal of Mechanics A—Solids, 2004, 23(1): 37-61.

[8] 陈惠发, 萨里普 A F. 弹性与塑性力学. 北京: 中国建筑工业出版社, 2004.

[9] Simof J C, Hughes T J R. Computational Inelasticity. New York: Springer, 2008.

[10] SIMULIA Inc. ABAQUS/Standard. Theory Manual. Warwick: SIMULIA Inc., 2008.

[11] Zaki W, Moumni Z. A three-dimensional model of the thermomechanical behavior of shape memory alloys. Journal of the Mechanics and Physics of Solids, 2007, 55(11): 2455-2490.

[12] De la Flor S, Urbina C, Ferrando F. Constitutive model of shape memory alloys: Theoretical formulation and experimental validation. Materials Science and Engineering: A, 2006, 427 (1-2): 112-122.

[13] 王亚芳. 复合加载下 NiTi 形状记忆合金超弹性性能研究. 西安: 西北工业大学硕士学位论文, 2007.

[14] Wang Y F, Yue Z, Wang J. Experimental and numerical study of the superelastic behaviour on NiTi thin-walled tube under biaxial loading. Computational Materials Science, 2007, 40 (2): 246-254.

[15] Benafan O, Brown J, Calkins F T, et al. Shape memory alloy actuator design: CASMART collaborative best practices. ASME Conference on Smart Materials, Adaptive Structures and Intelligent Systems, 2011: 493-503.

[16] Zhang X Y, Yan X J, Xie H, et al. Modeling evolutions of plastic strain, maximum transformation strain and transformation temperatures in SMA under superelastic cycling. Computational Materials Science, 2014, 81: 113-122.

[17] Kim W H, Barnes B M, Luntz J E, et al. Conglomerate stabilization curve design method for shape memory alloy wire actuators with cyclic shakedown. Journal of Mechanical Design, Transactions of the ASME, 2011, 133(11): 111010.

[18] Sun H, Pathak A, Luntz J, et al. Stabilizing shape memory alloy actuator performance through cyclic shakedown: An empirical study. Industrial and Commercial Applications of Smart Structures Technologies, San Diego, 2008.

[19] Kim W H, Barnes B M, Luntz J E, et al. A design method for shape memory alloy actuators accounting for cyclic shakedown with constrained allowable strain. ASME Conference on Smart Materials, Adaptive Structures and Intelligent Systems, Philadelphia, 2010: 331-342.

[20] Hebda D A, White S R. Effect of training conditions and extended thermal cycling on nitinol two-way shape memory behavior. Smart Materials and Structures, 1995, 4(4): 298-304.

[21] Hu Q, Jin W, Liu X P, et al. The transformation behavior and the shape memory effect due to cyclic stress/strain for Ti-49. 6Ni alloy. Materials Letters, 2002, 54(2-3): 114-119.

[22] 白海波,张小勇,闫晓军. NiTi 形状记忆合金超弹性循环性能衰减试验研究. 北京力学会第 20 届学术年会,北京,2013.

[23] 岳定阳,张小勇,闫晓军. 激励温度及偏置应力对 SMA 丝热机械疲劳性能影响研究. 全国 固体力学学术会议,成都,2014.

[24] 岳定阳,张小勇,闫晓军. 不同热机载荷条件下 SMA 丝疲劳性能试验研究. 北京航空航天 大学第 11 届研究生学术论坛,北京,2014.

[25] 杨宝锋,张小勇,闫晓军. 偏置弹簧对 SMA 驱动器输出性能影响规律研究. 北京航空航天 大学学报(网络优先出版),2014.

[26] Zaki W, Moumni Z. A 3D model of the cyclic thermomechanical behavior of shape memory alloys. Journal of the Mechanics and Physics of Solids,2007,55(11):2427-2454.

[27] Bo Z, Lagoudas D C. Thermomechanical modeling of polycrystalline SMAs under cyclic loading. Part I:Theoretical derivations. International Journal of Engineering Science,1999, 37(9):1089-1140.

[28] Lagoudas D C, Bo Z. Thermomechanical modeling of polycrystalline SMAs under cyclic loading. Part II:Material characterization and experimental results for a stable transformation cycle. International Journal of Engineering Science,1999,37(9):1141-1173.

[29] Bo Z, Lagoudas D C. Thermomechanical modeling of polycrystalline SMAs under cyclic loading. Part III:Evolution of plastic strains and two-way shape memory effect. International Journal of Engineering Science,1999,37(9):1175-1203.

[30] Bo Z, Lagoudas D C. Thermomechanical modeling of polycrystalline SMAs under cyclic loading. Part IV:Modeling of minor hysteresis loops. International Journal of Engineering Science,1999,37(9):1205-1249.

[31] Paradis A, Terriault P, Brailovski V. Modeling of residual strain accumulation of NiTi shape memory alloys under uniaxial cyclic loading. Computational Materials Science,2009,47(2): 373-383.

[32] Saint-Sulpice L, Arbab-Chirani S, Calloch S. Thermomechanical cyclic behavior modeling of Cu-Al-Be SMA materials and structures. International Journal of Solids and Structures, 2012,49(9):1088-1102.

[33] Auricchio F, Sacco E. Thermo-mechanical modelling of a superelastic shape-memory wire under cyclic stretching-bending loadings. International Journal of Solids and Structures, 2001,38(34-35):6123-6145.

[34] Padula S, Qiu S, Gaydosh D, et al. Effect of upper-cycle temperature on the load-biased, strain-temperature response of NiTi. Metallurgical and Materials Transactions A,2012: 1-12.

[35] Kockar B, Karaman I, Kim J I, et al. Thermomechanical cyclic response of an ultrafine-grained NiTi shape memory alloy. Acta Materialia,2008,56(14):3630-3646.

[36] 杜彦良. 自动探测裂纹和主动控制裂纹扩展的智能材料结构研究. 北京:北京航空航天大

　　学博士学位论文,1993.

[37] 杜彦良,聂景旭.用拟温度载荷法对平板智能复合构件控制裂纹扩展的计算分析.第四届
　　全国结构工程学术会议论文集(上),北京:中国力学学会《工程力学》编辑部,1995:1-6.

[38] 杜彦良,聂景旭.用于平板智能复合材料的拟温度载荷法.航空动力学报,1995,3:34-37,
　　106,107.

[39] 张学仁,杜彦良.SMA 智能复合构件控制裂纹的数值与试验研究.航空动力学报,1998,13
　　(4):357-360.

[40] 张学仁,聂景旭,杜彦良.主动控制裂纹智能复合构件的有限元分析.复合材料学报,1999,
　　16(2):147-151.

[41] 张学仁.主动控制裂纹的形状记忆合金智能材料结构研究.北京:北京航空航天大学博士
　　学位论文,1995.

[42] 闫晓军.随机载荷下 SMA 减振器及磁吸振器理论与试验研究.北京:北京航空航天大学博
　　士学位论文,2000.

[43] Yan X J,Nie J X. Response of SMA superelastic systems under random excitation. Journal
　　of Sound and Vibration,2000,5(238):893-901.

[44] Graesser E,Cozzarelli F. A proposed three-dimensional constitutive model for shape memory
　　alloys. Journal of Intelligent Material Systems and Structures,1994,5(1):78-89.

附录　符号对照表

M_f	马氏体相变结束温度
M_s	马氏体相变开始温度
A_f	奥氏体相变结束温度
A_s	奥氏体相变开始温度
C_A	奥氏体相变应力影响系数
C_M	马氏体相变应力影响系数
M^t	孪晶马氏体
M^d	非孪晶马氏体
A	奥氏体
ε^e	弹性应变张量
ε^{in}	非弹性应变张量

$\boldsymbol{\varepsilon}^{\mathrm{t}}$	相变应变张量
$\boldsymbol{\varepsilon}^{\alpha}$	热应变张量
$\boldsymbol{s}$	应力偏张量
$\varepsilon_{\max}$	最大相变应变
ψ	Helmoltz 自由能
ψ^{e}	弹性应变能密度
ψ^{t}	热能密度
ψ^{tr}	相变能密度
E	弹性模量
ρ	密度
T	温度
T_0	初始温度
c	比热容
η_0	T_0 温度下的熵
u_0	T_0 温度下的内能
$f(\xi^{\mathrm{t}}, \xi^{\mathrm{d}})$	与 5 个相变过程相关的相变能,又称为相变硬化函数
M(上标)	对应参量在马氏体状态下的值
A(上标)	对应参量在奥氏体状态下的值
Δ	奥氏体、马氏体状态下对应参量值之差
X^{t}	和 $\mathrm{M^t} \leftrightarrow \mathrm{A}$ 相变过程相关的相变驱动力
X^{d}	和 $\mathrm{M^d} \leftrightarrow \mathrm{A}$ 相变过程相关的相变驱动力
X^{dt}	和 $\mathrm{M^t} \rightarrow \mathrm{M^d}$ 相变过程相关的相变驱动力
σ_{as}	在温度 $T(T>M_{\mathrm{s}})$ 下,奥氏体相变开始临界应力
σ_{af}	在温度 $T(T>M_{\mathrm{s}})$ 下,奥氏体相变结束临界应力
σ_{ms}	在温度 $T(T>M_{\mathrm{s}})$ 下,马氏体相变开始临界应力
σ_{mf}	在温度 $T(T>M_{\mathrm{s}})$ 下,马氏体相变结束临界应力

ε_{as}^{e}	临界应力为 σ_{as} 时对应的弹性应变
ε_{af}^{e}	临界应力为 σ_{af} 时对应的弹性应变
ε_{ms}^{e}	临界应力为 σ_{ms} 时对应的弹性应变
ε_{mf}^{e}	临界应力为 σ_{mf} 时对应的弹性应变
σ_{s}	在温度 $T(T \leqslant M_s)$ 下, $M^t \rightarrow M^d$ 相变开始临界应力
σ_{f}	在温度 $T(T \leqslant M_s)$ 下, $M^t \rightarrow M^d$ 相变结束临界应力
$\mathbf{\Lambda}$	相变张量
$a_t 、 b_t$	$M^t \leftrightarrow A$ 相变过程中,与相变温度相关的本构模型参数
$a_d 、 b_d$	$M^d \leftrightarrow A$ 相变过程中,与相变临界应力和相变温度相关的本构模型参数
b_{dt}	$M^t \rightarrow M^d$ 相变过程中,与相变临界应力相关的本构模型参数
R^{t1}	相变驱动力 X^t 的正临界值
R^{t2}	相变驱动力 X^t 的负临界值
R^{d1}	相变驱动力 X^d 的正临界值
R^{d2}	相变驱动力 X^d 的负临界值
R^{dt}	相变驱动力 X^{dt} 的正临界值
ξ^c	累积马氏体体积分数
$\dot{\xi}^{a \rightarrow m}$	在 $A \rightarrow M^t$ 和 $A \rightarrow M^d$ 相变过程中的马氏体生成率
$\dot{\xi}^{m \rightarrow a}$	在 $M^t \rightarrow A$ 和 $M^d \rightarrow A$ 相变过程中的马氏体生成率
M_{fmax}	趋于无限次循环后,对应相变温度 M_f 的变化量
M_{smax}	趋于无限次循环后,对应相变温度 M_s 的变化量
A_{smax}	趋于无限次循环后,对应相变温度 A_s 的变化量
A_{fmax}	趋于无限次循环后,对应相变温度 A_f 的变化量
ε_{pmax}	趋于无限次循环后,塑性应变 ε_p 的变化量
ε_{max0}	未循环条件下的最大相变应变
ε_{max}^{t}	趋于无限次循环后,最大相变应变 ε_{max} 的变化量
$m_1 \sim m_5$	控制方程的控制参数

ε_m	基体的应变
E_m	基体的弹性模量
α_m	基体的线膨胀系数
ΔT_m	基体的温度变化量
ε_f	嵌入复合式 SMA 智能结构中 SMA 的应变
E_f	嵌入复合式 SMA 智能结构中 SMA 的弹性模量
α_f	嵌入复合式 SMA 智能结构中 SMA 的线膨胀系数
ΔT_f	嵌入复合式 SMA 智能结构中 SMA 的温度变化量
ε^r	回复应变
σ^r	回复应力
σ_r^*	完全约束回复下的 σ^r

第4章　SMA驱动器设计理论与方法

4.1　概　　述

SMA驱动器利用SMA的形状记忆效应,将电能、热能转化为机械能,以位移或力的形式输出,从而改变结构的连接、刚度、阻尼等特性,实现结构的"智能化",是SMA智能结构的作动单元和核心组成部分。

SMA驱动器中的SMA可以采用多种形式的结构,如丝、棒、管、板等,其中,工程中应用最广泛的是SMA丝。本章发展的驱动器设计理论和方法,也主要是针对采用SMA丝的驱动器。

SMA驱动器的设计主要包括两方面。①性能设计。根据智能结构对驱动器输出力和位移的需求,对SMA丝在驱动器中的具体受力情况进行计算分析,结合SMA参数,给出合适的SMA丝长度、直径以及与之相匹配的偏置弹簧刚度、弹簧预压缩载荷等。②可靠性及寿命设计。按照系统、智能结构分解对于驱动器的可靠性、寿命指标,对驱动器的使用次数、完成驱动功能的可靠性等进行设计,并开展相关试验验证工作。

根据智能结构的设计需要,本章重点针对几种SMA驱动器(恒定载荷、线性变载荷以及突变载荷驱动器等),发展了相应的性能设计理论与方法;然后针对SMA驱动器多次使用面临的使用寿命问题,在3.3节考虑SMA材料力学性能衰减的本构关系基础上,发展用于SMA驱动器寿命预测的理论模型。

4.2　驱动器分类及特点

SMA驱动器的分类可以有不同的标准,如驱动器输出的运动形式、SMA材料的结构形式、SMA材料承受载荷的特点等。从驱动器设计角度来考虑,由于SMA丝受力情况不同,设计方法将会存在较大差异。因此,本节首先根据SMA驱动器中SMA丝所受载荷的特点和情况,将驱动器划分为三类:恒定载荷、线性变载荷、突变载荷;然后简单介绍按照输出运动形式不同,SMA驱动器的分类及特点。

4.2.1　恒定载荷驱动器

恒定载荷驱动器的偏置负载 W 是恒定的。在工作过程中,SMA 丝驱动恒定负载运动,输出位移。这类驱动器在实际工程中应用不多,多用于 SMA 材料的力学性能研究。图 4.1 为用于研究 SMA 丝疲劳特性的恒定载荷驱动器[1]。

根据工作原理,恒定载荷驱动器可简化成如图 4.2 所示的结构。其工作过程为:低温状态下,SMA 丝被重物 W 拉伸,当需要驱动时,对 SMA 丝通电加热,SMA 丝发生相变后收缩,同时克服负载 W 做功。

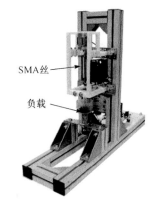

图 4.1　恒定载荷驱动器试验装置[1]

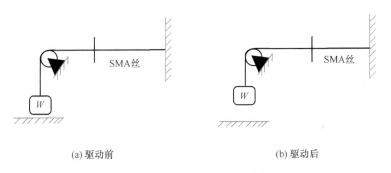

(a) 驱动前　　　　　　　　　　　(b) 驱动后

图 4.2　恒定载荷驱动器[2]

4.2.2　线性变载荷驱动器

线性变载荷驱动器由 SMA 丝和偏置弹簧组成。在驱动过程中,SMA 丝克服偏置弹簧力并驱动负载 W 运动,输出位移。由于偏置弹簧的存在,SMA 丝中的力是线性变化的,因此称为线性变载荷驱动器。线性变载荷驱动器的例子有 Miga Motors 公司的 SMA 线性变载荷驱动器(图 4.3)[3]、SMA 微型夹具[4~7]等。

根据工作原理,线性变载荷驱动器可简化成图 4.4 所示的模型[2]。其工作过程为:当对 SMA 丝通电加热时,SMA 丝收缩,驱动负载 W 运动,同时拉伸弹簧,输出位移;当停止通电后,弹簧重新将 SMA 丝拉伸到作动前长度,完成一个工作循环。

图 4.3　Miga Motors 公司的 SMA 线性
变载荷驱动器[3]

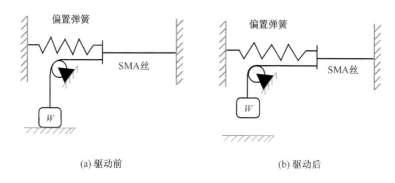

(a) 驱动前　　　　　　　　　　　　　　(b) 驱动后

图 4.4　线性变载荷驱动器[2]

4.2.3　突变载荷驱动器

　　突变载荷驱动器和线性变载荷驱动器的组成类似,也是由 SMA 丝和偏置弹簧组成。在驱动过程中,SMA 丝克服偏置弹簧力,并驱动负载 W 运动,输出位移。不同的是,在驱动过程中,所需驱动的负载会发生突变,导致 SMA 丝在整个驱动过程中的受力存在突变,因此称为突变载荷驱动器。这种载荷突变的情况在工程中非常普遍,尤其是当 SMA 丝用于触发特定动作时,在触发后,SMA 丝中的载荷会急剧减小,如航天领域的连接与分离机构(图 4.5)[8~11]、拔销器[12]、主动变刚度的转子支承结构[13],以及其他解锁机构等[7,14]。

　　根据驱动器的工作原理,突变载荷驱动器可简化成图 4.6 所示的模型,和线性变载荷驱动器不同的是,在 SMA 丝收缩的过程中,被驱动的负载 W 存在突变,其值由 W 突变到 0。

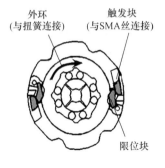

外环
(与扭簧连接)

触发块
(与SMA丝连接)

限位块

(a) 突变载荷驱动器原理图　　　　　　　(b) 航天分离机构实物

图 4.5　突变载荷驱动器在航天分离机构中的应用[8]

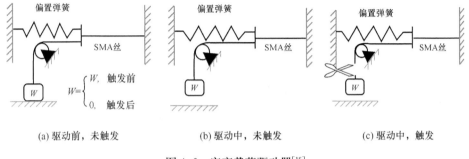

(a) 驱动前, 未触发　　　　　(b) 驱动中, 未触发　　　　　(c) 驱动中, 触发

图 4.6　突变载荷驱动器[15]

4.2.4　不同运动输出的驱动器

　　SMA 驱动器还可以根据其输出运动形式的不同划分为直线驱动器、旋转驱动器和弯曲驱动器。

　　直线驱动器输出的位移和力是直线。这类驱动器在工程中应用最广泛,通常用于机械系统中,驱动机构做直线运动,实现既定功能[4~6,9,13,14,16~19]。典型的直线驱动器如图 4.7 所示。该驱动器利用 SMA 丝输出直线位移,驱动一套变形机构实现机翼翼形的改变。

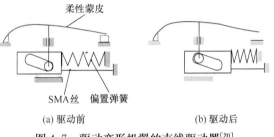

柔性蒙皮

SMA丝　偏置弹簧

(a) 驱动前　　　　　　　　　(b) 驱动后

图 4.7　驱动变形机翼的直线驱动器[20]

　　旋转驱动器利用 SMA 丝受热发生线性收缩的原理,通过特殊的转换机构,如棘轮-棘爪机构、鼓筒结构等,将 SMA 丝的线性运动转换为旋转运动[21~26]。典型的旋转驱动器如图 4.8 和图 4.9 所示。该驱动器将 SMA 丝缠绕在可自由旋转的鼓筒结构上,丝的一端与固定基座相连,另一端与可旋转鼓筒相连。

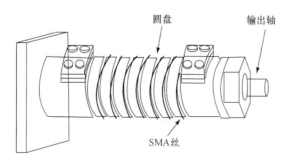

图 4.8　鼓筒型 SMA 丝旋转驱动器(模型)

图 4.9　鼓筒型 SMA 丝旋转驱动器(实物)

　　弯曲驱动器是利用 SMA 丝与弹性结构偏心地进行配合。当 SMA 丝收缩时,SMA 丝与弹性结构有配合关系,使弹性结构被拉偏,实现弯曲运动的输出[27~33]。典型的弯曲驱动器如图 4.10 所示。该驱动器用于驱动医用主动内窥镜[27,28],它采

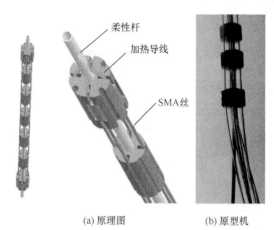

(a) 原理图　　　　　(b) 原型机

图 4.10　基于 SMA 丝弯曲驱动器的医用主动内窥镜[28]

用 4 根 SMA 丝通过偏心结构与导管连接在一起,如图 4.10(a)所示,通过对相应的 SMA 丝通电加热实现不同方向的偏转,完成对内窥镜前进方向的控制。

4.3　驱动器的性能设计

恒定载荷、线性变载荷、突变载荷 3 种驱动器中,由于负载和偏置弹簧的差异,SMA 丝的受力情况也不相同。本节根据 3 种驱动器中 SMA 丝的受力与偏置弹簧的情况和特点,发展了 3 种驱动器的设计理论和方法。

4.3.1　恒定载荷驱动器

恒定载荷驱动器的设计目标是:根据 SMA 材料参数、输出负载 W、输出位移 s,设计符合要求的 SMA 丝横截面积 A 和长度 L。设计的具体过程如下。

1. SMA 丝横截面积 A

恒定载荷驱动器工作时,实际上是从低温的平衡状态变换到高温的平衡状态,如图 4.11 所示。图中 A 点表示 SMA 丝恒定载荷驱动器低温平衡状态(复位后的状态),此时 SMA 丝的应变为 ε_L、应力为 σ_L,其对应工作状态如图 4.2(a)所示。当对其进行加热驱动后,SMA 丝中的应力、应变沿驱动路径变化到 B 点,进入高温平衡状态,此时 SMA 丝的应变为 ε_H、应力为 σ_H,其对应工作状态如图 4.2(b)所示。

由于在驱动过程中,SMA 丝始终承受恒定负载 W,因此驱动过程中 SMA 丝所受应力恒定。因此,σ_H、σ_L 表达如下:

$$\sigma_H = \sigma_L = \frac{W}{A} \tag{4.1}$$

其中,σ_H、σ_L 的选择非常重要,对驱动器输出性能的影响非常大。由图 4.12 可以看出,在应力处于 σ_s 和 σ_f 之间时,驱动应变 ε_{act} 随着应力的增加而增大;当应力等于 σ_f 时,驱动应变达到最大;当应力处于 σ_f 和 σ_{ms} 之间时,驱动应变 ε_{act} 基本不变,但过大的应力会导致多次作动时驱动器的输出性能快速衰减;当应力大于 σ_{ms} 时,驱动

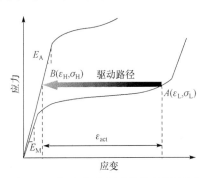

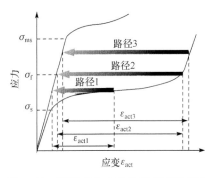

图 4.11　恒定载荷驱动器设计原理图　　　图 4.12　不同应力水平的驱动应变对比

应变 ε_{act} 开始减小,同时多次作动时驱动器的输出性能衰减更加剧烈。综合考虑,σ_H、σ_L 的取值如下:

$$\sigma_H = \sigma_L = \sigma_f \tag{4.2}$$

将式(4.2)代入式(4.1)中即可得到 SMA 丝横截面积为

$$A = \frac{W}{\sigma_f} \tag{4.3}$$

2. SMA 丝长度 L

如图 4.11 所示,SMA 丝的驱动应变 ε_{act} 可通过 ε_H 和 ε_L 得出:

$$\varepsilon_{act} = \varepsilon_L - \varepsilon_H \tag{4.4}$$

其中,应变 ε_H 和 ε_L 可通过将式(4.2)确定的应力 σ_H、σ_L 代入 3.2.3 节介绍的 SMA 丝高、低温应力-应变关系表达式中计算得出。

SMA 丝长度 L 和驱动应变 ε_{act}、输出位移 s 之间存在如下关系:

$$L = \frac{s}{\varepsilon_{act}} = \frac{s}{\varepsilon_L - \varepsilon_H} \tag{4.5}$$

根据上述关系即可计算出 SMA 丝的长度 L。

综合上述设计方法,可得出图 4.13 所示的设计流程。其中,设计的输入为驱动器负载 W 和输出位移 s,同时需要确定 SMA 的材料参数,并根据 SMA 材料性能和作动次数要求确定应力 σ_L,计算 SMA 丝的横截面积 A 和长度 L。

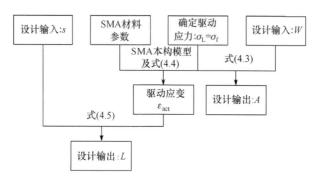

图 4.13　恒定载荷驱动器设计流程图

3. 设计算例

SMA 材料参数如表 4.1 所示。利用该 SMA 材料设计 SMA 恒定载荷驱动器,要求载荷 $W = 100\text{N}$,输出位移 $s = 5\text{mm}$。

表 4.1　计算采用的 SMA 材料参数表

参数	数值	参数	数值
E_A/MPa	61500	M_s/℃	22
E_M/MPa	24000	M_f/℃	18
ε_{max}	0.04	ρ/(kg/m³)	6500
C_A/(MPa/℃)	9	$\Delta\eta$/(J/(kg·K))	−17.77
C_M/(MPa/℃)	8	Δu/(J/(kg·K))	−20
A_f/℃	45	σ_f/MPa	210
A_s/℃	35	σ_s/MPa	110

1) 确定驱动应力

驱动应力为

$$\sigma_L = \sigma_f = 210\text{MPa}$$

2) 计算 SMA 丝直径 d

由式(4.3)得

$$A = \frac{W}{\sigma_f} = \frac{100\text{N}}{210\text{MPa}} = 0.476\text{mm}^2$$

直径为

$$d = 2\sqrt{\frac{A}{\pi}} = 0.779\text{mm}$$

3) 计算 SMA 丝长度 L

由式(4.2)可得,高温条件下 SMA 丝中的应力为

$$\sigma_H = \sigma_f = 210\text{MPa}$$

由 SMA 丝的高温应力-应变关系可得(图 4.14)

$$\varepsilon_H = \frac{\sigma_H}{E_A} = \frac{210\text{MPa}}{61500\text{MPa}} = 0.34\%$$

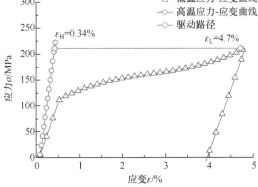

图 4.14　SMA 丝拉伸应力-应变曲线

将 $\sigma_L = \sigma_f = 210$MPa 代入多相变 SMA 本构模型中,计算得出 $\varepsilon_L = 4.7\%$,对应的应力-应变曲线如图 4.14 所示。

根据式(4.5)可得

$$L = \frac{s}{\varepsilon_{act}} = \frac{s}{\varepsilon_L - \varepsilon_H} = \frac{5\text{mm}}{4.7\% - 0.34\%} = 114.7\text{mm}$$

通过以上设计,可选用直径为 0.779mm、长度为 114.7mm 的 SMA 丝。

4.3.2 线性变载荷驱动器

线性变载荷驱动器设计目标是:根据 SMA 材料参数、输出负载 W、允许的偏置弹簧安装空间,设计适合 SMA 丝的几何参数(包括横截面积 A 和长度 L)及偏置弹簧参数(包括刚度 k 和预载荷 F_{sprL})。设计的具体过程如下。

1. 偏置弹簧刚度 k

在进行偏置弹簧刚度 k 的求解前,首先对驱动过程中的受力情况进行分析。如图 4.15 所示,在作动前,偏置弹簧和 SMA 丝处于平衡状态,对应图中 A' 点。当对 SMA 丝加热后,SMA 丝中的力逐渐增加直到完全克服负载 W,对应图中 A 点。随后继续对 SMA 丝加热,SMA 丝收缩,拉伸弹簧做功(图 4.4(a)),在该过程中 SMA 丝中应力-应变曲线沿驱动路径 AB 变化,斜率为 k'。

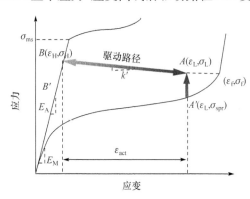

图 4.15 线性变载荷驱动器设计原理图

SMA 丝收缩的过程 AB 实际上是对弹簧的拉伸过程,AB 斜率为 k' 和弹簧刚度相关。如图 4.15 所示,由于有偏置弹簧和 SMA 丝配合驱动,线性变载荷驱动器的驱动路径并不像恒定载荷驱动器那样是水平的,而是存在一定斜率 k',其大小和偏置弹簧的刚度 k 相关。设在 A 点时偏置弹簧的载荷为 F_{sprL}(对应应力为 σ_L),在 B 点时偏置弹簧的载荷为 F_{sprH}(对应应力为 σ_H),从 A 点收缩到 B 点,SMA 丝的输出位移为 s(对应驱动应变为 ε_{act}),则斜率 k' 表达如下:

$$k' = \frac{\sigma_L - \sigma_H}{\varepsilon_L - \varepsilon_H} = \frac{\sigma_L - \sigma_H}{\varepsilon_{act}} \tag{4.6}$$

其中,σ_H、σ_L 为应力,和偏置弹簧载荷 F_{sprL}、F_{sprH} 有如下关系:

$$\sigma_L = \frac{F_{sprL} + W}{A}, \quad \sigma_H = \frac{F_{sprH} + W}{A} \tag{4.7}$$

将式(4.5)、式(4.7)代入式(4.6)可得

$$k' = \frac{\dfrac{F_{sprL}+W}{A} - \dfrac{F_{sprH}+W}{A}}{\dfrac{s}{L}} = -\frac{L}{A} \cdot \frac{F_{sprH}-F_{sprL}}{s} \tag{4.8}$$

式(4.8)中的表达式 $\dfrac{F_{sprH}-F_{sprL}}{s}$ 即为偏置弹簧刚度计算公式,因此偏置弹簧刚度 k 可表示为

$$k = -k'\frac{A}{L} \tag{4.9}$$

由式(4.9)可知,弹簧刚度由驱动路径 AB 斜率 k' 决定。

驱动路径 AB 斜率 k' 的取值对驱动应变 ε_{act} 的影响非常大。如图 4.16 所示,随着 AB 斜率 k' 绝对值的增加,驱动应变 ε_{act} 逐渐减小,SMA 丝在驱动过程中的整体应力水平增大(导致 SMA 丝驱动性能快速衰减),因此在 SMA 丝线性变载荷驱动器设计中,k' 的取值应尽量趋近于 0,使驱动应变 ε_{act} 最大。

由式(4.9)可知,k' 取值趋近于 0,弹簧刚度 k 也会趋近于 0,而实际弹簧刚度受驱动器中弹簧安装空间的限制,或者受驱动器使用条件限制(如弹簧刚度要满足

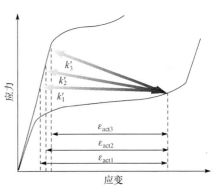

图 4.16　不同偏置弹簧刚度
对驱动应变影响

一定要求,以保证在振动力学环境下弹簧不发生共振),刚度取值不能无限小。因此,弹簧刚度 k 由安装空间和驱动器使用条件决定。

2. SMA 丝横截面积 A、长度 L 和弹簧预载 F_{sprL}

由式(4.5)可知,在输出位移 s 已知的情况下,SMA 丝长度 L 由驱动应变 ε_{act} 确定。根据式(4.4),ε_{act} 为应变 ε_L 与 ε_H 之差,因此首先需要求出应变 ε_L 与 ε_H。

ε_L 可结合 SMA 丝受力分析和 SMA 丝低温应力-应变关系表达式求出。由图 4.15,A' 点为 SMA 丝低温应力-应变曲线上的一点,同时在 A' 点时偏置弹簧力和 SMA 丝中的力平衡,因此 A' 点对应的应力为

$$\sigma_{spr} = \frac{F_{sprL}}{A} \tag{4.10}$$

要使 SMA 丝和弹簧配合实现往复驱动,弹簧 A' 点对应的应力 σ_{spr} 必须大于 SMA 丝的马氏体相变开始临界应力 σ_s(即 $\sigma_{spr} > \sigma_s$),以确保 SMA 丝发生了马氏体

相变,丝中存在加热可回复的相变应变。

与恒定载荷驱动器设计类似,对于驱动应力 σ_L 的选择,通常选择 σ_f,即

$$\sigma_L = \sigma_f = \frac{F_{sprL} + W}{A} \tag{4.11}$$

由式(4.11)可得出 SMA 丝横截面积 A 的取值限制条件为

$$A > \frac{W}{\sigma_f} \tag{4.12}$$

将 σ_{spr} 代入 3.2.3 节介绍的 SMA 丝低温应力-应变关系表达式(3.57)和(3.58)即可计算出对应的应变 ε_L。由于 SMA 丝低温应力-应变关系没有显示表达式,需要依赖数值方法才能求出应变 ε_L。为了后续推导方便,考虑到 ε_L 与 σ_{spr} 相关,而 σ_{spr} 为 F_{sprL} 和 A 的函数,后面将应变 ε_L 写成 $\varepsilon_L(F_{sprL}, A)$。

ε_H 是图 4.15 中 B 点的横坐标,可通过解析几何方法求驱动路径 AB 与 SMA 丝高温应力-应变曲线 OB 的交点得出。

由图 4.15 中驱动路径 AB 表示为

$$\sigma = k' \cdot \varepsilon + \sigma_L - k' \cdot \varepsilon_L(F_{sprL}, A) \tag{4.13}$$

联立式(4.13)和式(3.59)可求出应变 ε_H 为

$$\varepsilon_H = \frac{\sigma_L - k' \cdot \varepsilon_L(F_{sprL}, A)}{E_A - k'} \tag{4.14}$$

将式(4.7)、式(4.9)和式(4.11)代入式(4.14)可得

$$\varepsilon_H = \frac{A \cdot \sigma_{mf} + L \cdot k \cdot \varepsilon_L(F_{sprL}, A)}{A \cdot E_A + L \cdot k} \tag{4.15}$$

将式(4.15)代入式(4.4)可得

$$\varepsilon_{act} = \varepsilon_L(F_{sprL}, A) - \frac{A \cdot \sigma_f + L \cdot k \cdot \varepsilon_L(F_{sprL}, A)}{A \cdot E_A + L \cdot k} \tag{4.16}$$

将式(4.16)代入式(4.5)可得

$$L = \frac{s \cdot A \cdot E_A}{\varepsilon_L(F_{sprL}, A) \cdot A \cdot E_A - A \cdot \sigma_f - s \cdot k} \tag{4.17}$$

由式(4.10)、式(4.17)可知,对于特定的 SMA 丝横截面积 A,总存在与之对应的 SMA 丝长度 L 和偏置弹簧预载 F_{sprL},说明对于线性变载荷驱动器,满足设计要求的解并不是唯一的。

实际工程中应用的 SMA 丝的直径值通常为 $0.2 \sim 1.0$mm。直径太小不足以提供所需的驱动力,而直径大于 1.0mm 后,很难通过直接通电的方法对 SMA 丝进行加热。基于此,在设计过程中,假设 SMA 丝横截面积系列 $\{A_1, A_2, \cdots, A_n\}$(保证 $A_i > W/\sigma_f$),计算对应的 SMA 丝长度系列 $\{L_1, L_2, \cdots, L_n\}$ 和偏置弹簧预载

系列$\{F_{sprL1}, F_{sprL2}, \cdots, F_{sprLn}\}$，具体计算方法如下。

首先给定横截面积系列$\{A_1, A_2, \cdots, A_n\}$，根据式(4.10)即可求得对应的偏置弹簧预载系列$\{F_{sprL1}, F_{sprL2}, \cdots, F_{sprLn}\}$，随后将$\{A_1, A_2, \cdots, A_n\}$和$\{F_{sprL1}, F_{sprL2}, \cdots, F_{sprLn}\}$代入式(4.17)中，即可得到对应的 SMA 丝长度系列$\{L_1, L_2, \cdots, L_n\}$。

综合上述设计方法，可得出图 4.17 所示的设计流程。其中，设计的输入为负载 W 和输出位移 s，同时需要确定 SMA 材料的力学性能参数，根据 SMA 力学性能确定驱动应力 σ_L，并给定 SMA 丝横截面积系列$\{A_1, A_2, \cdots, A_n\}$，最终得到 SMA 丝长度系列$\{L_1, L_2, \cdots, L_n\}$和偏置弹簧预载系列$\{F_{sprL1}, F_{sprL2}, \cdots, F_{sprLn}\}$。

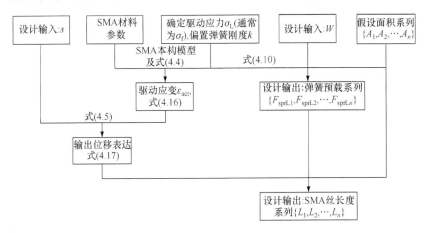

图 4.17　线性变载荷驱动器详细设计流程图

3. 设计算例

SMA 材料参数如表 4.1 所示，利用该 SMA 材料设计 SMA 线性变载荷驱动器，要求载荷 $W = 10N$，输出位移 $s = 2mm$，偏置弹簧刚度 $k = 10N/mm$。

1) 确定驱动应力

驱动应力为

$$\sigma_L = \sigma_f = 210MPa$$

2) 计算 SMA 丝直径 d

由式(4.12)可得出 SMA 丝的横截面积：

$$A > \frac{W}{\sigma_f} = \frac{10N}{210MPa} = 0.0476mm^2$$

相应直径为

$$d > 0.246mm$$

基于此，假设存在 SMA 丝直径系列$\{0.3mm, 0.4mm, 0.5mm, 0.6mm, 0.7mm,$

0.8mm,0.9mm,1.0mm},相应的横截面积系列为{0.071mm², 0.126mm², 0.196mm², 0.283mm², 0.385mm², 0.503mm², 0.636mm², 0.785mm²}。

3）计算弹簧预载 F_{sprL}

由式(4.11)，弹簧预载为

$$F_{sprL} = \sigma_f A - W$$

将横截面积系列代入其中可得弹簧预载系列为{4.844N,16.389N,31.233N,49.376N,70.818N,95.558N,123.596N,154.934N}。

4）计算 SMA 丝长度 L

由式(4.10)可得 A' 点对应的应力系列 σ_{spr} 为{68.529MPa,130.423MPa,159.070MPa,174.632MPa,184.016MPa,190.106MPa,194.281 MPa,197.268MPa}。

由于 A' 点对应的应力必须大于 σ_s，以确保 SMA 发生相变，具有驱动功能，应力系列 σ_{spr} 相应减少为{130.423MPa,159.070MPa,174.632MPa,184.016MPa,190.106MPa,194.281MPa,197.268MPa}。

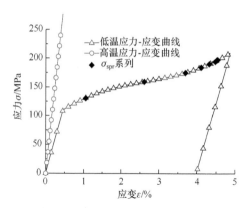

图 4.18　SMA 丝拉伸应力-应变曲线

将应力系列 σ_{spr} 代入多相变 SMA 本构模型中，计算得出 ε_L 系列为{1.05%,2.61%,3.69%,4.11%,4.32%,4.47%,4.53%}，对应的应力-应变曲线如图 4.18所示。

将偏置弹簧刚度 k、输出位移 s、横截面积系列 A 和应变系列 ε_L 代入式(4.17)，可得出 SMA 丝长度系列 L 为{444.6mm,95.1mm,61.9mm,54.3mm,51.1mm,49.1mm,48.2mm}。

通过以上设计，满足输出要求的 SMA 驱动器具体参数系列为：SMA 丝直径系列 d＝{0.4mm,0.5mm,0.6mm,0.7mm,0.8mm,0.9mm,1.0mm}、SMA 丝长度系列 L＝{444.6mm,95.1mm,61.9mm,54.3mm,51.1mm,49.1mm,48.2mm}、弹簧预载系列 F_{sprL}＝{16.389N,31.233N,49.376N,70.818N,95.558N,123.596N,154.934N}。不同参数组对应的驱动路径如图 4.19 所示。

由图 4.19 可知，尽管 7 组参数都满足设计要求，但采用第 7 组参数驱动器在整个驱动过程中，SMA 丝应力水平都比较低，驱动器多次作动导致的输出性能衰减较小，而第 1 组参数驱动器 SMA 丝应力水平较高，输出性能衰减较快。因此，选择第 7 组参数设计驱动器。

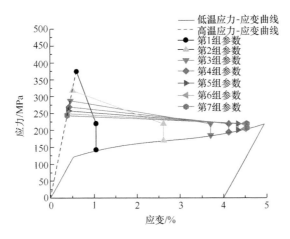

图 4.19　不同参数系列下的驱动路径

4.3.3　突变载荷驱动器

突变载荷驱动器的设计目标为：根据 SMA 材料参数、负载 W、触发位移 s_t、安全系数 SF、允许的偏置弹簧安装空间，设计适合 SMA 丝的几何参数（包括横截面积 A 和长度 L）和偏置弹簧参数（包括刚度 k 和预载荷 F_{sprL}）。其中，触发位移 s_t 表示突变载荷驱动器触发载荷突变所需要运动的位移；安全系数 SF 表示突变载荷驱动器实际能输出的位移和触发位移的比值。

突变载荷驱动器一般用于需要实现触发或释放功能的智能结构中。为了保证该类智能结构的可靠性，通常对触发位移 s_t 和触发位移安全系数 SF 有严格要求。因此，突变载荷驱动器的设计输入参数不仅有负载 W，还有触发位移 s_t 和触发位移安全系数 SF。具体设计过程如下。

1. 偏置弹簧刚度 k

突变载荷驱动器偏置弹簧刚度的设计原则和线性变载荷驱动器相同，都是在满足安装空间限制的条件下，尽量减小弹簧刚度。

2. SMA 丝横截面积 A、长度 L 和弹簧预载 F_{sprL}

突变载荷驱动器可以看作特殊的线性变载荷驱动器。如图 4.20 所示，在开始作动后，当其回复应变达到触发所需要的应变 ε_t 时，驱动器负载 W 突变到 0（图 4.20 中 T 点），随后驱动器在无负载情况下继续工作，直到 SMA 丝完全收缩（图 4.20 中 B' 点）。假设驱动器在 T 点并没有触发，而是一直运动到最大位移点 B，这就相当于线性变载荷驱动器。利用线性变载荷驱动器驱动应变表达

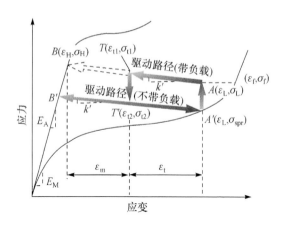

图 4.20　突变载荷驱动器设计原理图[15]

式(4.16),结合图 4.20 可得

$$\varepsilon_m + \varepsilon_t = \varepsilon_{act} = \varepsilon_L(F_{sprL}, A) - \frac{A \cdot \sigma_f + L \cdot k \cdot \varepsilon_L(F_{sprL}, A)}{A \cdot E_A + L \cdot k} \tag{4.18}$$

其中,ε_m 为触发应变裕度,表示驱动器达到规定触发应变 ε_t 后,SMA 丝还能继续收缩的应变量,即图 4.20 中从 T 点到 B 点对应的应变。

定义触发位移安全系数 SF 为驱动器的输出位移 s 和触发位移 s_t 的比值,则输出位移为

$$s = SF \cdot s_t \tag{4.19}$$

结合式(4.19)和式(4.5)可得

$$L = \frac{s}{\varepsilon_{act}} = \frac{SF \cdot s_t}{\varepsilon_m + \varepsilon_t} \tag{4.20}$$

将式(4.18)代入式(4.20)可得

$$L = \frac{SF \cdot s_t \cdot A \cdot E_A}{\varepsilon_L(F_{sprL}, A) \cdot A \cdot E_A - A \cdot \sigma_f - SF \cdot s_t \cdot k} \tag{4.21}$$

结合式(4.10)和式(4.21),采用与线性变载荷驱动器相同的设计方法,即可得到满足设计输入要求的偏置弹簧预载系列$\{F_{sprL1}, F_{sprL2}, \cdots, F_{sprLn}\}$、SMA 丝横截面积系列$\{A_1, A_2, \cdots, A_n\}$和长度系列$\{L_1, L_2, \cdots, L_n\}$。

3. 设计算例

SMA 材料参数如表 4.1 所示,利用该 SMA 材料设计 SMA 突变载荷驱动器,要求载荷 $W = 30N$,触发位移 $s_t = 1mm$,安全系数 SF$=1.5$,偏置弹簧刚度 $k = 5N/mm$。

1）确定驱动应力

驱动应力为

$$\sigma_{\text{L}} = \sigma_{\text{f}} = 210\text{MPa}$$

2）计算 SMA 丝直径 d

由式(4.12)可得出 SMA 丝的横截面积：

$$A > \frac{W}{\sigma_{\text{f}}} = \frac{30\text{N}}{210\text{MPa}} = 0.143\text{mm}^2$$

相应直径为

$$d > 0.426\text{mm}$$

基于此，假设存在 SMA 丝直径系列 $\{0.5\text{mm}, 0.6\text{mm}, 0.7\text{mm}, 0.8\text{mm},$ $0.9\text{mm}, 1.0\text{mm}\}$，相应的横截面积系列为 $\{0.196\text{mm}^2, 0.283\text{mm}^2, 0.3848\text{mm}^2,$ $0.503\text{mm}^2, 0.636\text{mm}^2, 0.785\text{mm}^2\}$。

3）计算弹簧预载 F_{sprL}

由式(4.11)可得弹簧预载为

$$F_{\text{sprL}} = \sigma_{\text{f}} A - W$$

将横截面积系列代入其中可得弹簧预载系列为 $\{11.233\text{N}, 29.376\text{N}, 50.818\text{N},$ $75.558\text{N}, 103.596\text{N}, 134.934\text{N}\}$。

4）计算 SMA 丝长度 L

由式(4.10)可得 A' 点对应的应力系列 σ_{spr} 为 $\{57.211\text{MPa}, 103.897\text{MPa},$ $132.047\text{MPa}, 150.317\text{MPa}, 162.843\text{MPa}, 171.803\text{MPa}\}$。

由于 A' 点对应的应力必须大于 σ_{s}，以确保 SMA 发生相变，具有驱动功能，应力系列 σ_{spr} 相应减少为 $\{132.047\text{MPa}, 150.317\text{MPa}, 162.843\text{MPa}, 171.803\text{MPa}\}$。

将应力系列 σ_{spr} 代入多相变 SMA 本构模型中，计算得出 ε_{L} 系列为 $\{1.08\%,$ $1.95\%, 2.91\%, 3.54\%\}$，对应的应力-应变曲线如图 4.21 所示。

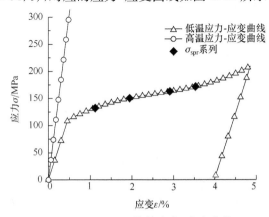

图 4.21   SMA 丝拉伸应力-应变曲线

将偏置弹簧刚度 k、触发位移 s_t、安全系数 SF、横截面积系列 A 和应变系列 ε_L 代入式(4.17),可得出 SMA 丝长度系列 L 为{212.2mm,94.7mm,58.8mm,47.1mm}。

通过以上设计,满足输出要求的 SMA 驱动器具体参数系列为:SMA 丝直径系列 $d=\{0.7mm,0.8mm,0.9mm,1.0mm\}$、SMA 丝长度系列 $L=\{212.2mm,94.7mm,58.8mm,47.1mm\}$、弹簧预载系列 $F_{sprL}=\{50.818N,75.558N,103.596N,134.934N\}$。不同参数组对应的驱动路径如图 4.22 所示。

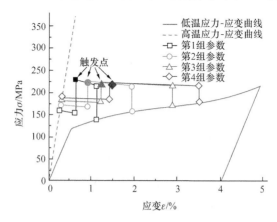

图 4.22　不同参数系列下的驱动路径

由图 4.22 可知,4 组参数都满足设计要求,而且 4 组参数驱动器在整个驱动过程中的应力水平相当,但是第 4 组参数驱动器中 SMA 丝的回复应变明显大于第 1 组参数,在多次循环作动时输出性能衰减较快。因此,从输出性能衰减角度出发,可以选择第 1 组参数。若从驱动器尺寸角度出发,则选择第 4 组参数,因为第 1 组参数对应的 SMA 丝长度 L 较长,驱动器的尺寸较大。因此,对于驱动器参数的选择,应综合考虑工程应用中的各种限制条件,选择合理参数。

4.4　驱动器的寿命预测

仅对驱动器进行上述性能设计是不能完全满足实际工程使用要求的。驱动器在多次重复作动情况下,SMA 丝会发生塑性变形,并且随着作动次数的增加,塑性变形累积增大,严重影响驱动器的驱动性能,甚至导致驱动器失效[34~37]。因此,在不同的使用环境下,驱动器的使用都有一定的寿命。

不同应用背景对驱动器寿命的要求往往不同。例如,航天领域使用的 SMA 丝驱动压紧释放机构及展开机构,其使用寿命一般要求在 50 次左右[38];而航空发动机使用的尾喷管面积调整机构,两个月的正常飞行科目要求驱动器至少作动

100 次以上[38]；医学使用的 NiTi 支架，心脏每跳一次就会对其进行一次加载，美国食品及药物管理局（Food and Drug Administration，FDA）对其使用寿命规定为 4 亿次[39]。因此，在驱动器设计时，需要根据驱动器的使用背景和设计需求，对其寿命进行设计和预测，以保证驱动器在整个服役期间的可靠性。

分析 4.2 节 3 类驱动器的工作原理可以发现，恒定载荷驱动器相当于线性变载荷驱动器的偏置弹簧刚度为零时的情况，而突变载荷驱动器在突变前、突变后都相当于线性变载荷驱动器（参见图 4.20，AB 和 A′B′ 分别是突变前和突变后的驱动路径，即线性变载荷驱动器），所以可以采用线性变载荷驱动器的寿命预测估计其寿命。因此，本节将重点研究线性变载荷驱动器的寿命预测理论和方法。

4.4.1　失效过程分析

驱动器失效是指随着作动次数的增加，驱动器输出性能发生衰减，当衰减到一定程度时，驱动器输出位移不能满足设计要求，不能完成既定功能的现象。从第一次作动到失效的过程中，驱动器的总作动次数即为该驱动器的寿命。

为了对驱动器的失效过程进行分析，本节在图 4.4 所示的线性变载荷驱动器的基础上提出了图 4.23 所示的线性变载荷驱动器模型。该驱动器由 SMA 丝、复位弹簧、滑道、滑块和销钉组成，需要实现的功能是对滑块进行释放。当驱动器作动时，销钉在滑道中向上运动，从滑块中拔出，滑块在弹簧作用下向右运动，完成一次释放功能。在工作过程中，驱动器的输出位移为 s，和要求的输出位移 s′ 相比，存在 r 的裕度，因此能保证释放成功实现。

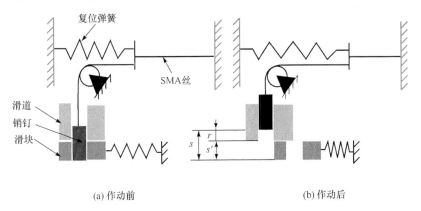

(a) 作动前　　　　　　　　　　　　　　(b) 作动后

图 4.23　线性变载荷驱动器模型

上述驱动器在工作过程中，由于 SMA 丝中塑性应变的累积，其长度会不断增加，导致销钉的作动起始位置逐渐向下移动。当移动到一定位置后，驱动器作动时不能将销钉从滑块孔中完全拔出，导致驱动器失效，如图 4.24 所示。

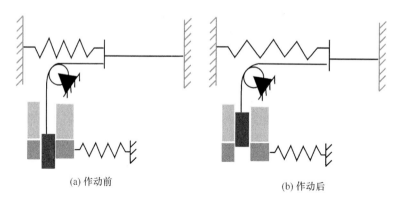

(a) 作动前　　　　　　　　　　　　　　(b) 作动后

图 4.24　失效后的驱动器

　　为了量化分析上述驱动器失效演化过程,绘制了图 4.25 所示的驱动器失效过程示意图。图中条带可看作销钉底端面运动轨迹。以"第 1 次"为例,在作动前,销钉底端面在图中"第 1 次"条带的 A 端,作动后,销钉底端面运动到"第 1 次"条带的 B 端,此时,销钉完全从滑块上的销钉孔中滑出,作动成功,同时具有位移裕度 r。当达到一定作动次数后,SMA 丝产生的塑性应变达到某一临界值,此时 SMA 丝因塑性形变产生的长度增加量大于 SMA 驱动单元的输出位移裕度 r,从而导致驱动器的输出位移不能覆盖要求的位移 s',如图 4.25 中"第 n 次",此时驱动器不能将销钉从滑块上的销钉孔中完全拔出,驱动器失效。

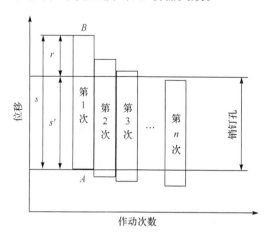

图 4.25　驱动器失效过程示意图

4.4.2　寿命预测模型

　　为了建立寿命预测模型,本节将在考虑循环衰减的 SMA 一维本构模型(3.3 节)

的基础上建立驱动器的性能衰减控制方程,并推导控制方程中的本构模型参数,完成驱动器的寿命预测。

1. 性能衰减控制方程

驱动器在作动过程中性能会以一定规律发生衰减,从而影响驱动器的寿命,性能衰减控制方程可以描述该过程,是寿命预测模型的核心。

首先对驱动器作动过程进行分析。在驱动过程中,驱动器的销钉总是在弹簧力 F_{sprL}、SMA 丝回复力 F_{SMA} 及驱动器负载 W 共同作用下保持平衡,如图 4.26 所示。

在作动前,SMA 丝长度为 L_L,在作动过程中的任意时刻,SMA 丝长度为 L,在弹簧为自由长度时,SMA 丝长度为 L_{spr0},SMA 丝的初始长度为 L_0(是指 SMA 丝未被拉伸时的长度),如图 4.27 所示。设 SMA 丝长度为 L_L、L 及 L_{spr0} 时,SMA 丝对应的应变分别为 ε_L、ε 及 ε_{spr0},则有如下表达式:

$$\varepsilon_L = \frac{L_L - L_0}{L_0} \tag{4.22}$$

$$\varepsilon_{spr0} = \frac{L_{spr0} - L_0}{L_0} \tag{4.23}$$

$$\varepsilon = \frac{L - L_0}{L_0} \tag{4.24}$$

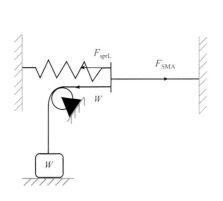

图 4.26　驱动器作动前受力分析

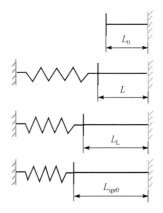

图 4.27　作动过程示意图

在作动过程中,SMA 丝中的力逐渐增加,直到和偏置弹簧力、负载平衡(对应图 4.15 中 A 点),可得如下平衡方程:

$$\sigma_L A = F_{sprL} + W \tag{4.25}$$

其中,弹簧的弹力 F_{sprL} 为

$$F_{sprL} = (\varepsilon_{spr0} - \varepsilon_L) L_0 k \tag{4.26}$$

将式(4.26)代入式(4.25)中得

$$\sigma_L A = (\varepsilon_{spr0} - \varepsilon_L) L_0 k + W \tag{4.27}$$

同样地,在作动过程中的任意时刻,滑块受力平衡,有如下表达式:

$$\sigma A = (\varepsilon_{spr0} - \varepsilon) L_0 k + W \tag{4.28}$$

将式(4.27)、式(4.28)联立求解可得

$$\sigma = \sigma_L + \frac{L_0 k}{A} (\varepsilon_L - \varepsilon) \tag{4.29}$$

式(4.29)为在作动过程中 SMA 丝的应力表达式。

在驱动过程中,SMA 丝的应力不仅要满足式(4.30),还要遵循 SMA 材料本身的本构行为,即要满足考虑循环衰减的 SMA 一维本构模型。基于这两方面的考虑,可以推导出在 SMA 丝加热和冷却过程中的性能衰减控制方程。

在加热过程中,SMA 丝收缩,压缩弹簧,同时驱动滑块运动,此时发生 A→M^d 相变:

$$\begin{cases} \sigma = E(\varepsilon - \varepsilon^t - \varepsilon^p) \\ F^{d2} = -X^d - R^{d2} \\ \dot{\varepsilon}^t = \dot{\xi}^d \varepsilon_{max}(\xi^c) \\ \varepsilon^p = \varepsilon_{max}^p e^{-\xi^c m_5} \\ \sigma = \sigma_L + \dfrac{L_0 k}{A}(\varepsilon_L - \varepsilon) \end{cases} \tag{4.30}$$

在冷却过程中,弹簧重新拉伸 SMA 丝,同时推动滑块运动,此时发生 M^d→A 相变:

$$\begin{cases} \sigma = E(\varepsilon - \varepsilon^t - \varepsilon^p) \\ F^{d1} = X^d - R^{d1} \\ \dot{\varepsilon}^t = \dot{\xi}^d \varepsilon_{max}(\xi^c) \\ \varepsilon^p = \varepsilon_{max}^p e^{-\xi^c m_5} \\ \sigma = \sigma_L + \dfrac{L_0 k}{A}(\varepsilon_L - \varepsilon) \end{cases} \tag{4.31}$$

由上述控制方程可知,随着作动次数的增加,累积马氏体体积分数 ξ^c 会不断增加,SMA 丝中的塑性应变 ε^p 不断累积,导致驱动器的驱动性能下降。

2. 本构模型参数

控制方程中包含 R^{d1}、a_d、b_d、R^{d2} 等本构模型参数,需要考虑驱动过程中 SMA

丝发生的相变情况对本构模型参数进行推导。在驱动作动过程中,SMA 丝发生如图 4.28 所示的相变,包括 $M^d \to A$、$A \to M^d$ 两个相变。

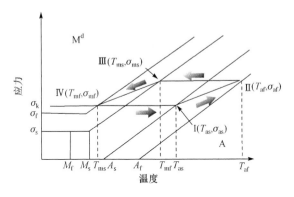

图 4.28　驱动器相变示意图

在 $M^d \to A$ 相变开始时,销钉处于图 4.26 所示的平衡位置,对应图 4.28 所示的 I 点,SMA 丝的温度具有如下关系:

$$T_{as} = A_s + \frac{\sigma_{as}}{C_A} \tag{4.32}$$

根据式(4.29),SMA 丝中的应力为

$$\sigma_{as} = \sigma_L = \frac{F_{sprL} + W}{A} \tag{4.33}$$

同时,应力诱发马氏体体积分数 $\xi^d = 1$,由第 3 章介绍的相变方程可得

$$F^{d2} = -\rho(\Delta\eta_0 T_{as} - \Delta u_0) + 2a_d - \sigma_{as}\varepsilon_{max} - R^{d2} = 0 \tag{4.34}$$

在 $M^d \to A$ 相变结束时,对应图 4.28 中 II 点,SMA 丝的温度具有如下关系:

$$T_{af} = A_f + \frac{\sigma_{af}}{C_A} \tag{4.35}$$

根据式(4.29),SMA 丝中的应力为

$$\sigma_{af} = \sigma_L + \frac{L_0 k}{A}\varepsilon_{max} = \frac{F_{sprL} + W}{A} + \frac{L_0 k}{A}\varepsilon_{max} \tag{4.36}$$

同时,应力诱发马氏体体积分数 $\xi^d = 0$,由第 3 章介绍的相变方程可得

$$F^{d2} = -\rho(\Delta\eta_0 T_{af} - \Delta u_0) - \sigma_{af}\varepsilon_{max} - R^{d2} = 0 \tag{4.37}$$

将式(4.34)和式(4.37)联立可得 $M^d \to A$ 相变过程中的本构模型参数为

$$\begin{cases} a_d = \dfrac{\rho\Delta\eta_0(T_{as} - T_{af}) + (\sigma_{as} - \sigma_{af})\varepsilon_{max}}{2} \\ R^{d2} = -\rho(\Delta\eta_0 T_{af} - \Delta u_0) - \sigma_{af}\varepsilon_{max} \end{cases} \tag{4.38}$$

用同样的方法可求得在 $A \rightarrow M^d$ 相变过程中的本构模型参数为

$$
\begin{cases}
b_d = \dfrac{\rho \Delta \eta_0 (T_{mf} - T_{ms}) + (\sigma_{mf} - \sigma_{ms}) \varepsilon_{max}}{2} \\
R^{d1} = \rho (\Delta \eta_0 T_{ms} - \Delta u_0) + \sigma_{ms} \varepsilon_{max}
\end{cases}
\tag{4.39}
$$

其中

$$
\begin{cases}
T_{ms} = M_s + \dfrac{\sigma_{ms} - \sigma_s}{C_M} \\
T_{mf} = M_s + \dfrac{\sigma_{mf} - \sigma_f}{C_M}
\end{cases}
\tag{4.40}
$$

$$
\begin{cases}
\sigma_{ms} = \sigma_L + \dfrac{L_0 k}{A} \varepsilon_{max} = \dfrac{F_{sprL} + W}{A} + \dfrac{L_0 k}{A} \varepsilon_{max} \\
\sigma_{mf} = \sigma_L = \dfrac{F_{sprL} + W}{A}
\end{cases}
\tag{4.41}
$$

3. 寿命预测

将上述本构模型参数代入式(4.30)、式(4.31)中即可求出驱动器在作动过程中的应力及应变,进一步可求出输出位移,结合图 4.25 可完成驱动器的寿命预测。

4.4.3　试验验证

1. 试验方法

驱动器寿命试验装置如图 4.29 所示。SMA 丝一端通过绝缘夹具固定于试验机上夹头上,另一端和拉伸弹簧串联在一起,拉伸弹簧和下夹具相连,下夹具被试验机下夹头夹紧,SMA 丝和弹簧被绷紧于试验机上、下夹头之间。通过对 SMA 丝进行反复通电、断电操作,实现对 SMA 丝的温度循环加载。试验中,SMA 丝中的轴向力可通过试验机读数得出,其温度数据可由红外测温仪读出。

试验中采用的 NiTi 合金丝成分为:镍含量为 50.80%(原子分数),钛含量为 49.20%(原子分数)。试验采用的 SMA 丝试样经过 400℃退火 1h,试样直径为 0.7mm,有效长度为 80mm(有效长度是指除了装夹及连接固定段之外的长度,即在作动过程中发生变形的部分),与其相配合的弹簧刚度为 5N/mm。

通过上述弹簧和 SMA 丝组成的驱动器的输出位移和位移裕度如图 4.30 所示,要求的输出位移 $s' = 3mm$,驱动器的设计输出位移为 $s = 3.6mm$,位移裕度为 $r = 0.6mm$。

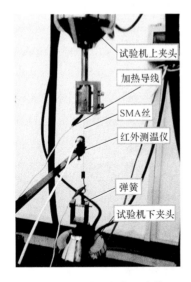

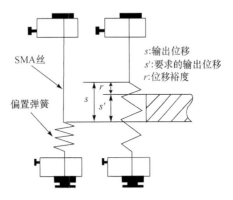

图 4.29　驱动器寿命试验装置　　　　图 4.30　驱动器输出位移及位移裕度示意图

2. 试验过程及结果

试验前,首先控制试验机对 SMA 丝加载,直到 SMA 丝中的应力稍大于其马氏体相变结束应力 σ_f 时停止加载,并保持夹头位置不变。然后对其通电,直到红外测温仪显示数据达到 100℃以上,SMA 丝相变完全结束为止。断电后,SMA 丝在自然对流换热条件下冷却,当冷却到 30℃以下后,再进行第二次通电加热,如此进行 30 次循环。

根据试验结果,在进行到 28 次循环时,驱动器输出的位移不能满足输出要求,因此确定该驱动器的寿命为 28 次。图 4.31 和图 4.32 分别为循环过程中 SMA 丝可回复应变(即每次作动过程中最大应变和最小应变之差)、塑性应变随作动次数的变化曲线。由试验结果可知,随着作动次数的增加,驱动器可回复应变及塑性应变逐渐增大,最后趋于稳定。

3. 寿命预测

采用驱动器寿命预测模型进行寿命预测。计算采用的 SMA 材料参数如表 4.2所示。将计算的可回复应变及塑性应变曲线和试验值进行对比,如图 4.31和图 4.32 所示,计算结果和试验结果基本吻合。

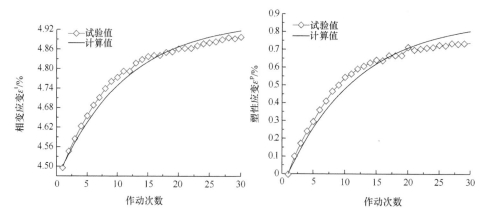

图 4.31　驱动器可回复应变变化曲线　　　　图 4.32　驱动器塑性应变变化曲线

表 4.2　计算采用的 SMA 材料参数表

参数	数值	参数	数值
基本参数			
E_A/MPa	65000	M_s/K	326
E_M/MPa	29000	M_f/K	312
ε_{max}	0.045	ρ/(kg/m³)	6500
C_A/(MPa/℃)	7	$\Delta\eta$/(J/(kg·K))	−19.77
C_M/(MPa/℃)	7	Δu/(J/(kg·K))	−22
A_f/K	340	σ_f/MPa	120
A_s/K	325	σ_s/MPa	70
循环相关参数			
M_{smax}/℃	3.5	m_1	0.5
M_{fmax}/℃	3.3	m_2	0.5
A_{smax}/℃	5	m_3	0.5
A_{fmax}/℃	4.5	m_4	0.5
ε_{max}^p	0.0081	m_5	0.11
ε_{max}^t	0.0049	m_6	0.1

　　计算得出的循环温度-应变曲线如图 4.33 所示,图中只列出了第 1、10、20 及 30 次作动过程中的温度-应变曲线。由图可知,随着作动次数的增加,温度-应变 滞回圈向左上方漂移,而且高度在缓慢扩大,最后滞回圈的形状和位置逐渐稳定。 这说明驱动器塑性应变及最大可回复应变均在增加,最终趋于稳定,这和试验中观 测到的现象一致(图 4.31 和图 4.32)。

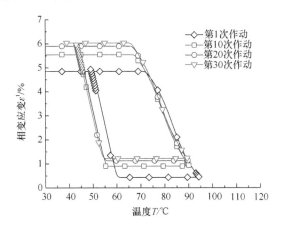

图 4.33　驱动器循环温度-应变曲线

　　根据计算结果可作出如图 4.34 所示的输出位移漂移图,图中用矩形阴影表示 要求输出的位移,用条带表示驱动器输出的位移范围(由于绘图空间限制,图中只 间隔地列出了其中几次的输出位移条带)。由图可知,该驱动器前 23 次的输出位 移可以覆盖要求的位移输出值,但随着位移的漂移,从第 23 次之后,其输出位移不 再能覆盖要求的位移,驱动器失效。因此,预测该驱动器的使用寿命为 23 次,和试 验结果基本一致。

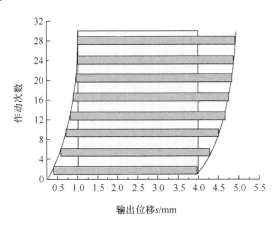

图 4.34　驱动器输出位移漂移图

4.5 小　　结

按照 SMA 丝所受的载荷特点，SMA 驱动器可以分为恒定载荷、线性变载荷和突变载荷 3 种。本章从工程应用角度，首先介绍了 3 种驱动器的简化模型。在此基础上，发展了这几种驱动器的性能设计和可靠性/寿命设计方法。

在利用本章发展的方法进行性能设计时应注意如下问题。

（1）恒定载荷驱动器选择合适的 SMA 丝直径，使载荷 W 产生的应力与 SMA 材料马氏体相变结束临界应力 σ_f 相近，这样能得到综合性能最佳的驱动器。

（2）线性变载荷、突变载荷驱动器要在条件允许的情况下，尽量选择刚度小的偏置弹簧，这样能有效降低 SMA 丝中的应力，增大驱动位移。

（3）线性变载荷、突变载荷驱动器往往具有多组可满足设计要求的参数，要根据实际驱动器工程应用的关注点，如寿命、尺寸等，选择合理的设计参数。

在利用本章发展的方法进行寿命预测时应注意如下问题。

（1）该寿命预测模型仅针对线性变载荷驱动器，对于恒定载荷驱动器寿命预测，可直接利用第 3 章介绍的考虑循环衰减的 SMA 一维本构模型。

（2）对于突变载荷驱动器，其载荷历程比较复杂，对其寿命进行预测则更加复杂，但是可以利用线性变载荷驱动器寿命预测模型进行预测，预测结果偏安全。

（3）该寿命预测模型是在准静态条件下建立的，没有考虑 SMA 丝快速作动时负载 W 惯性力的影响，因此不适合预测高速作动的 SMA 驱动器。

参 考 文 献

[1] Mammano G S, Dragoni E. Functional fatigue of shape memory wires under constant-stress and constant-strain loading conditions. Procedia Engineering, 2011, 10: 3692-3707.

[2] Liang C, Rogers C. Design of shape memory alloy actuators. Journal of Intelligent Material Systems and Structures, 1997, 8(4): 303-313.

[3] 闫晓军, 于海, 张辉, 等. 采用形状记忆合金驱动的顶紧装置. 中国: 200710177158.6, 2007.

[4] 舟久保, 熙康. 形状记忆合金. 北京: 机械工业出版社, 1992.

[5] Bhadane M Y, Elahinia M H. Stiffness control of a SMA actuator. ASME Conference on Smart Materials, Adaptive Structures and Intelligent Systems, Oxnard, 2009: 589-594.

[6] Zhong Z W, Yeong C K. Development of a gripper using SMA wire. Sensors and Actuators, A: Physical, 2006, 126(2): 375-381.

[7] Yu C, Kang G, Kan Q. Crystal plasticity based constitutive model of NiTi shape memory alloy considering different mechanisms of inelastic deformation. International Journal of Plasticity, 2014, 54: 132-162.

[8] Christiansen S, Tibbitts S, Dowen D. Fast acting non-pyrotechnic 10kN separation nut. European Space Agency Publications, 1999, 438: 323-328.

[9] 张小勇,闫晓军,杨巧龙. 形状记忆合金分瓣螺母空间解锁机构的设计与试验研究. 机械工程学报,2010,(17):145-150.

[10] Yoo Y I,Jeong J W,Lim J H,et al. Development of a non-explosive release actuator using shape memory alloy wire. Review of Scientific Instruments,2013,84(1):015005.

[11] Lee M,Son J,Hwang H,et al. Shape memory alloy(SMA) actuator based separation device. 14th European Space Mechanisms & Tribology Symposium,2011:359-362.

[12] Bokaie M,Barajas K. Non-explosive PinPuller and rotary actuators. 32nd Aerospace Mechanisms Symposium,Washington:NASA Kennedy Space Center,1998.

[13] 阎晓军,聂景旭. 用于高速转子振动主动控制的智能变刚度支承系统. 航空动力学报,2000,15(1):63-66.

[14] 闫晓军,张小勇,聂景旭,等. 采用 SMA 驱动的小型空间磁悬浮飞轮锁紧机构. 北京航空航天大学学报,2011,37(2):127-131.

[15] Zhang X Y,Yan X J,Yang Q L. Design and experimental validation of compact,quick-response shape memory alloy separation device. Journal of Mechanical Design,2014,136(1):1-9.

[16] Yan X J,Zhang K. Development of a small reusable space release device using SMA. Sensors and Smart Structures Technologies for Civil,Mechanical,and Aerospace Systems,San Diego,2007.

[17] Zhang X Y,Yan X J,Yang Q L. Design of a quick response SMA actuated segmented nut for space release applications. Sensors and Smart Structures Technologies for Civil,Mechanical,and Aerospace Systems,San Diego,2010.

[18] De Castro J A,Melcher K J,Noebe R D. System-level design of a shape memory alloy actuator for active clearance control in the high-pressure turbine. 41st AIAA/ASME/SAE/ASEE Joint Propulsion Conference & Exhibit,2005:1-14.

[19] 蔡伟,隋解和,高智勇. 记忆合金智能解锁机构. 中国:200810137546.6,2009.

[20] Georges T,Brailovski V,Morellon E,et al. Design of shape memory alloy actuators for morphing laminar wing with flexible extrados. Journal of Mechanical Design,2009,131(9):091006.

[21] Song G. Design and control of a nitinol wire actuated rotary servo. Smart Materials and Structures,2007,16(5):1796.

[22] Wang G,Shahinpoor M. A new design for a rotatory joint actuator made with a shape memory alloy contractile wire. Journal of Intelligent Material Systems and Structures,1997,8(3):215-219.

[23] James E,Grant J,Alberter M,et al. Nickel-titanium shape memory alloy motors and electro-mechanical devices. ASME International Mechanical Engineering Congress and Exposition,2006:301-304.

[24] Sharma S,Nayak M,Dinesh N. Modelling,design and characterization of shape memory alloy-based poly phase motor. Sensors and Actuators A:Physical,2008,147(2):583-592.

[25] Redmond J A,Brei D,Luntz J,et al. The design and experimental validation of an ultrafast shape memory alloy reset table(SMART) latch. Journal of Mechanical Design,2010,132(6):569-572.

[26] Lee M S, Jo J U, Tak W J, et al. Shape memory alloy (SMA) based non-explosive separation actuator (NEA) with a redundant function. International Journal of Precision Engineering and Manufacturing, 2011, 12(3):569-572.

[27] Veeramani A S, Buckner G D, Owen S B, et al. Modeling the dynamic behavior of a shape memory alloy actuated catheter. Smart Materials and Structures, 2008, 17(1):015037.

[28] Crews J H, Buckner G D. Design optimization of a shape memory alloy-actuated robotic catheter. Journal of Intelligent Material Systems and Structures, 2012, 23(5):545-562.

[29] Lan C C, Yang Y N. A computational design method for a shape memory alloy wire actuated compliant finger. Journal of Mechanical Design, Transactions of the ASME, 2009, 131(2): 0210091-0210099.

[30] Yang K, Gu C. A new manipulator based on ISMAAs and TWUSMs. Journal of Mechanical Design, Transactions of the ASME, 2009, 131(11):1145021-1145023.

[31] Toma M, Luntz J, Brei D, et al. Design and proof-of-concept validation of a latched arch active seal. Journal of Mechanical Design, Transactions of the ASME, 2012, 134(7):075001.

[32] Banerjee A, Bhattacharya B, Mallik A K. Optimum discrete location of shape memory alloy wire for enhanced actuation of a compliant link. Journal of Mechanical Design, Transactions of the ASME, 2010, 132(2):0210011-0210017.

[33] Sreekumar M, Nagarajan T, Singaperumal M. Design of a shape memory alloy actuated compliant smart structure: Elastica approach. Journal of Mechanical Design, 2009: 061008-1-061008-11.

[34] Churchill C B, Shaw J A. Shakedown response of conditioned shape memory alloy wire. Proceedings of the SPIE 15th Annual International Symposium on Smart Structures and Materials, 2008:69291F.

[35] Kim W H, Barnes B M, Luntz J E, et al. Conglomerate stabilization curve design method for shape memory alloy wire actuators with cyclic shakedown. Journal of Mechanical Design, 2011, 133(11):111010.

[36] Luo H Y, Abel E W. A comparison of methods for the training of NiTi two-way shape memory alloy. Smart Materials and Structures, 2007, 16(6):2543-2549.

[37] Zhang X Y, Yan X J. Continuous rotary motor actuated by multiple segments of shape memory alloy wires. Journal of Materials Engineering and Performance, 2012, 21(12):2643-2649.

[38] Vázquez J, Bueno J. Non explosive low shock reusable 20kN hold-down release actuator. European Space Agency Publications, 2001, 480:131-136.

[39] FDA. Guidance document for intravascular stents. Silver Spring: U. S. Food and Drug Administration, 1995.

第5章 SMA航天压紧释放机构

5.1 概 述

航天压紧释放机构是通过解除航天器结构之间的连接或紧固约束关系,实现结构的展开或分离的一类机构,它是航天领域必不可少的重要产品。例如,卫星与火箭的连接与分离,卫星太阳翼、天线的压紧与释放,航天器相机盖、仪器舱门的锁定等,都需要压紧释放机构[1]。

SMA航天压紧释放机构中采用了SMA丝来替代传统压紧释放机构中的火工品,它是SMA智能结构的一种。由于SMA材料具有很高的能量密度,能够实现柔顺平滑的驱动,同时在驱动过程中不产生任何烟尘之类的排放,使SMA压紧释放机构具有一些突出的优势:①可重复使用,最终安装到航天器上使用的产品功能可提前通过试验检测;②工作过程冲击非常小、无烟尘排放,使其非常适合用于搭载有精密仪器的场合;③经济性好,由于可重复使用,其在地面的多次试验,甚至在轨应用都可以采用同一个产品,降低了使用成本。

如第1章所述,对SMA压紧释放机构的完整研制过程包括:设计需求分析、结构方案设计、材料性能测试、本构模型表征、驱动器设计、结构设计及优化、试验测试与验证、产品工程化等多个环节。本章重点从设计需求分析、结构方案设计、驱动器设计和试验测试与验证等四方面,对几种SMA航天压紧释放机构研制过程中的关键环节进行介绍,包括的机构型号有SMA-100、SMA-3600、SMA-10000和SMA-30000(型号中的数字代表相应机构的额定释放载荷,如SMA-3600表示其释放载荷为3600N)。

5.2 挂钩式压紧释放机构SMA-100[2~5]

5.2.1 设计需求分析

挂钩式压紧释放机构SMA-100(简称SMA-100)是根据航天器上狭窄安装空间下,小型可展开结构的压紧释放需求研制的,如二次展开太阳翼、精密光学仪器镜头盖的压紧释放等。根据设计需求,SMA-100释放载荷较小,但必须具有较小的包络尺寸。

针对上述需求,SMA-100的设计目标确定为:释放载荷100N;使用寿命不小于25次;5A额定电流下,响应时间不大于1.0s;包络尺寸为直径30mm×高

30mm；能够压紧可展开结构承受火箭发射时的力学环境考核。

针对 SMA-100 释放载荷小、包络尺寸小的特点，在设计中采用 SMA 丝和偏置弹簧组成的 SMA 突变载荷驱动器进行驱动，通过简单可靠的挂钩结构实现 100N 载荷的压紧与释放。

5.2.2　结构方案设计

针对安装空间及释放载荷小的问题，采用结构简单、紧凑的挂钩结构，通过 SMA 丝突变载荷驱动器对挂钩结构进行驱动。相应的原理图如图 5.1 所示。

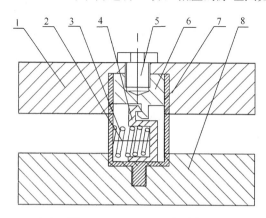

图 5.1　SMA-100 原理图

1-可分离结构；2-SMA 丝；3-偏置弹簧；4-滑块；

5-压紧螺栓；6-上挂钩；7-外壳；8-安装基座

机构工作原理如下：在连接状态下，上挂钩和滑块相互钩紧，偏置弹簧压紧滑块，保证连接可靠，可分离结构被压紧螺栓压紧，同时机构和安装基座通过外壳底部螺纹连接。当需要机构释放时，对 SMA 丝通电使其收缩，驱动滑块向左运动，使滑块和上挂钩脱开，解除对可分离结构的约束，实现释放。释放过后，停止对 SMA 丝通电，SMA 丝冷却，其中的应力降低，偏置弹簧将 SMA 丝重新拉长，并推动滑块向右运动到初始位置，此时，再将上挂钩压入机构外壳中，通过上挂钩和滑块上对应挂钩的配合斜面使挂钩重新钩紧，实现机构的可重复使用。

5.2.3　驱动器设计

结构方案中的驱动器由 SMA 丝、偏置弹簧和滑块组成。在 SMA 丝收缩驱动滑块向左运动的前半段，滑块需要克服来自上挂钩的摩擦力，但运动到一定距离，上挂钩被释放后，摩擦力消失，SMA 丝中载荷出现突变。因此，该驱动器是典型的突变载荷驱动器。

利用 4.3.3 节介绍的 SMA 突变载荷驱动器设计方法进行设计。首先根据机构释放载荷和弹簧安装空间等确定设计输入条件。考虑到压紧释放机构释放载荷 $F_0=100N$，挂钩之间经过润滑后的摩擦系数 $\mu=0.1$，因此驱动器负载 $W=F_0\mu=100N\times0.1=10N$。根据结构设计中弹簧的安装空间要求，偏置弹簧刚度选为 14.2N/mm。机构的上、下挂钩卡位长度为 1.5mm，即驱动器的触发位移 $s_t=1.5mm$，综合考虑机构可靠性和包络尺寸限制，触发位移安全系数 SF 取为 2。将上述设计输入条件汇总于表 5.1。

表 5.1　SMA 驱动器设计输入参数表

释放载荷 F_0/N	驱动器负载 W/N	偏置弹簧刚度 k/(N/mm)	触发位移 s_t/mm	触发位移安全系数 SF
100	10	14.2	1.5	2

选用含 Ti 量 50％的 NiTi 合金丝进行 SMA 驱动器设计，其材料参数如表 5.2 所示。利用 SMA 突变载荷驱动器设计方法进行设计，并从设计结果中选择最理想的一组设计参数：SMA 丝直径 0.5mm、长度 64.5mm，弹簧初始载荷 90N（表 5.3）。根据安装空间和偏置弹簧初始载荷、刚度等要求，完成了偏置弹簧尺寸参数设计，如表 5.3 所示。

表 5.2　SMA 材料参数表

本构参数	数值	本构参数	数值
E_A/MPa	47100	M_s/℃	23
E_M/MPa	8530	M_f/℃	8
ε_{max}	0.05	ρ/(kg/m³)	6500
C_A/(MPa/℃)	7	$\Delta\eta$/(J/(kg·K))	−17.77
C_M/(MPa/℃)	7	Δu/(J/(kg·K))	−20
A_f/℃	55	σ_f/MPa	85
A_s/℃	36	σ_s/MPa	64

表 5.3　SMA 驱动器设计参数表

弹簧丝直径 /mm	弹簧中径 /mm	弹簧总圈数	弹簧有效圈数	初始载荷 /N	SMA 丝直径 /mm	SMA 丝长度 /mm
1.80	9.00	10	9	90	0.5	64.5

5.2.4　试验测试与验证

在上述研究工作的基础上完成设计方案的零件加工装配。如图 5.2 所示，机构主体尺寸为直径 30mm×高 30mm（不包括机构上、下连接部分长度），质量为

150g。为验证 SMA-100 能否满足设计提出的技术指标和性能要求，开展了地面性能测试试验。试验分两步进行，首先在实验室对 SMA-100 进行功能及性能测试，随后在真实可展开结构——太阳翼上进行压紧及释放验证试验。

图 5.2　SMA-100 实物图

1. 功能及性能试验

功能及性能试验主要研究 SMA-100 的压紧释放功能、同步性以及在不同工作电压下的释放性能。

对 SMA-100 压紧释放功能、使用寿命测试的试验装置如图 5.3 所示。SMA-100 的底座固定在下板上，上板被压紧螺栓压紧在 SMA-100 顶端，并通过螺栓的预紧扭矩保证压紧载荷为 100N，以模拟 SMA-100 在太阳翼上的连接情况；分离弹簧上端固定在试验支座的横梁上，下端与固定上板的螺栓相连。当 SMA-100 释放上板后，分离弹簧会将上板向上拉起，实现分离。试验结果表明，SMA-100 在 5A 直流电源下能在 0.5s 内顺利展开。

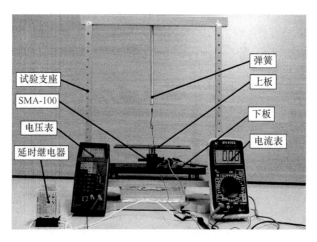

图 5.3　压紧释放功能、性能试验装置图

测试多个 SMA-100 同时工作时释放的同步性试验装置如图 5.4 所示。该装置采用两个 SMA-100 同时压紧上板,通过延时继电器控制通电时间,供电电流为 5A,通电时间为 0.5s。通电后,两个机构顺利解锁,解锁过程如图 5.5 所示。从图 5.5(b)可以看出,两个 SMA-100 几乎同时解锁,解锁时间相差很小,具有非常优秀的同步性。

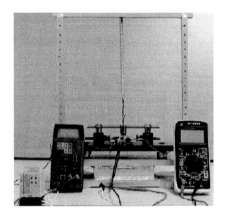

图 5.4　同步性试验装置

(a) 释放前　　　　　　　　　(b) 释放中　　　　　　　　　(c) 释放后

图 5.5　SMA-100 同步性试验解锁过程

研究 SMA-100 在不同工作电压下释放性能的试验装置如图 5.3 所示。试验电路中串联了两个万用表来测量 SMA-100 两端的电压和电流,由于通电时间非常短,采用延时继电器对通电时间进行控制。

分别在 1.9~7.5A 不同电流下进行释放试验,试验结果如图 5.6 所示。由图可知,该机构释放响应时间随工作电流的增加而减小,当电流为 1.9A 时,机构响应时间长达 3.1s;当电流为 7.5A 时,响应时间仅为 0.1s;当电流为 5A(额定电流)时,释放时间为 0.5s。

完成 SMA-100 的性能测试后,在真实太阳翼上对机构进行验证试验工作。

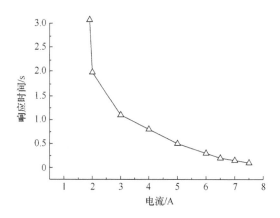

图 5.6　不同电流下的响应时间

由两个 SMA-100 完成三块太阳翼的压紧,在压紧过程中,控制压紧螺栓的预紧力大于 100N。在发出释放指令后,两个机构顺次释放,完成太阳翼的二维展开。

2. 寿命/可靠性试验

为了验证机构的使用寿命,在载荷 100N、直流电流 5A 下进行多次释放试验。试验结果表明,该机构在释放超过 25 次后,仍能继续释放,能够满足机构在地面试验以及在轨释放对次数的要求。需要指出的是,试验得出的使用寿命仅针对测试的机构而言,对于同批次机构的寿命及可靠性,还需要对多个机构进行大量释放试验,进行统计分析才能得出。

通过上述几方面的试验研究,得到 SMA-100 的相关参数,具体如表 5.4 所示。

表 5.4　SMA-100 参数表

项目	参数	项目	参数
包络尺寸/mm	直径 30×高 30	额定释放载荷/N	100
质量/g	150	使用寿命/次	>25
工作电流/A	1.9～7.5	验证情况	地面试验
响应时间/s(额定电流/A)	<0.5(5)		

5.3　分瓣螺母压紧释放机构 SMA-3600[6~11]

5.3.1　设计需求分析

分瓣螺母压紧释放机构 SMA-3600(简称 SMA-3600)是针对航天器上常见的中、小型可展开结构的压紧释放需求研制的,如可展开热辐射板、天线等。这类结构的压紧力需求通常在几千牛的量级,而且安装空间较小。

针对上述需求,SMA-3600 的设计目标为:释放载荷 3600N;使用寿命不小于 30 次;5A 额定电流下,响应时间不大于 1s;最高使用环境温度 40℃;包络尺寸为长 50mm×宽 50mm×高 62mm;能够压紧可展开结构承受火箭发射时的力学环境考核。

由于机构释放载荷和包络尺寸两方面的限制,在设计过程中将面临以下技术难点:SMA-3600 的释放载荷为 3600N,而 SMA 丝驱动器所能产生的驱动力十分有限,因此如何通过有限的驱动力释放大载荷,是 SMA-3600 机构设计的难点之一;要驱动机构实现载荷释放,SMA 丝需要满足一定的长度要求,如何在有限的包络尺寸空间内实现较长 SMA 丝的安装是结构设计的另一个难点。

5.3.2　结构方案设计

针对设计需求分析得出的两项技术难点,在方案设计中采用了分瓣螺母载荷衰减结构和有限空间内 SMA 丝缠绕结构。

分瓣螺母载荷衰减结构由分瓣螺母和箍环构成。分瓣螺母是将正常螺母切割成三瓣或四瓣,如图 5.7(b)所示。箍环用于将分瓣螺母箍紧,使其形成完整螺纹。在连接状态下,分瓣螺母被箍紧而具有完整螺纹,将需要分离的螺栓穿过被连接物并拧入螺纹中。在拧紧螺栓后,螺栓对分瓣螺母的螺纹有大小为 F_1 的正压力。在正压力 F_1 作用下,分瓣螺母向四周压紧箍环,相应的压紧力为 F_2。由于螺纹牙型角的作用,从 F_1 转换到 F_2 时,产生了一定的衰减。若使分瓣螺母分开,释放螺栓,需要通过力 F 将箍环向下拉出,解除对分瓣螺母的约束。力 F 应满足如下条件:

$$F = F_2 \mu \tag{5.1}$$

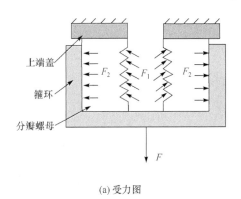

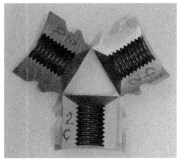

(a) 受力图　　　　　　　　　　(b) 实物图

图 5.7　分瓣螺母示意图

通常情况下,表面精加工并采取润滑措施的钢材表面摩擦系数 μ 不会超过

0.1,从而使 F 相比 F_2 进一步降低了一个数量级。可以看出,分瓣螺母载荷衰减结构可以有效降低释放大载荷所需的驱动力。

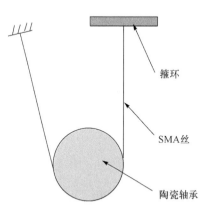

图 5.8　SMA 绕丝方案

有限空间内,SMA 丝缠绕结构由 SMA 丝、陶瓷轴承组成。考虑到 SMA 丝工作时高温、带电等情况,在结构中通常采用陶瓷材料。如图 5.8 所示,将 SMA 丝绕过陶瓷轴承,SMA 丝两端分别和箍环、机构外壳连接,有效地在有限的安装空间内增加了 SMA 丝的安装长度。另外,SMA 丝与箍环相连接处及 SMA 丝端部固定处都采用了相应的绝缘零件,保证了 SMA 丝在整个安装空间中都不会和其他零件发生短路。

基于以上两方面的结构设计,提出了图 5.9 所示的 SMA-3600 结构设计方案。该方案的工作原理为:在连接状态时,箍环将三瓣分瓣螺母箍紧,使之成为一个完整的螺纹副,分离螺栓拧入其中,压紧上连接件,如图 5.9 所示。

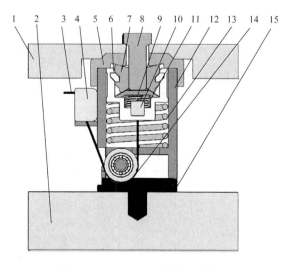

图 5.9　SMA-3600 结构设计方案

1-上连接件;2-下连接件;3-SMA 丝;4-陶瓷支座;5-端盖;6-箍环;7-分瓣螺母;8-分离螺栓;
9-分离顶块;10-绝缘滑轮;11-分离弹簧;12-外壳;13-偏置弹簧;14-陶瓷轴承;15-底座

当需要机构分离时,通电使 SMA 丝收缩,拉动箍环向下运动,同时压缩偏置弹簧,当箍环运动到一定位置时,分瓣螺母凸出部分掉入箍环对应的凹槽中,分瓣螺母分开,分离螺栓从分瓣螺母中脱出,实现连接件的分离。

分离过后,停止对 SMA 丝通电,SMA 丝冷却,其中的应力降低,偏置弹簧将 SMA 丝重新拉长,并推动箍环向上运动到初始位置,同时通过配合斜面重新将分瓣螺母合拢,形成完整螺纹,完成机构复位。

5.3.3　驱动器设计

该方案中的驱动器主要由 SMA 丝、偏置弹簧和箍环组成。在 SMA 丝收缩驱动箍环向下运动过程中,箍环会触发分瓣螺母进行释放。如图 5.10 所示,在释放前,箍环在竖直方向受到 SMA 丝驱动力 F_{SMA}、偏置弹簧力 F_{sprL} 和摩擦力 μF_{nut},触发后摩擦力忽然消失,SMA 丝中载荷出现突变,因此该驱动器是典型的突变载荷驱动器,工作负载 W 具有如下表达:

$$W = \begin{cases} \mu F_{nut}, & \text{触发前} \\ 0, & \text{触发后} \end{cases} \quad (5.2)$$

利用 4.3.3 节介绍的 SMA 突变载荷驱动器设计方法进行设计,首先根据机构释放载荷和弹簧安装空间等确定设计输入条件。

考虑到压紧释放机构释放载荷 $F_0 = 3600N$,结合分瓣螺母具体结构及受力情况进行分析,得出触发前驱动器的负载 $W = 166.9N$。根据弹簧安装空间、机构抗振动、冲击力学环境性能等要求,偏置弹簧刚度选为 13N/mm。机构的分瓣螺母和箍环的卡位长度为 1mm,即驱动

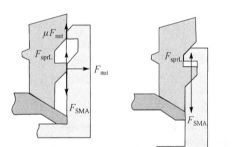

(a) 释放前　　　　(b) 释放后

图 5.10　释放前后受力分析

器的触发位移 $s_t = 1$mm,综合考虑机构可靠性和包络尺寸限制,触发位移安全系数 SF 取为 1.5。将上述设计输入条件汇总于表 5.5。

表 5.5　SMA 驱动器设计输入参数表

释放载荷 F_0/N	驱动器负载 W/N	偏置弹簧刚度 k/(N/mm)	触发位移 s_t/mm	触发位移安全系数 SF
3600	166.9	13	1.0	1.5

选用含 Ti 量为 50% 的 NiTi 合金丝进行 SMA 驱动器设计,其材料参数如表 5.6所示。利用 SMA 突变载荷驱动器设计方法进行设计,并从设计结果中选择最理想的一组设计参数:SMA 丝直径 0.6mm、长度 75mm,弹簧初始载荷 130N(表 5.7)。根据安装空间和偏置弹簧初始载荷、刚度等要求,设计出的偏置弹簧参数如表 5.7 所示。

表 5.6　SMA 材料参数表

本构参数	数值	本构参数	数值
E_A/MPa	45760	M_s/℃	42
E_M/MPa	29994	M_f/℃	31
ε_{max}	0.045	ρ/(kg/m^3)	6500
C_A/(MPa/℃)	10.3	$\Delta\eta$/(J/(kg·K))	−17.77
C_M/(MPa/℃)	10.3	Δu/(J/(kg·K))	−20
A_f/℃	69	σ_f/MPa	225
A_s/℃	45	σ_s/MPa	220

表 5.7　SMA 驱动器设计参数表

弹簧丝直径 /mm	弹簧中径 /mm	弹簧 总圈数	弹簧 有效圈数	初始载荷 /N	SMA 丝直径 /mm	SMA 丝长度 /mm
2.5	24.5	4	2	130	0.6	75

5.3.4　试验测试与验证

在上述研究工作的基础上完成设计方案的零件加工装配,如图 5.11 所示。机构主体尺寸为直径 42mm×高 61mm(不包括机构下连接部分长度)。为验证该机构能否满足设计提出的技术指标,对 SMA-3600 进行地面性能测试试验。试验分两步进行,首先开展 SMA-3600 功能及性能测试,随后用 4 个 SMA-3600 压紧真实可展开结构——热辐射板,进行力学环境试验及展开试验。

图 5.11　SMA-3600 实物图

1. 功能及性能试验

功能及性能试验主要研究 SMA-3600 的释放载荷、功耗、加热电流及响应时间等。

释放载荷试验在如图 5.12 所示的试验装置上进行。该装置由拉伸试验机、SMA-3600 及转接件组成。释放机构的分离螺栓和试验机上夹头连接，机构底座通过转接件和下夹头连接，通过试验机对释放机构加载到设定载荷，并通电释放。

通过拉伸试验机分别对释放机构加载到 1200N、2400N、3600N、4200N，并在 25℃环境温度中、5A 额定电流下进行释放试验。对应的释放载荷和响应时间如图 5.13所示。由图可知，该机构最大能释放 4200N 载荷，并且随着释放载荷的增加，其响应时间逐渐增大，释放载荷从

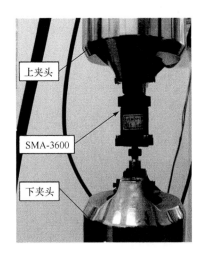

图 5.12　释放载荷试验装置

1200N 增加到 4200N，响应时间则从 0.55s 增加到 0.95s。在设计释放载荷（3600N）下，其响应时间为 0.7s。

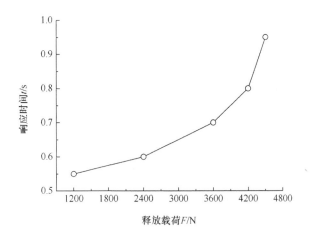

图 5.13　释放载荷和响应时间试验结果

功耗、加热电流及响应时间试验主要是为了研究压紧释放机构功耗、加热电流及其响应时间之间的关系。试验在 25℃环境温度下，分别在 1.5~7A 直流加热电流条件下进行释放，并记录对应的响应时间和加热电压。

根据试验测得的加热电流和加热电压即可得出 SMA-3600 对应的工作功耗。试验结果如图 5.14 和图 5.15所示。由图可知，该机构的功耗、加热电流越大，其响应时间越快。在 48.3W 功耗下（对应电流为 7A），其响应时间为 0.24s。当功耗

为 2.3W 时(对应电流为 1.5A),响应时间为 47s,随着功耗、电流进一步降低,机构不能成功释放。在 5A 额定电流下,相应的功耗为 25.5W,响应时间为 0.7s。

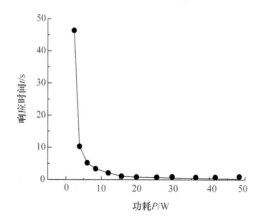

图 5.14　功耗-响应时间试验结果

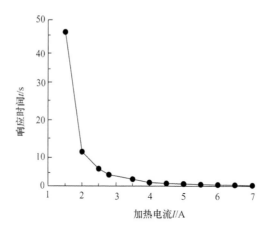

图 5.15　加热电流-响应时间试验结果

2. 热环境试验

高温环境试验是热环境试验的一种,主要考核 SMA-3600 在高温状态下是否会失效。控制温度从 40℃开始升高,并在依次在 40℃、50℃、60℃、70℃和 80℃各温度测试点保温 20min。试验结果如表 5.8 所示,其中“√”代表机构未作动,“×”代表机构释放。试验结果表明,SMA-3600 在环境温度为 40~70℃时能正常工作,在 80℃环境温度下失效。

表 5.8　环境试验结果

保温温度/℃	试验结果
40	√
50	√
60	√
70	√
80	×

3. 力学环境试验

力学环境试验主要是研究在火箭发射时的力学环境条件下,SMA-3600 能否可靠压紧热辐射板,保证其不因振动、冲击载荷而损坏。

试验装置如图 5.16 所示,试验中通过 4 个 SMA-3600 压紧真实热辐射板,分别进行了 X、Y、Z 三个方向的正弦、随机振动试验,振动条件为火箭发射时的载荷谱。振动过程中,所有机构都没有意外释放,振动后通过外观检查也未发现热辐射板损坏。随后,为了验证 4 个机构的释放功能释放正常,对 4 个 SMA 压紧释放机构进行通电,在通电后 4 个机构顺利释放,热辐射板成功展开。

图 5.16　力学环境试验装置

4. 寿命/可靠性试验

为了验证机构的使用寿命,在图 5.12 所示的试验装置上开展了多次释放试验。控制试验机加载到 3600N,并在 5A 直流电流下释放。SMA-3600 机构成功进行了 50 次释放试验,并且 50 次后机构仍然可以继续释放,释放功能、性能正常,能够满足机构在地面试验以及在轨释放对次数的要求。需要指出的是,试验得出的寿命仅针对测试的机构而言,对于同批次机构的寿命及可靠性,还需要对多个机构进行大量释放试验,进行统计分析才能得出。

通过上述几方面的试验研究,得出了 SMA-3600 的参数,具体如表 5.9 所示。

表 5.9　SMA-3600 参数表

项目	参数	项目	参数
包络尺寸/mm	直径 42×高 61	额定释放载荷/N	3600
质量/g	250	使用寿命/次	>50
工作电流/A	1.5～7.0	高温性能	70℃下连接不失效
响应时间/s(额定电流/A)	<0.7(5)	验证情况	地面试验

5.4　二级触发压紧释放机构 SMA-10000[12]

5.4.1　设计需求分析

二级触发压紧释放机构 SMA-10000(简称 SMA-10000)是针对大、中型航天可展开结构的压紧释放需求研制的,如太阳翼、登陆舱的着陆腿等。这类结构的释放载荷需求通常在 10000N 左右。

针对上述需求,SMA-10000 的设计目标为:释放载荷 10000N;使用寿命不小于 60 次;5A 额定电流下,响应时间不大于 0.1s;最高使用温度环境 70℃;包络尺寸为长 45mm×宽 45mm×高 60mm;具有冗余驱动功能;能够压紧分离物承受火箭发射时的力学环境考核。

与 SMA-3600 相比,该机构包络尺寸要求更小而释放载荷提高了近 3 倍,响应时间提高了 25 倍、使用寿命翻了一番,这给机构设计上带来了巨大的困难。技术难点具体如下:①响应时间的缩短依赖于 SMA 丝直径变小,但会导致驱动力变小,这和释放载荷大幅提高的指标相矛盾;②释放载荷的提高会增大 SMA 丝中的驱动力,这会严重降低机构的使用寿命,需要综合考虑这两方面的影响。

5.4.2　结构方案设计

本书针对上述两方面的技术难点,提出二级触发释放滚珠卡位方案,如图 5.17所示。该方案很好地解决了上述技术难点。

对于响应时间和释放载荷的问题,该方案采用了二级触发释放原理,通过第一级滚珠卡位结构实现释放功能,通过第二级滚珠卡位结构触发预压缩的驱动弹簧作动,驱动第一级滚珠卡位结构分离。机构的释放载荷能力由驱动弹簧预压缩力决定,解决了大释放载荷的问题。同时,触发结构仅需要非常小的力就能成功触发,可以采用更细的 SMA 丝驱动,增大了 SMA 丝的电阻,加快了加热速度,缩短了响应时间。

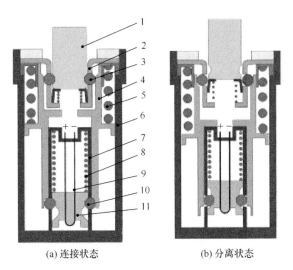

(a) 连接状态　　　　　　　　　(b) 分离状态

图 5.17　释放机构结构原理

1-分离螺栓；2-上保持架；3-上滚珠；4-箍环；5-驱动弹簧；6-外壳；
7-下保持架；8-偏置弹簧；9-SMA 丝；10-下滚珠；11-滑块

对于释放载荷提高和使用寿命增加之间相矛盾的问题,该方案采用了二级触发结构,使释放载荷主要依赖驱动弹簧的预压缩力,释放载荷的提高对 SMA 丝驱动力的影响很小,因此不会影到机构的使用寿命。

该方案的工作原理为:在连接状态时,分离螺栓上端与卫星上的被分离结构连接,下端通过上滚珠实现卡位;上滚珠的位置由分离螺栓、上保持架以及箍环确定;箍环则通过下滚珠实现卡位,下滚珠的位置由箍环、滑块和下保持架确定,滑块由偏置弹簧向下压紧。

当需要机构分离时,对 SMA 丝通电,SMA 丝被加热收缩,产生回复力,推动滑块向上运动,同时压缩偏置弹簧;当滑块向上运动一定距离后,下滚珠在箍环的压力作用下进入滑块的凹槽内,从而失去对箍环的卡位作用;箍环在驱动弹簧的预压缩载荷作用下向下运动,直到箍环失去对上滚珠的约束;上滚珠在分离螺栓的推力作用下进入箍环的凹槽内,并失去对分离螺栓的卡位作用,解除对分离螺栓的约束,完成释放。

分离过后,停止对 SMA 丝通电,SMA 丝冷却,其中的应力降低,偏置弹簧将SMA 丝重新拉长,并推动滑块向上运动,同时通过特殊工装将箍环向上拉起,重新压缩驱动弹簧,同时将上、下滚珠推回初始位置,完成机构复位。

该方案采用了 2 根 SMA 丝同时驱动滑块运动,图 5.17 中仅显示了其中一根,另一根与图中的 SMA 丝呈 90°布置。正常情况下,仅采用一根 SMA 丝即可驱动滑块运动,另一根 SMA 丝为备份,实现了冗余设计,提高了机构的可靠性。

5.4.3 驱动器设计

该方案中的驱动器主要由 SMA 丝、偏置弹簧和滑块组成。在 SMA 丝收缩驱动滑块向上运动过程中,滑块会触发箍环实现释放。如图 5.17 所示,在触发前滑块主要受到来自下滚珠的摩擦力,触发后该摩擦力忽然消失,SMA 丝中载荷出现突变,因此该驱动器是典型的突变载荷驱动器。

利用 4.3.3 节介绍的 SMA 突变载荷驱动器设计方法进行设计,首先根据机构释放载荷和弹簧安装空间等确定设计输入条件。

考虑到压紧释放机构释放载荷 $F_0 = 10000\text{N}$,对第一、二级滚珠卡位结构进行受力分析,得出触发前驱动器的负载 $W = 8.6\text{N}$。根据偏置弹簧安装空间、机构抗振动、冲击力学环境性能等要求,选取偏置弹簧刚度 $k = 5\text{N/mm}$。第二级滚珠卡位结构的卡位长度为 1mm,即驱动器的触发位移 $s_t = 1\text{mm}$,综合考虑机构可靠性和包络尺寸限制,触发位移安全系数 SF 取为 1.5。将上述设计输入条件汇总于表 5.10。

表 5.10 SMA 驱动器设计输入参数表

释放载荷 F_0/N	驱动器负载 W/N	偏置弹簧刚度 k/(N/mm)	触发位移 s_t/mm	触发位移安全系数 SF
10000	8.6	5	1.0	1.5

选用含 Ti 量为 50% 的 NiTi 合金丝进行 SMA 驱动器设计,其材料参数如表 5.11所示,利用 SMA 突变载荷驱动器设计方法进行设计,并从设计结果中选择最理想的一组设计参数:SMA 丝直径 0.5mm、长度 53mm,弹簧初始载荷 21N(表 5.12)。根据安装空间和偏置弹簧初始载荷、刚度等要求,设计出的偏置弹簧参数如表 5.12 所示。

表 5.11 SMA 材料参数表

本构参数	数值	本构参数	数值
E_A/MPa	40500	M_s/℃	52
E_M/MPa	15100	M_f/℃	37
ε_{max}	0.051	ρ/(kg/m³)	6500
C_A/(MPa/℃)	9	$\Delta\eta$/(J/(kg·K))	-17.77
C_M/(MPa/℃)	9	Δu/(J/(kg·K))	-20
A_f/℃	88	σ_f/MPa	196
A_s/℃	72	σ_s/MPa	175

表 5.12　SMA 驱动器设计参数表

弹簧丝直径 /mm	弹簧中径 /mm	弹簧总圈数	弹簧有效圈数	初始载荷 /N	SMA 丝直径 /mm	SMA 丝长度 /mm
0.7	3.8	10.5	8.5	21	0.5	53

5.4.4　试验测试与验证

在上述研究工作的基础上完成零件加工装配,如图 5.18 所示,机构主体尺寸为直径 41mm×高 60mm(不包括机构上端面凸出的分离螺栓),质量为 240g。为验证加工完成的机构能否满足设计提出的技术指标和性能要求,对 SMA-10000 进行了功能、性能试验以及力学环境试验。

1. 功能及性能试验

功能及性能试验主要研究 SMA-10000 的释放载荷、工作电流及响应时间等。

释放载荷试验在如图 5.19 所示的试验装置上进行。该装置由拉伸试验机、SMA-10000 及转接框架组成。机构的分离螺栓通过上转接框架和试验机上夹头连接,机构主体通过下转接框架和下夹头连接,控制试验机对机构加载到设定载荷,并通电释放,通电时间通过延时继电器进行控制。

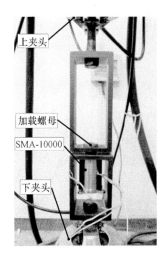

图 5.18　SMA-10000 实物图　　　图 5.19　释放载荷试验装置

通过拉伸试验机分别对释放机构加载到 5000N、7000N、9000N、10000N、11000N、12000N,并在 25℃环境温度中、5A 直流电下进行释放试验。对应的释放

载荷曲线如图 5.20 所示,由图可知,该机构至少能释放 12000N 载荷(为了不对
SMA-10000 造成破坏,没有进一步增加载荷)。在所有载荷条件下,延时继电器设
定通电时间为 0.1s,机构均能成功释放。

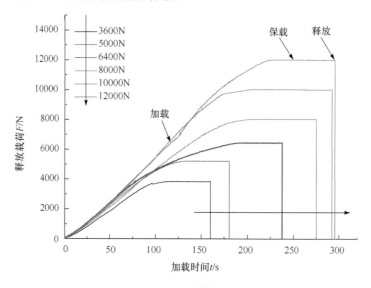

图 5.20　释放载荷曲线

工作电流及响应时间试验主要是为了研究 SMA-10000 工作电流及其响应时
间之间的关系。工作电流及响应时间试验在 25℃环境温度下进行,分别在 1.4～
6A 直流电流条件下进行释放。

试验结果如图 5.21 所示。结果表明,该机构随工作电流的增加,响应时间变

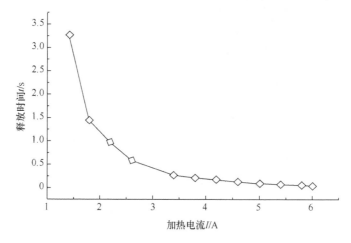

图 5.21　响应时间-电流曲线

短,当电流为 6A 时,其响应时间小于 0.05s;当电流低至 1.4A 时,机构仍然能释放,对应的响应时间为 3.3s;当电流进一步降低到 1.2A 时,机构不能正常释放(图中未显示 1.2A 对应的数据点)。在 5A 额定电流条件下,其响应时间小于 0.09s。

2. 热环境试验

热环境试验包括高温环境试验和热真空试验两部分。高温环境试验主要考核 SMA-10000 在高温状态下是否会失效,而热真空试验是考核机构在真空、高低温循环条件下的性能以及低温释放的能力。

高温环境试验控制温度从 40℃开始升高,并在依次在 40℃、50℃、60℃、70℃、80℃和 90℃各温度测试点保温 20min。试验结果如表 5.13 所示,其中"√"代表机构未作动,"×"代表机构释放。试验结果表明,SMA-10000 在环境温度为 40~80℃时能正常工作,在 90℃环境温度下失效。

表 5.13　环境试验结果

保温温度/℃	试验结果
40	√
50	√
60	√
70	√
80	√
90	×

热真空试验在热真空罐内进行,通过 SMA 压紧释放机构外壳上(SMA 丝附近)的热电偶监测机构上的温度。热真空试验条件如表 5.14 所示,试验循环剖面图如图 5.22 所示。试验结果表明,机构在真空、−70~70℃循环温度载荷作用下可以保证连接不失效,在−70℃真空环境下,机构可在 5A 电流下于 0.2s 内成功释放。

表 5.14　热真空试验条件

参数	试验条件	
	验收级	鉴定级
试验压力	≤1.3×10⁻³Pa	
试验温度	最高温度	70^{+4}_{0}℃
	最低温度	-70^{0}_{-4}℃
	释放温度	-70^{0}_{-4}℃
循环次数	3.5 次	
变温速率	≥1℃/min	
试验剖面要求	见图 5.23	

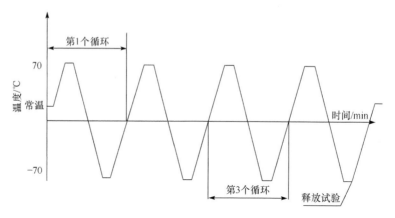

图 5.22　热真空试验循环剖面图

3. 力学环境试验

　　力学环境试验主要是研究在火箭发射时的正弦、随机、冲击力学环境条件下，SMA-10000 的压紧功能。试验分为单个机构压紧和 4 个机构联合压紧的振动试验。

图 5.23　单个机构力学环境试验装置

　　单个机构力学试验采用单个机构压紧 6.15kg 的配重，控制释放载荷为 10000N，并安装到振动台上进行 X、Y、Z 三个方向的正弦、随机振动试验，试验装置如图 5.23 所示。振动后进行通电释放试验，检验机构经历振动力学环境后的释放性能。

　　X、Y、Z 方向的随机振动试验曲线、振动前后扫频曲线对比分别如图 5.24～图 5.26 所示。由扫频曲线可知，SMA-10000 压紧配重形成的装配体在振动前后各阶共振频率基本没变，两个曲线符合得非常好，说明机构的压紧非常可靠，振动过程中没有发生任何松动。随后机构在 5A 直流电流下成功释放，验证了机构经历振动环境后的释放功能，如图 5.27 所示。

　　4 个机构联合压紧的振动试验是采用 4 个机构共同压紧 24kg 的配重板，释放载荷均控制在 10000N，并进行 X、Y、Z 三个方向的正弦、随机振动试验。试验装置如图 5.28 所示。

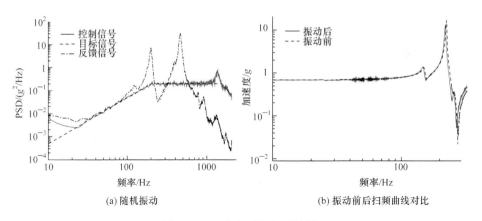

(a) 随机振动　　　　　　　　　　　(b) 振动前后扫频曲线对比

图 5.24　X 方向随机振动结果

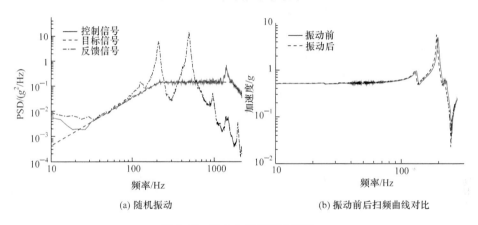

(a) 随机振动　　　　　　　　　　　(b) 振动前后扫频曲线对比

图 5.25　Y 方向随机振动结果

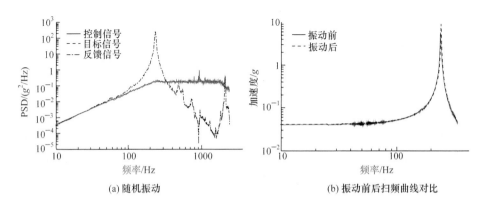

(a) 随机振动　　　　　　　　　　　(b) 振动前后扫频曲线对比

图 5.26　Z 方向随机振动结果

(a) 释放前　　　　　　　　　　　　(b) 释放后

图 5.27　SMA-10000 通电释放(图中分离螺栓已弹出)

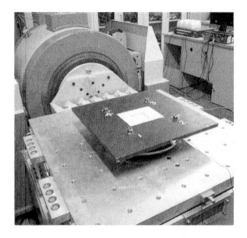

图 5.28　4 个机构力学环境试验装置

在经历振动试验后,扫频曲线显示整个装配体在 X、Y、Z 三个方向的各阶振动频率基本没有发生变化,验证了机构的压紧功能。随后在 5A 额定电流下同时对 4 个机构通电,4 个机构均成功释放,验证经历振动环境后的释放功能。

冲击试验在摆锤式冲击试验台上进行,试验装置如图 5.29 所示,分别将 5 个 SMA-10000 机构安装在试验台上,其中 2 个机构压紧 6.15kg 和 3.1kg 的配重,模拟压紧热辐射板的情况,另外 3 个机构均施加了 10000N 预紧力,考核机构自身承受冲击载荷的能力。

对所有机构分别进行 3 个方向的冲击试验,冲击谱试验条件最大加速度为 1600g。在试验过程中,所有机构均没有发生意外释放,结构也没有发生损坏。冲击试验完毕后,分别在 5A 电流下,对单路 SMA 丝进行通电,所有机构均在 0.1s 内释放。其中,压紧配重的两个机构释放前后情况如图 5.30 和图 5.31 所示。

(a) 水平方向(X、Y) 　　　　　　　　　(b) 垂直方向(Z)

图 5.29　SMA 压紧释放机构冲击试验

(a) 释放前 　　　　　　　　　　　　(b) 释放后

图 5.30　压紧 6.15kg 配重机构冲击后释放试验

(a) 释放前 　　　　　　　　　　　　(b) 释放后

图 5.31　压紧 3.1kg 配重机构冲击后释放试验

4. 寿命/可靠性试验

为了验证机构的使用寿命,在图 5.19 所示的试验装置上进行了多次释放试验,控制试验机加载到 10000N,并在 5A 直流电流下释放。机构成功进行了 60 次释放试验,并且 60 次后机构仍然可以继续释放,功能性能正常,能够满足机构在地面试验以及在轨释放对次数的要求。需要指出的是,试验得出的使用寿命仅针对测试的机构而言,对于同批次机构的寿命及可靠性,还需要对多个机构进行大量释放试验,进行统计分析才能得出。

通过上述几方面的试验研究,得出了 SMA-10000 的参数,具体如表 5.15 所示。

表 5.15 　SMA-10000 参数表

项目	参数	项目	参数
包络尺寸/mm	直径 41×高 60	使用寿命/次	>60
质量/g	240	高温性能	80℃下连接不失效
工作电流/A	1.4～6.0	低温性能	−70℃下能正常释放
响应时间/s(额定电流/A)	<0.1(5)	冗余设计	有
额定释放载荷/N	10000	验证情况	地面试验

5.5 　分组滚棒压紧释放机构 SMA-30000[13,14]

5.5.1 　设计需求分析

分组滚棒压紧释放机构 SMA-30000(简称 SMA-30000)是针对航天器上的大型可分离结构件压紧释放需求进行研制的,如多级火箭分离、星箭分离、大型观测仪器压紧释放等。

针对上述需求,SMA-30000 的设计目标为:释放载荷 30000N;在 3A 电流下工作时,响应时间不大于 20s;机构的使用寿命不小于 60 次;最高使用温度环境不小于 70℃;包络尺寸为长 50mm×宽 50mm×高 90mm;具有冗余驱动功能;能够压紧分离物承受火箭发射时的力学环境考核。

与 SMA-3600、SMA-10000 相比,尽管其在包络尺寸、响应时间、最小工作电流等方面技术指标都有所降低,但其释放载荷要求高达 30000N,对于如此大的释放载荷,现有的分瓣螺母结构、二级触发滚珠卡位技术都无法胜任,必须采用释放载荷能力更优秀的结构。下面从结构方案设计、驱动器设计和试验测试与验证等方面介绍 SMA-30000 的研制工作。

5.5.2 　结构方案设计

前述 SMA-3600 采用了分瓣螺母释放技术,大幅降低了释放所需的驱动力,但由于箍环和分瓣螺母之间为滑动摩擦,摩擦系数约为 0.1,对 SMA 丝驱动力的要求降低了 90%。若能将箍环和分瓣螺母之间的滑动摩擦变为滚动摩擦(滚动摩擦系数通常比滑动摩擦系数还要低一个数量低),将大幅降低机构对 SMA 丝驱动器驱动力的要求,实现释放 30000N 的技术指标。

　　基于以上分析,在 SMA-3600 分瓣螺母载荷衰减结构的基础上,提出了如图 5.32 所示的分组滚棒分瓣螺母设计方案。

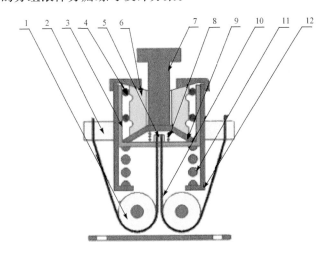

图 5.32　机构半剖视图

1-陶瓷轴承;2-绝缘固定座;3-箍环;4-滚棒;5-绝缘滑轮;6-分瓣螺母;
7-螺栓;8-分离弹簧;9-分离顶块;10-SMA 丝;11-偏置弹簧;12-外壳

　　该方案的工作原理为:在连接状态时,滚棒处于分瓣螺母的凹槽边上,限制了分瓣螺母的径向位移,使之成为完整的螺纹,同时螺栓拧入其中,形成有效连接,如图 5.33(a)所示。当需要机构分离时,对 SMA 丝通电,SMA 丝收缩,拉动箍环向下运动,箍环运动时滚棒也随之向下滚动。当箍环运动到一定位置后,滚棒掉入分瓣螺母对应的凹槽之中,失去了对分瓣螺母径向的定位,分瓣螺母在分离顶块的作用下向四周分开,解除对螺栓的约束,释放螺栓,如图 5.33(b)所示。

　　分离过后,停止对 SMA 丝通电,SMA 丝冷却,其中的应力降低,偏置弹簧将 SMA 丝重新拉长,并推动箍环向上运动到初始位置,同时将滚棒滚出分瓣螺母的凹槽,重新将分瓣螺母合拢,形成完整螺纹,完成机构复位。

　　该方案采用了 2 根 SMA 丝同时驱动箍环运动,实现释放,如图 5.32 所示。正常情况下,仅采用一根 SMA 丝即可完成释放,另一根 SMA 丝为备份,实现了冗余设计,提高了机构的可靠性。

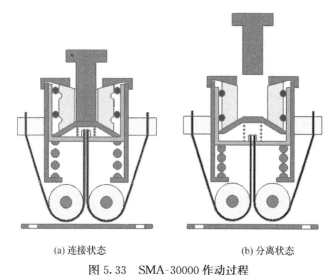

(a) 连接状态　　　　　　　　　(b) 分离状态

图 5.33　SMA-30000 作动过程

5.5.3　驱动器设计

该方案中的驱动器主要由 SMA 丝、偏置弹簧和箍环组成。在 SMA 丝收缩驱动箍环向下运动的过程中,滚棒会滚入分瓣螺母对应的凹槽中,实现释放。如图 5.33(b)所示,在释放前箍环主要受到来自滚棒的滚动摩擦力,触发后该摩擦力忽然消失,SMA 丝中载荷出现突变,因此该驱动器是典型的突变载荷驱动器。

利用 4.3.3 节介绍的 SMA 突变载荷驱动器设计方法进行设计,首先根据机构释放载荷和弹簧安装空间等确定设计输入条件。

考虑到压紧释放机构释放载荷 $F_0 = 30000\mathrm{N}$,对分瓣螺母及滚棒结构进行受力分析,得出触发前驱动器的负载 $W = 94.3\mathrm{N}$。根据偏置弹簧安装空间、机构抗振动及冲击力学环境性能等要求,选取偏置弹簧刚度 $k = 23.6\mathrm{N/mm}$。滚棒需要滚动 2.3mm 的距离才能掉入对应凹槽中,释放分瓣螺母,即驱动器的触发位移 $s_t = 2.3\mathrm{mm}$,综合考虑机构可靠性和包络尺寸限制,触发位移安全系数 SF 取为 1.5。将上述设计输入条件汇总于表 5.16。

表 5.16　SMA 驱动器设计输入参数表

释放载荷 F_0/N	驱动器负载 W/N	偏置弹簧刚度 k/(N/mm)	触发位移 s_t/mm	触发位移安全系数 SF
30000	94.3	23.6	2.3	1.5

选用含 Ti 量为 50% 的 NiTi 合金丝进行 SMA 驱动器设计,其材料参数如

表 5.17 所示。利用 SMA 突变载荷驱动器设计方法进行设计,并从设计结果中选择最理想的一组设计参数:SMA 丝直径 0.7mm、长度 110mm,弹簧初始载荷 180N(表 5.18)。根据安装空间和偏置弹簧初始载荷、刚度等要求,设计出的偏置弹簧参数如表 5.18 所示。

表 5.17　SMA 材料参数表

本构参数	数值	本构参数	数值
E_A/MPa	49300	$M_s/℃$	38
E_M/MPa	19100	$M_f/℃$	26
ε_{max}	0.051	$\rho/(kg/m^3)$	6500
$C_A/(MPa/℃)$	9.8	$\Delta\eta/(J/(kg \cdot K))$	-17.77
$C_M/(MPa/℃)$	9.8	$\Delta u/(J/(kg \cdot K))$	-20
$A_f/℃$	71	σ_f/MPa	140
$A_s/℃$	59	σ_s/MPa	120

表 5.18　SMA 驱动器设计参数表

弹簧丝直径 /mm	弹簧中径 /mm	弹簧总圈数	弹簧有效圈数	初始载荷 /N	SMA 丝直径 /mm	SMA 丝长度 /mm
3.2	26	4.5	2.5	180	0.7	110

5.5.4　试验测试与验证

在上述方案的基础上进行详细设计,完成了 10 个 SMA-30000 的加工和装配工作,如图 5.34 所示。机构的实际包络尺寸为直径 46mm×高 84mm(直径不包含两侧突出的接线端子),质量为 430g。为了系统地验证 SMA-30000 的功能及性能指标是否满足技术要求,分别对其开展功能及性能试验、压紧大型结构件试验以及安装到某型卫星上进行整星试验。

1. 功能及性能试验

功能及性能试验主要研究 SMA-30000 的释放载荷、使用寿命、工作电流及响应时间、热环境试验以及力学环境试验等。

释放载荷试验在如图 5.35 所示的试验装置上进行,将需要分离的螺栓和试验机下夹头连接,机构本体和上夹头连接,通过试验机对其进行加载,并进行保载,随后对机构进行通电释放。

 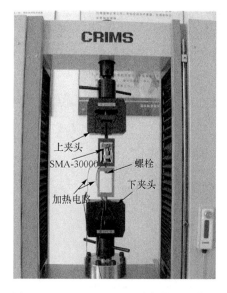

图 5.34　SMA-30000 实物图　　　　图 5.35　SMA-30000 释放载荷测试装置

通过拉伸试验机从 10000N 开始加载,一直加到 40000N,每增加 2000N 保载 2min,并在 25℃环境温度中、3A 直流电流下进行释放试验。机构所有载荷量级释放试验均成功,响应时间都在 14s 以内。

工作电流及响应时间试验主要是研究 SMA-30000 工作电流及其响应时间之间的关系。工作电流及响应时间试验在 25℃环境温度下进行,分别在 1.9～7.5A 直流电流下进行释放。

试验结果如图 5.36 所示。该机构随加热电流的增加,响应时间变短。当电流大于 1.9A 时,其响应时间为 37s;当电流升高至 7.5A 时,响应时间为 0.5s;在 3A 额定电流下,机构的响应时间为 12.4s。

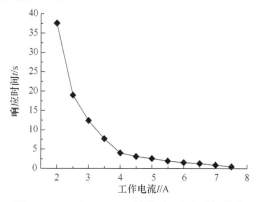

图 5.36　SMA-30000 工作电流-响应时间曲线

2. 热环境试验

热环境试验包括高温环境试验和热真空试验两部分。高温环境试验主要考核SMA-30000 在高温状态下是否会失效。试验控制温度从 40℃开始升高,并在依次在 40℃、50℃、60℃、70℃、80℃和 90℃各温度测试点保温 20min。试验结果如表 5.19 所示,其中"√"代表机构未作动,"×"代表机构释放。试验结果表明,SMA-30000 在环境温度 40～80℃时能正常工作,在 90℃环境温度下失效。

表 5.19　环境试验结果

保温温度/℃	试验结果
40	√
50	√
60	√
70	√
80	√
90	×

热真空试验是验证 SMA-30000 在热真空高低温循环下的压紧性能以及低温下加电释放的性能。热真空试验条件如表 5.20 所示,试验循环剖面图如图 5.37所示。试验结果表明,机构在真空、−30～65℃循环温度载荷作用下可以保证连接不失效,在−15℃真空环境下,机构可在 3.0A 电流下于 14s 内成功释放。

表 5.20　热真空试验条件

参数	试验条件		
	验收级	准鉴定级	鉴定级
试验压力	$\leqslant 1.3 \times 10^{-3}$ Pa		
试验温度	最高温度		65_0^{+4} ℃
	最低温度		-30_{-4}^{0} ℃
	释放温度		-15_{-4}^{0} ℃
循环次数	3.5 次		
变温速率	$\geqslant 1$ ℃/min		
试验剖面要求	见图 5.37		

3. 力学环境试验

力学环境试验主要是研究在火箭发射时的正弦、随机、冲击力学环境条件下,SMA-30000 的压紧功能。将机构加载 30000N 载荷后,与振动试验台连接,如图 5.38所示。

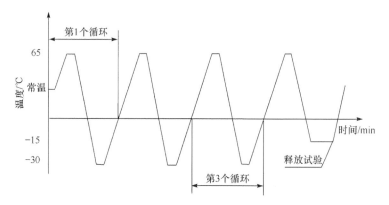

图 5.37　热真空试验循环剖面图

图 5.38　力学环境试验

随后进行 X、Y、Z 三个方向的准鉴定级正弦、随机和冲击试验。在试验过程中,SMA-30000 没有发生失效。试验结束后,在 3A 直流电流下,机构成功释放,响应时间为 13.2s,满足技术要求。

4. 寿命/可靠性试验

为了验证机构的使用寿命,在图 5.35 所示的试验装置上进行了多次释放试验。控制试验机加载到 30000N,并在 3A 直流电流下释放。机构成功进行了 60 次释放试验,并且 60 次后机构仍然可以继续释放,功能性能正常,能够满足机构在地面试验以及在轨释放对次数的要求。需要指出的是,试验得出的使用寿命仅针对测试的机构而言,对于同批次机构的寿命及可靠性,还需要对多个机构进行大量释放试验,进行统计分析才能得出。

5. 整星及在轨试验

在完成机构的所有热环境以及力学环境试验后,SMA-30000 经验收合格,正式安装在某型卫星上,和卫星其他部件一起进行整星的电性能试验、热真空环境试验以及力学环境试验。在所有试验中,机构未发生任何问题,所有试验均获成功。

2012 年年底,该卫星成功发射,SMA-30000 进行了在轨释放试验,在 3.2A 直流电流下成功释放(为了进一步保证可靠释放,卫星给 SMA-30000 的供电电流为 3.2A,稍大于额定电流),响应时间小于 10s,所有参数均满足设计要求,在轨试验取得了圆满成功[15]。

通过上述几方面的试验研究,得出了 SMA-30000 的性能参数,具体如表 5.21 所示。

表 5.21　SMA-30000 参数表

项目	参数	项目	参数
包络尺寸/mm	直径 46×高 84	使用寿命/次	>60
质量/g	430	高温性能	80℃下连接不失效
工作电流/A	1.9～7.5	冗余设计	有
响应时间/s(额定电流/A)	<14(3)	验证情况	飞行验证
额定释放载荷/N	30000		

5.6　小　　结

本章共发展了 SMA-100、SMA-3600、SMA-10000、SMA-30000 四个载荷系列的压紧释放机构。由于 4 个机构采用了不同的工作原理,其释放载荷、响应时间都具有各自的特点。其中,SMA-100 尺寸最小、响应时间快,适合用于空间小、压紧载荷小、释放同步性要求高的情况;SMA-3600 具有中等量级的释放载荷,适合中小载荷的压紧释放;SMA-10000 采用了二级释放,具有释放迅速、载荷大的特点,适合大多数太阳翼、天线、仪器舱门等的压紧释放;SMA-30000 采用了分组滚棒结构,提高了释放载荷,适合大型结构的压紧释放。

参 考 文 献

[1] 陈烈民. 航天器结构与机构. 北京:中国科学技术出版社,2005.

[2] Yan X J,Zhang K. Development of a small reusable space release device using SMA. Proceedings of SPIE,2007:65290J-1-65290J-8.

[3] 闫晓军,于海,张可,等. 小型、快速 SMA 空间解锁机构的设计与试验研究. 宇航学报,2008,

　　　29(3):1042-4046.

[4] 闫晓军,张可. 微型低载荷 SMA 空间同步解锁机构. 中国:200610011632.3,2006.

[5] 张可. SMA 空间解锁机构的设计与试验. 北京:北京航空航天大学硕士学位论文,2006.

[6] 张小勇,闫晓军,杨巧龙. SMA 分瓣螺母空间解锁机构的设计与试验研究. 机械工程学报,
　　　2010,46(17):1-6.

[7] Zhang X Y, Yan X J, Yang Q L. Design and experimental validation of compact, quick-
　　　response shape memory alloy separation device. Journal of Mechanical Design,2014,136(1):
　　　1-9.

[8] Zhang X Y, Yan X J, Yang Q. Design of a quick response SMA actuated segmented nut for
　　　space release applications. SPIE Smart Structures and Materials & Nondestructive Evalua-
　　　tion and Health Monitoring,2010:764738-1-764738-9.

[9] 张小勇. 用于疲劳寿命预测的 SMA 本构模型及其工程应用. 北京:北京航空航天大学博士
　　　学位论文,2012.

[10] 张小勇,闫晓军. 形状记忆合金压紧释放机构设计报告. 北京:北京航空航天大学,2008.

[11] 闫晓军,杨巧龙,张小勇,等. SMA 丝驱动的连接与解锁机构. 中国:200810119580.0,2008.

[12] 张小勇,黄大伟,白海波. SMA 压紧释放机构方案设计报告. 北京:北京航空航天大
　　　学,2013.

[13] 张小勇,闫晓军,张辉. 记忆合金分瓣螺母设计报告. 北京:北京航空航天大学,2011.

[14] 闫晓军,杨巧龙,张小勇,等. 一种 SMA 分组滚棒型大载荷释放机构. 中国:201310132157.5,2013.

[15] 北京航空航天大学能源与动力工程学院网站. 我国首个形状记忆合金分瓣螺母机构在轨
　　　试验圆满成功. http://news. buaa. edu. cn/kjzx/ 56452. htm. [2014-12-1].

第6章 SMA航天锁紧机构

6.1 概　述

SMA航天锁紧机构通过SMA驱动器作动,借助特殊结构设计,实现对航天器结构的锁紧和解锁功能。例如,SMA航天锁紧机构可实现对卫星磁悬浮飞轮、旋转馈源组件、旋转天线等的锁紧和解锁,以保证这些部件在发射阶段免受大的冲击载荷,同时在需要工作时,又能够自由运动[1~10]。SMA航天锁紧机构相比于传统火工品锁紧机构,具有可重复使用、工作过程冲击非常小、无烟尘排放、经济性好等优势。

SMA航天锁紧机构和第5章介绍的SMA航天压紧释放机构相比,区别是在锁紧和解锁过程中,锁紧机构本身并没有零部件从主体机构中分离。本章介绍两种专用的SMA航天锁紧机构。此外,也可以设计较为通用的SMA电机,通过其输出的转动来实现航天器结构的锁紧、解锁功能,本章给出了作者研制的一种SMA电机。

6.2　SMA磁悬浮飞轮锁紧机构[11~16]

6.2.1　设计需求分析

磁悬浮飞轮是新型的卫星姿态控制装置,它在运行过程中摩擦力很小,和传统的动量飞轮相比,具有非常突出的优势,是未来航天姿态控制领域的重要发展方向[17~19]。为了保证磁悬浮飞轮的转子能相对静子浮起并自由转动,在飞轮转子和静子之间存在一定的间隙。由于间隙存在,可能导致在火箭发射时转子和静子相碰撞,造成损坏,为此需要发展相应的磁悬浮飞轮锁紧机构,在火箭发射时锁紧飞轮,使其免受振动载荷损坏,在卫星入轨后释放飞轮,使其正常工作[6,20]。另外,由于磁悬浮飞轮必须在真空环境中工作,因此要求与其相配合的锁紧机构在工作过程中不能有多余物产生。

要解决上述问题,必须发展一种锁紧力大、工作过程无排放并且能实现指令解锁与锁紧的锁紧机构。基于此,提出利用SMA驱动特性设计的磁悬浮飞轮锁紧机构(简称飞轮锁紧机构),实现真空中飞轮的锁紧及解锁。考虑到SMA飞轮锁紧机构的安装空间限制以及工作时的力学环境限制,研制工作中存在以下两个难点。

（1）抗三方向振动。在发射过程中，飞轮可能在 3 个方向（X、Y、Z）的振动载荷都很大，要求锁紧机构在消除间隙的同时，能够在 3 个方向上提供支撑力，以克服来自各个方向上的载荷。

（2）保证同步性。当载荷较大，需要采用多个机构同时完成锁紧工作时，要保证多个机构工作的同步性。

6.2.2　结构方案设计

为达到设计目标，综合考虑上述设计难点，提出了图 6.1 所示的方案。该方案中，机构的解锁功能和锁紧功能分别由解锁驱动器和锁紧驱动器交替工作来完成。为了减小每个飞轮锁紧机构所承担的载荷，采用 4 个机构均布在飞轮下方、共同锁紧飞轮的排布方案，如图 6.1 所示。

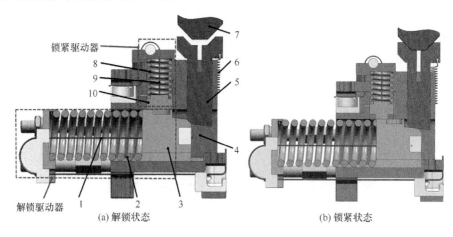

图 6.1　SMA 飞轮锁紧机构总体结构图

1-解锁 SMA 丝；2-解锁偏置弹簧；3-解锁楔块；4-外壳；5-Y 形爪；6-脱开弹簧；7-飞轮轮缘；
8-锁紧偏置弹簧；9-锁紧 SMA 丝；10-锁紧楔块

该机构的解锁驱动器由解锁楔块、解锁偏置弹簧、解锁 SMA 丝构成。锁紧驱动器由锁紧楔块、锁紧偏置弹簧、锁紧 SMA 丝构成。

飞轮锁紧机构的工作原理为：当锁紧指令发出后，对锁紧 SMA 丝通电，锁紧 SMA 丝收缩，将锁紧楔块拔出，同时压缩锁紧偏置弹簧，这时解锁楔块在预压缩的解锁偏置弹簧作用下向右运动，将解锁 SMA 丝拉伸，同时将 Y 形爪顶起，完成对飞轮的锁紧（图 6.1(b)是锁紧状态）。当释放指令发出后，对解锁 SMA 丝通电，解锁 SMA 丝收缩，将解锁偏置弹簧重新压缩，同时将解锁楔块拉回，Y 形爪随之下落，解除对飞轮的锁紧。当解锁楔块运动到特定的位置时，楔块在弹簧的作用下掉入楔块的槽中，将楔块锁住，完成机构的一个完整的工作过程（图 6.1(a)是解锁状态）。

采用上述方案及机构分布形式可以很好地解决抗三方向振动和保证同步性两个技术难点,具体措施如下。

(1) 抗三方向振动的技术难点可以从结构设计、机构分布等方面采取相应的解决措施。首先,设计了 Y 形爪进行支撑,如图 6.1 中 5 所示,Y 形爪中间开槽,在支撑时可以通过自身形变的自适应调节,使两爪都很好地对轮缘进行支撑,当 4 个机构共同支撑时(图 6.2),就可以提供 X、Y、Z 三个方向的支撑力,另外,为了保证 Y 形爪支撑不发生松动,将 Y 形爪楔角控制在自锁角范围内。

图 6.2　SMA 飞轮锁紧机构分布安装示意图

(2) 保证同步性的技术难点可以在解锁和锁紧驱动器中选用不同丝径的 SMA 丝来解决。锁紧驱动器选用了电阻较大、加热效率较高的小丝径 SMA 丝,从而保证了较短的作动时间,提高了锁紧同步性。

6.2.3　驱动器设计

锁紧机构的设计方案中,解锁、锁紧驱动器都由相应的 SMA 丝、偏置弹簧和楔块组成。以锁紧驱动器为例,在锁紧 SMA 丝收缩驱动锁紧楔块、从解锁楔块对应凹槽中拔出的过程中,在拔出前锁紧楔块主要受到来自凹槽内表面的摩擦力,拔出后该摩擦力忽然消失,SMA 丝中载荷出现突变。解锁驱动器也存在类似的载荷突变过程,因此解锁、锁紧驱动器都是典型的突变载荷直线驱动器。

利用 4.3.3 节介绍的 SMA 突变载荷直线驱动器设计方法进行设计,首先根据机构释放载荷和弹簧安装空间等确定设计输入条件。

考虑到飞轮锁紧机构需要锁紧的飞轮重量,以及振动力学环境引起的动态载荷,通过受力分析得出,解锁驱动器负载 $W_\mathrm{u}=5.3\mathrm{N}$,锁紧驱动器负载 $W_\mathrm{l}=9.8\mathrm{N}$。根据偏置弹簧安装空间、机构抗振动及冲击力学环境性能等要求,选取解锁偏置弹簧刚度 $k_\mathrm{u}=9.3\mathrm{N/mm}$,锁紧偏置弹簧刚度 $k_\mathrm{l}=8.7\mathrm{N/mm}$。解锁楔块要求的运动距离为5mm,锁紧楔块的卡位距离为2mm,综合考虑机构可靠性和包络尺寸限制,解锁、锁紧驱动器的触发位移安全系数SF均取为1.4。将上述设计输入条件汇总于表6.1。

表 6.1　SMA 解锁驱动器设计输入参数表

驱动器类型	驱动器负载 W/N	偏置弹簧刚度 $k/(N/mm)$	触发位移 s_t/mm	触发位移安全系数 SF
解锁驱动器	5.3	9.3	5	1.4
锁紧驱动器	9.8	8.7	2	1.4

选用含 Ti 量为 50% 的 NiTi 合金丝进行 SMA 驱动器设计,其材料参数如表 6.2 所示。利用 SMA 突变载荷直线驱动器设计方法进行设计,并从设计结果中选择最理想的一组设计参数。其中,解锁驱动器参数为:SMA 丝直径 0.7mm、长度 125mm,弹簧初始载荷 150N;锁紧驱动器参数为:SMA 丝直径 0.5mm、长度 50mm,弹簧初始载荷 60N。根据安装空间和偏置弹簧初始载荷、刚度等要求,设计出的偏置弹簧参数如表 6.3 所示。

表 6.2　SMA 材料参数表

本构参数	数值	本构参数	数值
E_A/MPa	53200	$M_s/℃$	39
E_M/MPa	28500	$M_f/℃$	17
ε_{max}	0.055	$\rho/(kg/m^3)$	6500
$C_A/(MPa/℃)$	10.5	$\Delta\eta/(J/(kg \cdot K))$	-17.77
$C_M/(MPa/℃)$	10.5	$\Delta u/(J/(kg \cdot K))$	-20
$A_f/℃$	75	σ_f/MPa	163
$A_s/℃$	62	σ_s/MPa	150

表 6.3　SMA 驱动器设计参数表

驱动器类型	弹簧丝直径 /mm	弹簧中径 /mm	弹簧总圈数	弹簧有效圈数	初始载荷 /N	SMA 丝直径 /mm	SMA 丝长度 /mm
解锁驱动器	2.8	21.7	9	7	150	0.7	125
锁紧驱动器	1.2	10.2	6	4	60	0.5	50

6.2.4　试验测试与验证

在上述方案的基础上进行了详细设计,完成了 6 个飞轮锁紧机构的加工和机构的装配工作,如图 6.3 所示,机构的实际包络尺寸为长 100mm×宽 48mm×高70.6mm,质量为 375g。为了系统地验证 SMA 飞轮锁紧机构的功能及性能指标是否满足技术要求,分别对其开展了机构的功能及性能、热环境试验、力学环境试验和寿命/可靠性试验等。

图 6.3　SMA 飞轮锁紧机构

1. 功能及性能试验

功能及性能试验主要研究 SMA 飞轮锁紧机构的自锁性能、响应时间、Y 形爪脱开位移等。

自锁性能测试是研究机构在锁紧情况下,能否按照设计要求实现自锁,保证机构可靠锁紧磁悬浮飞轮。试验装置如图 6.4 所示。锁紧机构安装在底板上,试验机上夹头通过压紧块压紧 SMA 飞轮锁紧机构的 Y 形爪。试验过程中,控制试验机向下压紧锁紧机构 Y 形爪,以验证机构的自锁能力。

依次进行了 3 次加载,载荷分别为 600N、800N、1000N,对应的加载力-位移曲线如图 6.5 所示。由图可知,SMA 飞轮锁紧机构在承受 1000N 载荷时,对应的位移仅为 0.19mm,这是由 Y 形爪、锁紧机构外壳以及试验加载系统的弹性变形引起的。因此,可以认为,SMA 飞轮锁紧机构具有良好的自锁能力,能满足磁悬浮飞轮锁紧的要求。

响应时间测试主要是研究 SMA 飞轮锁紧机构在通电后完成对飞轮的解锁、锁紧所需要的时间。锁紧及解锁过程的响应时间通过高速相机进行测量,如图 6.6 所示。用高速相机记录解锁过程 Y 形爪的运动情况,通过后期视频分析即可确定响应时间。通过试验得出,机构在 7V 直流电压下,能在 0.9s 内完成锁紧,在 5.6s 内完成解锁。

图 6.4　自锁功能试验装置

上夹头

压紧块

SMA锁紧
机构

支承板

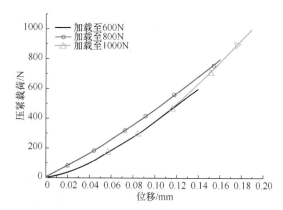

图 6.5　自锁测试曲线

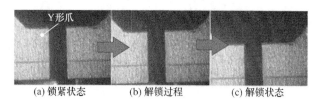

(a) 锁紧状态　　　(b) 解锁过程　　　(c) 解锁状态

图 6.6　解锁过程中 Y 形爪运动情况

Y 形爪脱开位移测试是考察 Y 形爪是否彻底与磁悬浮飞轮轮缘脱开,并按照设计状态保证了足够的安全距离。脱开距离测量可通过高速相机记录和后期处理完成。如图 6.7 所示,通过对视频进行后期处理,可得出 Y 形爪的脱开距离为2.4mm,保证了磁悬浮飞轮和 Y 形爪之间的安全距离。

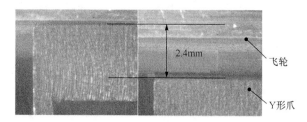

2.4mm

飞轮

Y形爪

图 6.7　Y 形爪脱开距离测试

2. 热环境试验

热真空试验是热环境试验的一种,主要考察 SMA 飞轮锁紧机构在真空、热环境条件下的锁紧性能及其锁紧失效的最高环境温度。将锁紧状态的 SMA 飞轮锁紧机构放入热真空箱中,进行热循环试验,对应的试验条件如图 6.8 所示。

在经历 4 个循环后,SMA 飞轮锁紧机构锁紧功能良好,未失效。随后将温度从 65℃开始升高,并在依次在 70℃、75℃、80℃、85℃各温度测试点保温 20min。最终,SMA 飞轮锁紧机构在温度为 87℃时锁紧失效,如图 6.9 所示。

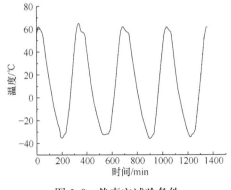

图 6.8　热真空试验条件

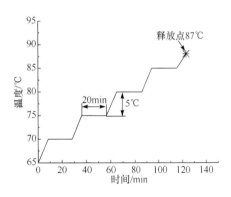

图 6.9　失效温度考核试验条件

3. 力学环境试验

　　力学环境试验考察 SMA 飞轮锁紧机构能否保护磁悬浮飞轮不受火箭发射时的振动载荷损坏。试验首先将 4 个机构与磁悬浮飞轮装配在一起,通电使 SMA 飞轮锁紧机构锁紧飞轮,然后将该装配体安装在振动试验台上,如图 6.10 所示。随后分别进行 X、Y、Z 三个方向的准鉴定级以及验收级正弦、随机和冲击试验。

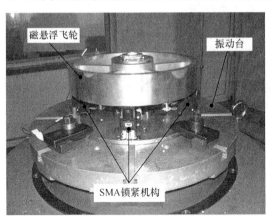

图 6.10　力学环境试验装置

　　在完成振动试验后,对 4 个机构通电,所有机构均成功解锁,磁悬浮飞轮能自由旋转。通过试验结果分析,正弦、随机、冲击激励前后装配体的模态改变很小,频率偏差最大值不超过 8%。说明在振动过程中,SMA 飞轮锁紧机构对磁悬浮飞轮的锁紧可靠,有效避免了振动载荷对磁悬浮飞轮的损坏。

4. 寿命/可靠性试验

　　为了验证 SMA 飞轮锁紧机构的使用寿命和多次使用时 SMA 解锁驱动器的

输出位移衰减情况,开展了寿命/可靠性试验。

试验中采用图 6.11 所示的试验装置测量 SMA 解锁驱动器的输出位移,对 SMA 飞轮锁紧机构进行了 100 次试验,对应的位移-作动次数曲线如图 6.12 所示。由试验结果可知,该机构在作动 76 次后,SMA 驱动器输出位移开始小于 5mm (SMA 飞轮锁紧机构能成功解锁要求的解锁楔块运动位移至少为 5mm),SMA 飞轮锁紧机构不能成功解锁,锁紧机构可重复作动次数为 76 次,能够满足机构在地面试验以及在轨释放对次数的要求。需要指出的是,试验得出的使用寿命仅针对测试的机构而言,对于同批次机构的寿命及可靠性,还需要对多个机构进行大量释放试验,进行统计分析才能得出。

电源　　SMA锁紧机构　激光位移传感器

图 6.11　输出位移测试装置

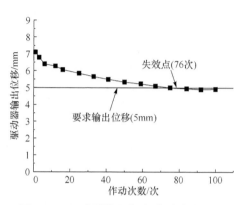

图 6.12　驱动器输出位移-作动次数曲线

通过上述几方面的试验研究,得出了 SMA 飞轮锁紧机构的参数,具体如表 6.4 所示。

表 6.4　SMA 飞轮锁紧机构参数表

项目	参数
包络尺寸/mm	长 100×宽 48×高 70.6
质量/g	375
工作电压/V	2～7
释放时间/s(额定电压/V)	解锁作动:5.6(7) 锁紧作动:0.9(7)
使用寿命/次	＞70
高温性能	87℃下锁紧不失效
冗余设计	无
验证情况	地面试验

6.3　SMA 馈源锁紧机构[21]

6.3.1　设计需求分析

星载伺服系统在工作过程中馈源组件需要以固定周期旋转来接收信号,伺服系统的馈源组件与固定部分存在垂直间隙(轴承游隙),在卫星发射阶段的振动和冲击载荷作用下,会对馈源组件造成损坏。因此,需要空间锁紧机构在卫星发射阶段锁紧馈源组件、消除间隙,使馈源组件能够承受发射环境下的振动和冲击载荷;在卫星进入轨道后,通过释放指令解除约束,使馈源组件能够自由旋转,正常工作。另外,由于馈源结构尺寸比较大,所处环境温差比较大,结构在冷热环境下的热变形可达 1~2mm,因此在锁紧机构设计中必须保证机构解锁后有足够的脱开间隙。

6.3.2　结构方案设计

针对上述设计需求,提出了图 6.13 所示的方案。该方案主要由锁紧/解锁单元和夹持单元两部分构成。其中锁紧/解锁单元由 SMA 丝、压紧弹簧、楔块构成,用来驱动夹持单元运动;夹持单元由 Y 形爪、脱开弹簧构成,用来锁紧、解锁馈源组件。

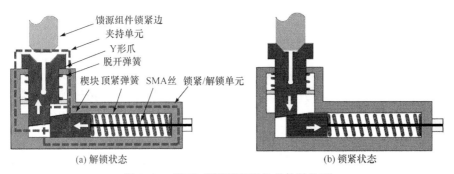

(a) 解锁状态　　　　　　　　　　　　　　(b) 锁紧状态

图 6.13　SMA 馈源锁紧机构总体结构图

机构工作原理如下:在锁紧状态下,楔块顶起 Y 形爪,楔块与 Y 形爪的接触面形成自锁,同时,Y 形爪压紧馈源组件上的锁紧边,实现对馈源组件的锁紧(锁紧状态如图 6.13(b)所示)。当解锁指令发出后,对 SMA 丝通电,使其收缩,驱动楔块向右运动,Y 形爪在预压缩脱开弹簧作用下下降,释放馈源组件(解锁状态如图 6.13(a)所示)。当需要复位,重新锁紧时,在辅助工装的辅助下,将 Y 形爪向上托起,同时推动楔块向左运动,重新顶紧 Y 形爪,实现对馈源组件锁紧。

为了使锁紧机构在有限的包络尺寸内保证锁紧能力、解锁可靠性、抗振动及冲击载荷能力等,在结构设计中采取了如下措施。

(1) 为保证压紧弹簧能驱动楔块顶起馈源组件,并保证在巨大振动、冲击载荷作用下,Y 形爪不发生松动,楔块的上表面与 Y 形爪的下表面设计成摩擦自锁结构,配合角度为 7°,远小于自锁角(摩擦系数取为 0.2,对应自锁角为 11.3°)。

(2) 为提高自锁式 SMA 馈源锁紧机构[21]的解锁可靠性,解锁在单路 SMA 丝能成功驱动机构解锁的前提下,采用两路独立的 SMA 丝同时进行驱动,实现了冗余驱动。

(3) 为保证解锁后,Y 形爪与馈源组件锁紧边的间隙足够大,将 Y 形爪与楔块接触的位置设计成图 6.14 所示的阶梯结构,使脱开后 Y 形爪下降达 5mm,保证馈源组件锁紧边和 Y 形爪的间隙达 3.5mm。

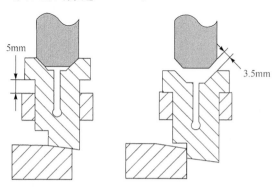

图 6.14　Y 形爪脱开间隙示意图

6.3.3　驱动器设计

该方案中的驱动器主要由 SMA 丝、偏置弹簧和楔块组成。在 SMA 丝收缩驱动楔块向右运动过程中,Y 形爪会从楔块上滑落,实现解锁。在解锁前楔块主要受到来自 Y 形爪的摩擦力,解锁后该摩擦力忽然消失,SMA 丝中载荷出现突变,因此该驱动器是典型的突变载荷直线驱动器。

利用 4.3.3 节介绍的 SMA 突变载荷直线驱动器设计方法进行设计。首先根据机构释放载荷和弹簧安装空间等确定设计输入条件。

考虑到馈源锁紧机构需要锁紧的馈源重量,以及振动力学环境引起的动态载荷,通过受力分析得出 SMA 驱动器负载 $W=64N$。根据偏置弹簧安装空间、机构抗振动及冲击力学环境性能等要求,选取偏置弹簧刚度 $k=6N/mm$。楔块要求的运动距离为 4mm,即驱动器的触发位移 $s_t=4mm$。综合考虑机构可靠性和包络尺寸限制,驱动器的位移安全系数 SF 取为 2。将上述设计输入条件汇总于表 6.5。

表 6.5　SMA 驱动器设计输入参数表

驱动器负载 W/N	偏置弹簧刚度 k/(N/mm)	触发位移 s_t/mm	触发位移安全系数 SF
64	6	4	2

该机构采用的材料参数和 SMA 飞轮锁紧机构相同,其材料参数如表 6.2 所示,利用 SMA 突变载荷直线驱动器设计方法进行设计,并从设计结果中选择最理想的一组设计参数:SMA 丝直径 0.7mm、长度 197mm,弹簧初始载荷 120N。根据安装空间和偏置弹簧初始载荷、刚度等要求,设计出的偏置弹簧参数如表 6.6 所示。

表 6.6　SMA 驱动器设计参数表

弹簧丝直径 /mm	弹簧中径 /mm	弹簧总圈数	弹簧有效圈数	初始载荷 /N	SMA 丝直径 /mm	SMA 丝长度 /mm
2	12.4	15.5	13.5	120	0.7	197

6.3.4　试验测试与验证

在上述方案的基础上进行了详细设计,完成了 5 个 SMA 馈源锁紧机构的加工和机构的装配工作,机构的实际包络尺寸为:长 113mm×宽 41mm×高 54mm,质量为 294g。为了系统地验证 SMA 馈源锁紧机构的功能及性能指标是否满足技术要求,分别对其开展了机构的功能及性能试验、热环境试验和寿命/可靠性试验等。

1. 功能及性能试验

功能及性能试验主要研究 SMA 飞轮锁紧机构的自锁性能和响应时间。

自锁性能测试是研究机构在锁紧情况下,能否按照设计要求实现自锁,保证机构可靠锁紧馈源组件。试验装置如图 6.15 所示,锁紧机构安装在底板上,试验机上夹头通过压紧块压紧 SMA 馈源锁紧机构的 Y 形爪。试验过程中,控制试验机向下压紧锁紧机构 Y 形爪,同时通过激光位移传感器测试楔块水平移动的距离,以验证机构的自锁能力。

利用试验机对 SMA 馈源锁紧机构分三级逐级加载,从 500N 加至 1200N 最后加至 1700N,每一级保载 15s。试验结果表明,当 SMA 馈源锁紧机构被加载至 1700N 时,4 套机构(生产了 5 套,仅对其中 4 套开展试验研究)楔块在保载时间内移动距离最大为 0.022mm,如图 6.16 所示,这主要是由楔块的弹性形变和系统间隙引起的。因此,可以认为,SMA 馈源锁紧机构具有良好的自锁能力,能满足馈源组件锁紧的要求。

响应时间测试是为了测量通电电流对 SMA 馈源锁紧机构响应时间的影响。试验装置如图 6.15 所示。试验中通过试验机对 Y 形爪加载 100N 载荷,分别在 2.5A、3A、3.5A、4A 直流电流下进行释放,同时测量楔块的运动情况,记录解锁所需时间。

电流对释放时间的影响如图 6.17 所示。由图可知,随着通电电流的增大,释放时间减少明显。从图 6.18 可以看出,解锁时间主要由两部分构成,一部分是 SMA 丝的预加热段,另一部分是机构的工作段。随着通电电流的减小,SMA 丝预热段的增长是导致解锁时间变长的主要原因。

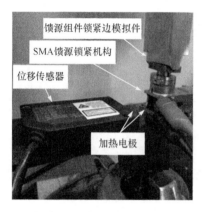

图 6.15　自锁功能试验装置

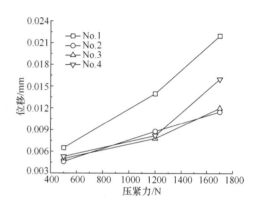

图 6.16　4 套机构自锁测试曲线

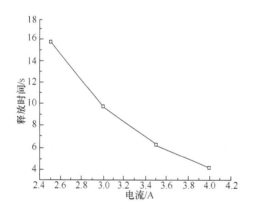

图 6.17　电流对释放时间的影响

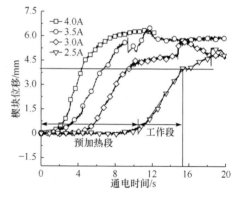

图 6.18　电流对释放过程的影响

2. 热环境试验

高温试验用来测试 SMA 馈源锁紧机构保持锁紧状态下所能承受的最高温度。试验在高温箱中进行,控制温度从 60℃开始每次增加 10℃,控制加热速度为 2℃/min,每个温度段保温 5min。试验结果如图 6.19 所示,SMA 馈源锁紧机构在 92℃时解锁,说明该机构在低于 92℃时可以正常工作。

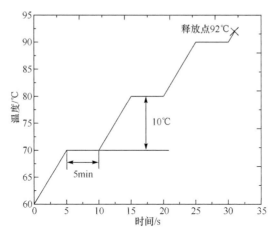

图 6.19　环境温度对锁紧性能的影响

3. 寿命/可靠性试验

为了验证 SMA 馈源锁紧机构的使用寿命和多次使用时 SMA 解锁驱动器的输出位移衰减情况,开展了寿命/可靠性试验。

试验装置如图 6.20 所示,将锁紧机构和位移传感器固定在试验平台上,对锁紧机构通 3A 电流进行反复解锁,并利用位移传感器测试机构楔块的位移。试验结果如图 6.21 所示。由图可知,随着作动次数增加,SMA 驱动器输出的位移衰减很快,在第 33 次时,位移已经从 6.3mm 衰减到了 4.2mm,接近驱动器要求的输出位移 4mm。因此,可以判定该机构的寿命在 33 次以上,能够满足机构在地面试验以及在轨释放对次数的要求。需要指出的是,试验得出的使用寿命仅针对测试的机构而言,对于同批次机构的寿命及可靠性,还需要对多个机构进行大量释放试验,进行统计分析才能得出。

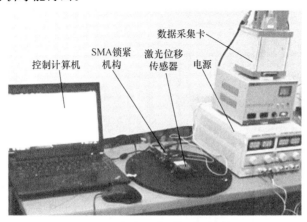

图 6.20　功能衰减性能试验装置

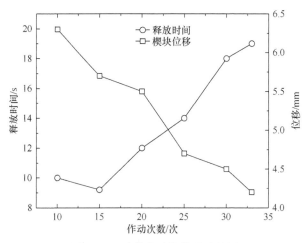

图 6.21　功能衰减性能试验结果

通过上述几方面的试验研究,得出了 SMA 馈源锁紧机构的参数,具体如表 6.7 所示。

表 6.7　SMA 馈源锁紧机构参数表

项目	参数
包络尺寸/mm	长 113×宽 41×高 54
质量/g	294
工作电流/A	2.5~7
释放时间/s(额定电流/A)	<20(3)
使用寿命/次	>33
高温性能	92℃下锁紧不失效
冗余设计	有
验证情况	地面试验

6.4　SMA 电机[16,22~28]

6.4.1　设计需求分析

SMA 电机通过 SMA 丝和特定的运动转换机构,将 SMA 丝的直线运动转换为旋转运动输出。SMA 电机可用于驱动特定结构运动,实现对航天器结构的解锁和锁紧功能,当然也可以应用在其他需要旋转运动输入的场合。

SMA 电机输出的运动是转角,而 SMA 丝相变时产生的是直线伸缩运动,因

此当 SMA 丝用于空间旋转驱动装置时,会面临以下两个技术难点:①如何将
SMA 丝的直线运动转换为旋转运动;②如何在有限的 SMA 丝安装空间内满足输
出旋转角度的要求。

6.4.2　结构方案设计

针对以上两方面的技术难点,结合 SMA 材料的驱动特点,提出以下结构设计
方案。

对于将 SMA 丝直线运动转换为旋转运动的问题,提出了 SMA 丝旋转驱动器
设计方案。该方案利用摩擦棘轮将 SMA 丝-弹簧构成的双程直线驱动器输出的
直线运动转换为单向旋转运动。

旋转驱动器如图 6.22 所示,主要由弹簧、SMA 丝、中介盘、摩擦棘轮、止动棘
轮和摩擦棘爪组成。其中,中介盘和主轴可相对旋转,而摩擦棘轮和主轴固连。其
工作过程分为作动过程和复位过程两个部分,首先对经预拉伸的 SMA 丝通电加
热,达到相变温度后,SMA 丝开始收缩,并以 O 为轴心,拉动中介盘沿 C 向转动,
实现对外输出旋转运动同时拉伸弹簧,完成作动过程;通电结束后,SMA 丝温度下
降,回复力减小,以致小于弹簧的拉力,在弹簧拉力作用下,中介盘沿 D 向转动,同
时把 SMA 丝拉伸到初始长度,完成复位过程。

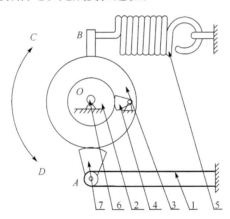

图 6.22　SMA-弹簧驱动器原理图

1-SMA 丝;2-摩擦棘轮;3-中介盘;4-止动棘轮;5-弹簧;6-主轴;7-摩擦棘爪

在作动过程中,中介盘带动摩擦棘爪首先使其与摩擦棘轮呈啮合状态,然后带
动摩擦棘轮沿 C 向继续旋转,从而带动主轴实现扭矩输出;在复位过程中,摩擦棘
爪对摩擦棘轮沿 D 向有滑动摩擦力,从而使其与止动棘爪啮合,保持静止状态,不
随中介盘沿 D 向转动,从而实现了主轴 6 以间歇运动形式输出扭矩。

针对如何在有限的 SMA 丝安装空间内满足输出旋转角度要求的技术难点,

此处不考虑需要输出的角度的具体值,而是考虑如何使驱动装置实现连续旋转,这样便可满足各种输出角度的要求。

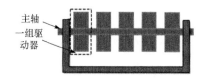

主轴
一组驱动器

图 6.23　同轴分列式结构原理图

为了实现连续旋转输出,将 5 个 SMA 丝旋转驱动器串联在一起,形成同轴分列式结构,如图 6.23 所示,所有旋转驱动器的摩擦棘轮都与主轴固连,因此在其中一组作动时,其他组的摩擦棘爪就充当了止动棘爪。在控制系统的作用下,间隔一定时间,对 SMA 丝依次通电,便可实现主轴的连续旋转。

通过以上两方面的结构设计,完成了 SMA 电机的总体结构设计,三维模型如图 6.24 所示。

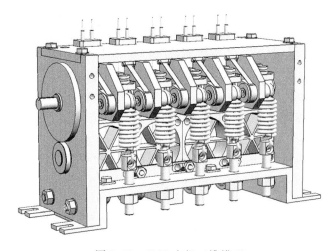

图 6.24　SMA 电机三维模型

6.4.3　驱动器设计

该方案中的驱动器主要由 SMA 丝、偏置弹簧组成。该驱动器和前述所有驱动器都不同,它在工作过程中没有载荷突变,而是随弹簧力的增加而线性变化,是典型的线性变载荷驱动器。

利用 4.3.2 节介绍的 SMA 线性变载荷直线驱动器设计方法进行设计,首先根据机构释放载荷和弹簧安装空间等确定设计输入条件。

在工作过程中,SMA 驱动器仅需要克服偏置弹簧的弹力,没有相应的负载,因此驱动器的负载 $W=0\text{N}$。根据结构设计中弹簧安装空间的要求,偏置弹簧刚度选为 25N/mm,驱动器的作动位移取为 $s=3.8\text{mm}$。将上述设计输入条件汇总于表 6.8。

表 6.8　SMA 驱动器设计输入参数表

驱动器负载 W/N	偏置弹簧刚度 k/(N/mm)	作动位移 s/mm
0	25	3.8

选用含 Ti 量为 50% 的 NiTi 合金丝进行 SMA 驱动器设计,其材料参数如表 6.9 所示。利用 SMA 线性变载荷直线驱动器设计方法进行设计,并从设计结果中选择最理想的一组设计参数:SMA 丝直径 0.5mm、长度 105mm,弹簧初始载荷 47N、弹簧刚度 25N/mm。根据安装空间和偏置弹簧初始载荷、刚度等要求,设计出的偏置弹簧参数如表 6.10 所示。

表 6.9　SMA 材料参数表

本构参数	数值	本构参数	数值
E_A/MPa	62000	M_s/℃	23
E_M/MPa	24500	M_f/℃	8
ε_{max}	0.05	ρ/(kg/m^3)	6500
C_A/(MPa/℃)	8.5	$\Delta\eta$/(J/(kg·K))	-17.77
C_M/(MPa/℃)	8.5	Δu/(J/(kg·K))	-20
A_f/℃	55	σ_f/MPa	142
A_s/℃	36	σ_s/MPa	120

表 6.10　SMA 驱动器设计参数表

弹簧丝直径 /mm	弹簧中径 /mm	弹簧总圈数	弹簧有效圈数	初始载荷 /N	SMA 丝直径 /mm	SMA 丝长度 /mm
1.60	9.6	7	2	65	0.5	105

根据前述设计结果,应用第 4 章介绍的多相变 SMA 一维本构模型对单个 SMA 驱动器的转角进行 MATLAB 编程计算,结果如图 6.25 所示。由图可知,单个驱动器最大可转动 14.5°。随后对 5 个 SMA 驱动器连续旋转进行了计算,其转角-时间曲线如图 6.26 所示。由图可知,该 SMA 电机的理论转速为 0.52r/min。

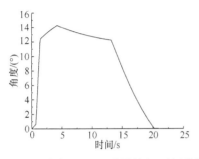

图 6.25　单个 SMA 驱动器转角-时间曲线

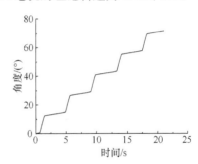

图 6.26　连续旋转转角-时间曲线

在完成转角及转速计算后,对 SMA 电机的扭矩进行了计算。单个 SMA 驱动器的扭矩-时间曲线如图 6.27 所示。由图可知,单个 SMA 驱动器理论上最大可输出 1008N·mm 的扭矩;多个驱动器连续旋转的扭矩输出如图 6.28 所示。由图可知,连续旋转的扭矩并不连续,存在周期性的波动。

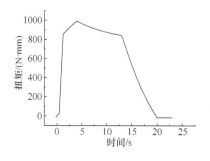

图 6.27　单个 SMA 驱动器扭矩-时间曲线　　　图 6.28　　连续旋转的扭矩输出

最后应用第 4 章发展的双程 SMA 驱动器疲劳寿命模型对 SMA 电机的疲劳性能进行计算,对单个 SMA 驱动器进行了 120 次作动,其中第 1、10、20、30、40、80 及 120 次的相变应变-温度曲线如图 6.29 所示。由图可知,随着作动次数的增加,滞回环逐渐向上漂移,而且逐渐缩小,最终趋于稳定。随后对单个驱动器的转角进行了计算,结果如图 6.30 所示。由图可知,SMA 驱动器的转角随着作动次数的增加而减小,最终趋于稳定,稳定后的输出转角约为 13.1°。

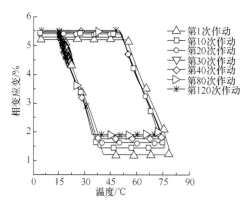
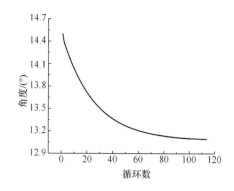

图 6.29　单个 SMA 驱动器多次
回复的应变-温度曲线

图 6.30　旋转驱动器转角衰减曲线

6.4.4　试验测试与验证

在完成了设计及相关计算后,对 SMA 电机进行了生产加工,SMA 电机如

图 6.31 所示。为了验证 SMA 电机是否满足设计要求，对其转角及疲劳性能进行了试验验证。

图 6.31　SMA 电机实物图

1. 转角测试

SMA 电机的输出转角测试试验装置如图 6.32 所示。其中，控制电路用于对 SMA 电机各个旋转驱动器的通电时间及顺序进行控制，电源用于对 SMA 电机供电，编码器用于测量 SMA 电机的转角，显示器用于显示编码器测得的角度值。

将编码器测得的 SMA 电机转角-时间数据绘制成曲线，并和仿真值对比，如图 6.33 所示。由图可知，计算结果和试验结果吻合得比较好。试验结果表明，单个 SMA 驱动器最大输出转角为 14.6°，和理论计算基本一样。

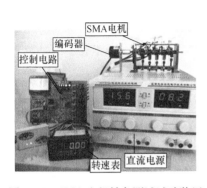

图 6.32　SMA 电机转角测试试验装置

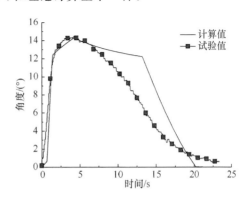

图 6.33　单个驱动器转角-时间曲线

对多个 SMA 驱动器连续旋转的转角进行了测试,结果如图 6.34 所示。由图可知,多个 SMA 驱动器连续工作时,试验测得转角输出为 0.28r/min,比计算值小。这是由于真实的 SMA 电机在摩擦棘轮和棘爪处会打滑,导致了转角的损失。

2. 性能衰减测试

对驱动器多次作动的性能衰减进行测试。由试验结果可知,随着作动次数的增加,单个 SMA 驱动器输出的转角减小,但最终会趋于稳定,稳定后的转角输出约为 13.1°,转角输出的性能衰减曲线如图 6.35 所示。将驱动器设计中的输出转角衰减曲线和试验值对比(图 6.35)可知,计算结果和试验结果吻合得比较好,验证了驱动器设计的精度。

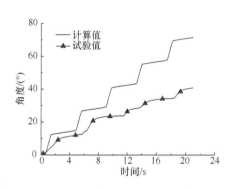

图 6.34　连续旋转转角-时间曲线

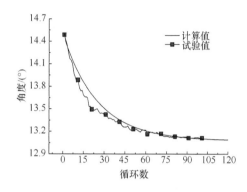

图 6.35　单个 SMA 驱动器性能衰减曲线

通过上述几方面的试验研究,得出了 SMA 电机的参数,具体如表 6.11 所示。

表 6.11　SMA 电机参数表

项目	参数
包络尺寸/mm	长 140×宽 90×高 60
质量/g	520
工作电流/A	1.9~7
转速/(r/min)	0.28
单次最大转角/(°)	14.6
验证情况	地面试验

6.5　小　结

本章发展了 SMA 磁悬浮飞轮锁紧机构、SMA 馈源锁紧机构和通用的 SMA 电机三个机构,它们具有如下特点:

（1）SMA 磁悬浮飞轮锁紧机构利用两套 SMA 驱动器实现了自动锁紧及解锁，可用于在轨需要重复锁紧及解锁的结构，如需要变轨时锁紧及变轨后解锁的磁悬浮飞轮。

（2）SMA 锁源锁紧机构牺牲了自动复位功能，设计了具有阶梯结构的 Y 形爪，使解锁后机构与被锁紧结构锁紧边之间有足够的间隙，非常适用于热变形大的结构的锁紧。

（3）SMA 电机具有输出扭矩大、转速低的特点，可通过其输出的转动来实现锁紧功能，适合驱动锁紧同步性不高、锁紧力要求大的结构的锁紧。

参 考 文 献

[1] Livet J L, Bretaudeau M. Temporary locking device for inertia wheel. U. S. Patent: 4345485, 1982.

[2] Privat M, Costa A. Pneumatic locking device for magnetic bearing reaction wheel. 10th European Space Mechanisms and Tribology Symposium, San Sebastian, 2003: 1-8.

[3] De Guelis H V, Joly J L. Device for temporarily locking a rotor onto a stator. U. S. Patent: 4872357, 1989.

[4] Beau J F, Gauthier M. Kinetic wheel arrangement incorporating magnetic suspension provided with means for caging its rotor. U. S. Patent: 4566740, 1986.

[5] Yoshiharu H T S. Locking mechanism of magnetic bearing device. JPS: 619399(A), 1986.

[6] Scharfe M, Roschke T, Bindl E, et al. The challenges of miniaturisation for a magnetic bearing wheel. 9th European Space Mechanisms and Tribology Symposium, Liege, 2001: 17-24.

[7] Li X N, Zhou S Q, Yao Z Y. Research on locking device driven by ultrasonic motor for magnetic bearing flywheel. Symposium on Piezoelectricity, Acoustic Waves and Device Applications, Shanghai, 2012: 57-60.

[8] Liu Q, Fang J, Han B. Novel electromagnetic repeated launch locking/unlocking device (RLLUD) based on self-locking for magnetic bearing flywheel. Sensors and Actuators A: Physical, 2012, 175: 116-126.

[9] 韩邦成, 刘强. 基于自锁原理的磁悬浮飞轮电磁锁紧机构. 光学精密工程, 2009, 17(10): 2456-2464.

[10] 刘强, 房建成, 韩邦成, 等. 磁悬浮飞轮用可重复电磁锁紧装置的设计与试验. 机械工程学报, 2012, 48(8): 12-20.

[11] 闫晓军, 张小勇, 聂景旭, 等. 采用 SMA 驱动的小型空间磁悬浮飞轮锁紧机构. 北京航空航天大学学报, 2011, 37(2): 127-131.

[12] Zhang X Y, Yan X J, Zhang S, et al. Development of a novel shape memory alloy-actuated resettable locking device for magnetic bearing reaction wheel. Review of Scientific Instruments, 2014, 85(1): 015006.

[13] 于海, 张小勇, 闫晓军, 等. 磁悬浮飞轮锁紧组件设计报告. 北京: 北京航空航天大学, 2009.

[14] 闫晓军, 于海, 张辉, 等. 采用形状记忆合金驱动的顶紧装置. 中国: 200710177158.6, 2007.

[15] 于海. 新型高负荷智能空间锁紧机构的研制. 北京:北京航空航天大学硕士学位论文,2007.

[16] 张小勇. 用于疲劳寿命预测的 SMA 本构模型及其工程应用. 北京:北京航空航天大学博士学位论文,2012.

[17] Christopher D A, Beach R. Flywheel technology development program for aerospace applications. IEEE Aerospace and Electronic Systems Magazine,1998,13(6):9-14.

[18] Gerlach B, Ehinger M, Raue H K, et al. Digital controller for a gimballing magnetic bearing reaction wheel. 6th International ESA Conference on Guidance, Navigation and Control Systems,2005:15-18.

[19] Scharfe M, Roschke T, Bindl E, et al. Design and development of a compact magnetic bearing momentum wheel for micro and small satellites. 15th Annual/USU Conference on Small Satellites,2001.

[20] Sabnis A V, Dendy J B, Schmitt F M. A magnetically suspended large momentum wheel. Journal of Spacecraft and Rockets,1975,12(7):420-427.

[21] 秦晓宇,张小勇,张辉,等. 形状记忆合金压紧释放机构方案设计报告. 北京:北京航空航天大学,2013

[22] Zhang X Y, Yan X J. Continuous rotary motor actuated by multiple segments of shape memory alloy wires. Journal of Materials Engineering and Performance,2012,21(12):2643-2649.

[23] 刘颖,闫晓军. 一种连续旋转 SMA 电机的设计与试验. 航空动力学报,2010,(9):2023-2029.

[24] 闫晓军,张小勇,张辉,等. 大扭矩连续旋转型 SMA 电机. 中国:200910077840.7,2009.

[25] 傅石雨,闫晓军. 基于电阻反馈的 SMA 驱动器控制系统电路设计. 电气技术与自动化,2009,6(38):120-123.

[26] 张小勇,闫晓军. 旋转型 SMA 电机的设计与试验研究. 北京航空航天大学第七届研究生学术论坛,北京,2010.

[27] 傅石雨. 新型连续转动形状记忆合金电机控制系统研究. 北京:北京航空航天大学硕士学位论文,2009.

[28] 刘颖. 一种连续旋转 SMA 电机的设计与试验研究. 北京:北京航空航天大学硕士学位论文,2009.

第 7 章　SMA 减振结构

7.1　概　　述

SMA 减振结构是利用 SMA 的形状记忆效应、超弹性、材料阻尼等特性来降低系统或结构的振动水平,从而提高结构性能或可靠性的一类智能结构[1~3]。本章主要介绍两种 SMA 减振结构:主动变刚度的转子支承结构和拟橡胶金属减振器。

SMA 主动变刚度的转子支承结构利用 SMA 驱动器改变支承结构内部的传力路径,从而改变结构支承刚度。该智能减振结构采用 SMA 丝驱动,响应时间快,能够在转子通过临界转速时迅速完成支承结构的刚度变换,有效抑制转子过临界转速时的振动,使转子系统在整个转速范围内没有共振产生,在航空发动机等旋转机械领域有很好的应用前景。

SMA 拟橡胶金属减振器中采用了 SMA 拟橡胶金属元件。该元件综合了 SMA 材料的大阻尼特性和特殊的拟橡胶金属增阻结构,进一步增大了减振器的阻尼,同时具有非常好的抗变形能力。因此,SMA 拟橡胶金属减振器对于具有宽带特征的随机载荷有很好的减振性能。

围绕两种 SMA 智能结构的工作原理、结构设计以及相关的试验研究结果,本章还对试验中发现的新现象进行介绍和分析,在此基础上提出通过预压缩/预拉伸来优化减振器性能的原理和方法。

7.2　主动变刚度的转子支承结构[4,5]

7.2.1　设计需求分析

转子系统在临界转速附近或通过临界转速时,振动幅值会显著增大,有时转子系统甚至无法通过临界转速,严重影响转子和其他相关部件的结构完整性。航空发动机转子系统的工作转速一般都在 10000r/min 以上,小型航空发动机的工作转速可以高达 100000r/min 以上,远高于转子系统的一阶,有时高于二阶临界转速,从停车状态到工作状态或者从工作状态到停车状态,必然经过临界转速,因此转子在临界转速附近的振动问题就更加突出,严重影响了飞行器的性能和寿命。

为了使转子能够比较平稳地通过临界转速,一种有效的方法是设计主动变刚度的转子支承结构。它通过在转子即将进入共振工作状态时改变转子支承系统的刚度,从而改变系统的临界转速,避免转子发生共振。

7.2.2　结构方案设计

针对转子过临界转速时的振动问题,可以在转子的支承结构中使用 SMA 驱动器,通过主动改变转子支承刚度,抑制转子过临界转速时的振动。进行方案设计时,首先分析方案的工作原理,再对影响方案振动抑制效果的关键参数进行分析。

1. 工作原理

如图 7.1 所示,假设转子支承刚度可以主动地在 K_1 和 K_2 之间改变,原支承刚度为 K_1 时,振动响应曲线为 A_1:0-a_1-b-b_1-c_1,一阶临界转速是 n_{cr1}^1,转子工作转速范围为 $n_1 \leqslant n \leqslant n_2$。增加支承刚度,临界转速同步增大,振动位移响应曲线的峰值也同步右移。刚度增加到 K_2 时,振动位移曲线由 A_1 变为 A_2:0-a_2-b-b_2-c_2,两曲线相交于 b 点,其对应的转速为 n_b。

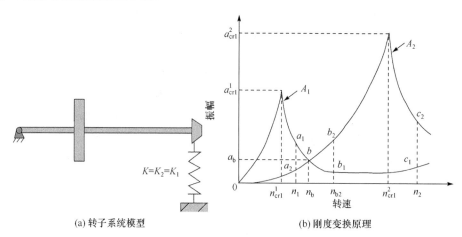

(a) 转子系统模型　　　　　　　　　　　(b) 刚度变换原理

图 7.1　主动变刚度支承方案原理

主动变刚度转子支承结构对转子振动抑制的原理如下:当转子转速 $0 < n < n_b$ 时,支承刚度为 K_2,振动位移响应曲线为 0-a_2-b;当转速 $n = n_b$ 时,支承刚度突变为 K_1;当 $n_b < n \leqslant n_2$ 时,振动位移响应曲线为 b-b_1-c_1。因此,转子在整个运行过程中振动位移响应曲线变为 0-a_2-b-b_1-c_1,可以平稳地经过临界转速 n_{cr1}^1,而且最大振动位移 a_b 远小于支承刚度为 K_1 时转子的最大振动位移 a_{cr1}^1。适当优化选择 K_1、K_2 和 K_1/K_2,能够控制 b 点的振动位移 a_b,使振动响应曲线平缓,保证转子始终运转平稳。

基于以上变刚度振动抑制原理,本书中采用了图 7.2 所示的转子主动变刚度支承结构方案[4]。该方案包含两套 SMA 驱动器,分别是楔紧 SMA 驱动器(楔紧

SMA 丝、楔紧偏置弹簧和楔块)和止动 SMA 驱动器(止动 SMA、止动偏置弹簧和止动块)。该方案具有 3 个工作状态:①正常工作状态;②升速过程主动改变支承刚度;③降速过程主动改变支承刚度。

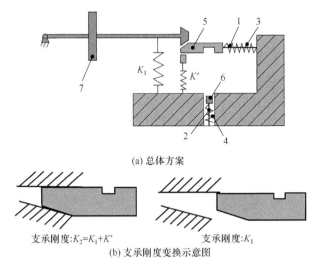

(a) 总体方案

支承刚度:$K_2 = K_1 + K'$　　　　　　　支承刚度:K_1

(b) 支承刚度变换示意图

图 7.2　主动变刚度支承结构方案

1-楔紧 SMA 丝;2-止动 SMA 丝;3-楔紧偏置弹簧;4-止动偏置弹簧;
5-楔块;6-止动块;7-转子

变刚度支承在正常工作状态时,楔块在楔紧偏置弹簧的压力作用下位于最左位置,楔块将弹性支承 K' 和转子连接,转子支承刚度为 $K_2 = K_1 + K'$,此时止动块位于楔块上凹槽的外面。

在升速过程主动改变支承刚度时,在主动变刚度点给楔紧 SMA 丝通电加热,楔块被拉向右侧,楔紧偏置弹簧被压缩。楔块上的凹槽运动到止动块正下方时,止动块在止动偏置弹簧的作用下被压入凹槽,楔块被止住,同时楔紧 SMA 丝断电冷却。这时转子支承刚度由 K_2 变为 K_1。楔块向右运动位移为 Δ,当斜面斜率为 $1:n'$ 时,楔块同转子完全脱离的间隙为 $\Delta_r = \Delta/n'$。

在降速过程主动改变支承刚度时,在主动变刚度点给止动 SMA 丝通电加热,止动块从凹槽中拔出,楔块在楔紧偏置弹簧的压力作用下,被推到最左侧,之后止动 SMA 丝断电冷却。这时转子与弹性支承 K' 连接到一起,则支承刚度由 K_1 变回 $K_2 = K_1 + K'$。

在升速和降速过程中,变刚度支承系统的刚度变化如图 7.3 所示。实线为升速过程中转子支承的刚度,虚线为降速过程中转子支承的刚度,刚度在 b 点突变,避开一阶临界振动。

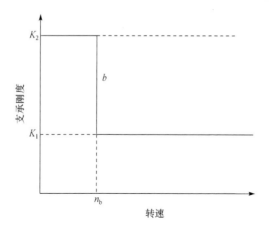

图 7.3　主动控制的智能支承刚度

2. 关键参数分析

该方案在刚度变化过程中,转子系统由亚临界向超临界状态过渡,必然伴随着各种力的调整和平衡过程,整个系统有可能由此而失稳。因此,如何成功抑制系统在刚度变化过程中的响应,将是实现变刚度理论的关键。

基于图 7.4 所示的转子系统模型,刚度可变的二自由度转子系统的振动方程可写为

$$\begin{bmatrix} m & 0 \\ 0 & m \end{bmatrix} \begin{Bmatrix} \ddot{x} \\ \ddot{y} \end{Bmatrix} + \begin{bmatrix} C_{xx} & C_{xy} \\ C_{yx} & C_{yy} \end{bmatrix} \begin{Bmatrix} \dot{x} \\ \dot{y} \end{Bmatrix} + \begin{bmatrix} K(t)_{xx} & K(t)_{xy} \\ K(t)_{yx} & K(t)_{yy} \end{bmatrix} \begin{Bmatrix} x \\ y \end{Bmatrix} = me \begin{bmatrix} \ddot{\Theta}\cos\Theta - \dot{\Theta}^2\sin\Theta \\ \ddot{\Theta}\sin\Theta - \dot{\Theta}^2\cos\Theta \end{bmatrix}$$

$$(7.1)$$

其中,m 为轮盘质量;C 为阻尼系数;K 为系统支承刚度;Θ 为角位移;e 为轮盘偏心距;x 和 y 为轮盘质心位移;下标 x 和 y 为坐标轴方向。

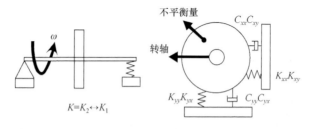

图 7.4　支承刚度可变的转子系统模型

令 ω_0 为初始角速度,α 为角加速度,设转子的加速和减速过程为匀加速/匀减速运动,则

$$\Theta = \omega_0 t + \alpha t^2 / 2 \qquad (7.2)$$

　　由于控制执行机构需要一定的时间来完成系统支承刚度的改变。假设支承刚度在 $t_1 \sim t_2$ 时间内按线性关系由 K_2 变化到 K_1，刚性变化过程可描述为

$$K(t) = \begin{cases} K_2, & t \leqslant t_1 \\ K_2 + (t-t_1)\dfrac{K_1-K_2}{t_2-t_1}, & t_1 < t < t_2 \\ K_1, & t \geqslant t_2 \end{cases} \tag{7.3}$$

其中，t_1 为刚度开始改变时刻；t_2 为终止时刻；变换间隔 $\Delta t = t_2 - t_1$。

　　按照上述计算模型，对转子系统在刚度改变过程中的瞬态响应进行模拟计算。模拟系统中轮盘质量 $m=1\text{kg}$，支承刚度可变（$K_1=1.0 \times 10^4 \text{N/m}, K_2=6.0 \times 10^4 \text{N/m}$），系统阻尼比为 ξ，计算结果如图 7.5 和图 7.6 所示。从图 7.5 可见，刚性变换间隔

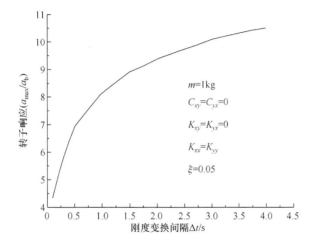

图 7.5　变刚度间隔时间对系统响应的影响

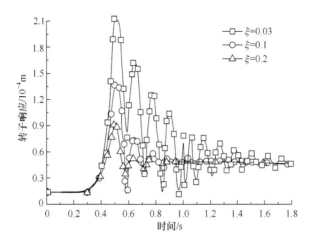

图 7.6　阻尼系数对系统响应的影响（变换间隔 $\Delta t = 0.2\text{s}$）

时间越长,系统振动就越大,当变换间隔时间超过 4s 后,变刚度将失去实际意义,其响应将和不实施变刚度下转子通过临界转速时的振动相当。同时,适当增加阻尼,将有效地控制变刚度过程中转子系统的响应(图 7.6)。

由以上分析可知,要避免刚度变换过程中系统失稳,要解决好以下几个技术问题:①选择支承刚度时,要保证 K_2 适当大于 K_1,以使 a_b 获得较小的幅值;②支承刚度 K_1 和 K_2 之间的变换一定要快,变换间隔 Δt 越短,系统的主动控制效果越好,理论分析结果如图 7.5 所示;③支承系统应有一定的阻尼,以限制系统的最大振幅响应,如图 7.6 所示。

针对以上几个技术问题,分别采取了以下措施:①刚度 K_1、K_2 的选择可以通过支承结构刚度设计满足,通过计算,选择刚度为 $K_1 = 1.217 \times 10^6 \, \text{N/m}$,$K_2 = 6.46 \times 10^6 \, \text{N/m}$;②根据试验结果,当 SMA 丝直径为 1.0mm 时,保证通电加热的电压为交流 30V,以保证加热响应时间在 0.3s 以内(图 7.7);③支承系统的阻尼可以通过在支承结构处添加挤压油膜实现。

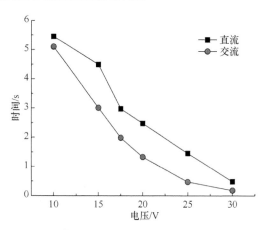

图 7.7　直径 1.0mm 的 SMA 丝加热时间曲线

7.2.3　驱动器设计

该方案中包含两套 SMA 驱动器,都由 SMA 丝、偏置弹簧和楔块/止动块组成。楔块/止动块在工作过程中都存在摩擦载荷的突变,因此都是典型的突变载荷驱动器。

利用 4.2.3 节介绍的 SMA 突变载荷驱动器设计方法进行设计,选用的 SMA 材料参数如表 7.1 所示。得出结果为,楔紧驱动器:SMA 丝直径 1.0mm、长度 140mm,一共采用 12 根丝,弹簧初始载荷 1130N、刚度 15N/mm;止动驱动器:SMA 丝直径 1.0mm、长度 100mm,一共采用 2 根丝,弹簧初始载荷 188N、刚度 5N/mm。根据安装空间和偏置弹簧初始载荷、刚度等要求,设计出的偏置弹簧参数如表7.2所示。

表 7.1　SMA 材料参数表

本构参数	数值	本构参数	数值
E_A/MPa	49300	M_s/℃	40
E_M/MPa	19500	M_f/℃	23
ε_{max}	0.053	ρ/(kg/m³)	6500
C_A/(MPa/℃)	8.9	$\Delta\eta$/(J/(kg·K))	−17.77
C_M/(MPa/℃)	8.8	Δu/(J/(kg·K))	−20
A_f/℃	63	σ_f/MPa	135
A_s/℃	45	σ_s/MPa	106

表 7.2　偏置弹簧设计参数表

弹簧分类	弹簧丝直径 /mm	弹簧中径 /mm	弹簧刚度 /(N/mm)	弹簧总圈数	弹簧有效圈数	初始载荷 /N
楔紧偏置弹簧	9	95	15	11	9	1130
止动偏置弹簧	2.8	16	5	32	30	188

7.2.4　试验测试与验证

　　SMA 主动变刚度转子支承的实物如图7.8所示,主动变刚度支承技术控制转子振动的试验在高速航空转子模拟试验器上进行,试验系统原理图及试验装置如图7.9和图7.10所示。试验系统中,①路测试转子转速,②路测试转子的振动位移与滞后相位角,③路控制加热和冷却楔紧 SMA 丝和止动 SMA 丝,④路测试弹性支承座的加速度。

图 7.8　SMA 主动变刚度转子支承实物图

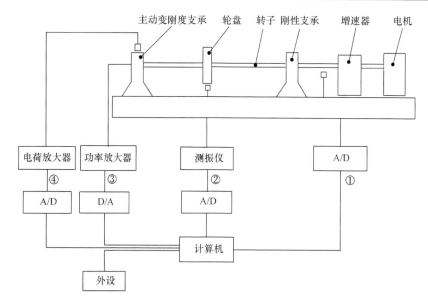

图 7.9 主动变刚度支承技术试验系统示意图

图 7.10 高速航空转子模拟试验器

对于所有试验,都按照如下顺序开展。

(1) 确定刚度变换转速 n_b。首先控制转子系统分别在支承刚度 K_1 和 K_2 下从零转速运转至工作转速,其目的是为了确定刚度变换点对应的转速 n_b。

(2) 确定加速过程变换刚度。在加速过程中,系统在支承刚度 K_2 下,从零转速运转至转速 n_b,加热楔紧 SMA 丝,系统支承刚度变为 K_1。

(3) 确定减速过程变换刚度。在减速过程,系统在支承刚度 K_1 下,从工作转速运转至 n_b,加热止动 SMA 丝,系统支承刚度变为 K_2。

为了验证其刚度变换功能、刚度变换的振动抑制效果以及外加阻尼的影响,分别开展了无阻尼和加小阻尼时振动抑制效果试验研究。

1. 无阻尼时振动抑制效果

无阻尼时振动抑制效果试验是研究在无阻尼情况下,SMA 主动变刚度支承对转子过临界转速时振动加速度、振动位移的抑制效果。

首先进行了两种恒定支承刚度 K_1、K_2 下转子系统的稳态振动特性,对应的试验曲线如图 7.11 和图 7.12 所示。从图中看出,K_1 支承刚度下,$n_{crl}^1=5450$r/min,$g_{crl}^1=0.7g$,$a_{crl}^1=243\mu$m;K_2 支承刚度下,$n_{crl}^2=9500$r/min,预计刚度变换点转速 $n_b=6350$r/min,对应的加速度、位移振幅为 $g_b=0.33g$,$a_b=53\mu$m。

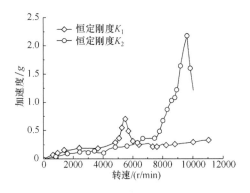

图 7.11　无阻尼时稳态振动加速度试验曲线　　图 7.12　无阻尼时稳态振动位移试验曲线

随后进行变刚度试验。在升速过程中,当转速达到 $n_b=6350$r/min 时,驱动主动变刚度支承改变系统支承刚度($K_1 \rightarrow K_2$),对应的振动加速度响应试验曲线如图 7.13 所示。与低支承刚度(K_1)时的振动曲线叠加如图 7.14 所示。可以看出,转子过临界转速时的共振得到了明显抑制,共振加速度明显减小,减小近 53%。

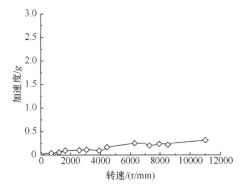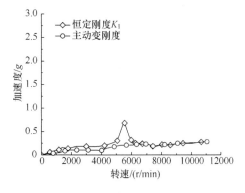

图 7.13　变刚度时加速度试验曲线(无阻尼)　　图 7.14　变刚度与恒定刚度 K_1 加速度

　　　　　　　　　　　　　　　　　　　　　　　　对比曲线(无阻尼)

振动位移响应曲线如图 7.15 所示,在 n_b 转速点有一个脉冲位移,幅值 $a_{tmax}=183\mu m=0.75a_{cr1}^1$,持续时间 $\Delta t<0.01s$,时间短,瞬态振动能量小。图 7.15 与低刚度(K_1)曲线叠加到一起,如图 7.16 所示。支承刚度在转速点 n_b 突变后,转子立即由亚临界状态突变到超临界状态,质心转向。在降速过程中,主动变刚度的振动加速度、位移响应曲线与升速过程中的完全相同,只是走向相反。

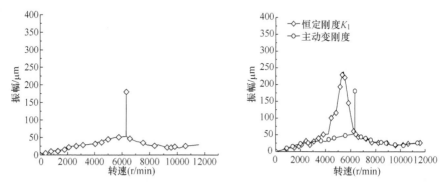

图 7.15　变刚度时的位移曲线(无阻尼)　图 7.16　变刚度与恒定刚度 K_1 位移曲线
对比(无阻尼)

滞后相位角特性 $\beta\text{-}n$ 曲线如图 7.17 所示。可以看出,在 b 点主动变刚度由 $K_2 \rightarrow K_1$ 时,滞后相位角由 $15.8°$ 突变至 $168°$,表明转子由亚临界突变至超临界,质心瞬间转向,转子振动响应由支承刚度为 K_2 的响应曲线上的 b 点突变至支承刚度为 K_1 的响应曲线上的 b 点。

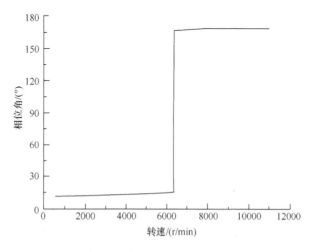

图 7.17　转子的滞后相位角试验曲线(无阻尼)

2. 加小阻尼时振动抑制效果

无阻尼情况下,在刚度变换点有一个脉冲位移(图 7.15 和图 7.16),为了进一步消除脉冲位移,给弹性支承处的挤压油膜阻尼器的阻尼油膜供油,使支承处具有小阻尼。随后进行了振动抑制效果试验,以研究加小阻尼对转子过临界转速时振动位移抑制效果的影响。

首先进行了两种恒定支承刚度 K_1、K_2 下转子系统的稳态振动特性,对应的试验曲线如图 7.18 所示。从图中看出,K_1 支承刚度下,$n_{\mathrm{cr1}}^1 = 5500\mathrm{r/min}$,$a_{\mathrm{cr1}}^1 = 223\mu\mathrm{m}$;$K_2$ 支承刚度下,$n_{\mathrm{cr1}}^2 = 9500\mathrm{r/min}$,$a_{\mathrm{cr1}}^2 = 342\mu\mathrm{m}$,预计刚度变换点转速 $n_b = 6360\mathrm{r/min}$,对应的位移振幅为 $a_b = 51\mu\mathrm{m}$。

升速过程中,在 b 点主动变刚度,由 $K_2 \rightarrow K_1$ 振动位移响应曲线如图 7.19 所示,同低支承刚度曲线叠加如图 7.20 所示。在 b 点没有瞬态振动位移,小油膜阻尼消耗了瞬态振动能量,使控制的振动响应曲线平缓、稳定。主动变刚度支承控制转子振动的最大位移值 $a_b = 51\mu\mathrm{m}$,比控制前的最大振动位移降低了 77.2%。在降速过程中,主动变刚度的位移响应曲线与升速过程中的完全相同,只是走向相反。

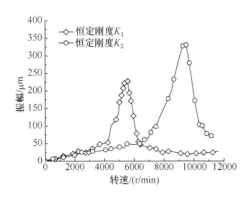

图 7.18　转子的稳态位移试验曲线(小阻尼)

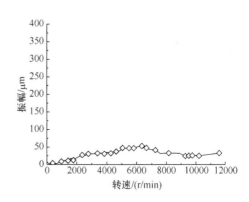

图 7.19　变刚度时的位移试验曲线(小阻尼)

滞后相位角响应特性 β-n 曲线如图 7.21 所示,在 b 点变刚度时转子振动位移的滞后相位由 16.3° 突变至 168.1°,转子质心转向 151.8°,表明当支承刚度由 $K_2 \rightarrow K_1$ 时,振动由亚临界突变至超临界,振动响应由支承刚度为 K_2 的振动响应曲线上的 b 点突变至刚度为 K_1 的振动响应曲线上的 b 点。表明主动变刚度转子支承结构能够成功控制转子的振动。

上述研究的主动变刚度转子支承结构的参数具体如表 7.3 所示。

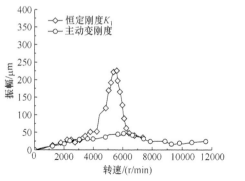

图 7.20　变刚度与恒定刚度 K_1 位移曲线
　　　　对比(小阻尼)

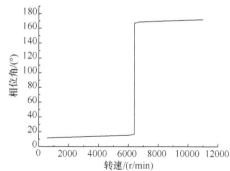

图 7.21　转子的滞后相位角试验
　　　　曲线(小阻尼)

表 7.3　主动变刚度转子支承结构参数表

项目	性能参数
包络尺寸/mm	直径 150×高 400
工作电压/V	30(交流)
刚度变换时间/s(额定电压/V)	≤0.3(30(交流))
共振加速度抑制效果	减小 53%
共振位移幅值抑制效果	25%(无阻尼),77.2%(有阻尼)
验证情况	地面转子台验证

7.3　拟橡胶金属减振器[1,2,6,7]

　　近年来发展起来的拟橡胶金属新技术是一种很好的增大阻尼的方法[8]。拟橡胶金属是由普通的不锈钢丝或铁丝制成的,其制造过程是先将金属丝绕成螺旋的弹簧形状,然后拉伸放入模具中压制成型。由于拟橡胶金属减振器由很多小弹簧组成,在受到外力作用时,小弹簧之间的相互滑移产生的摩擦必然消耗部分能量,因此在具备金属减振器优点的同时,其阻尼性能好,所占空间体积小,制成的减振器形状自由,有较大的应用潜力。

　　处于超弹性状态的 SMA 材料,其应力-应变空间内的滞后环包围了较大的面积,因此具有较大的材料阻尼。借鉴拟橡胶金属的构造方式,利用超弹性 SMA 丝来制作拟橡胶金属阻尼元件,可以得到阻尼性能更优秀、抗变形能力更强的 SMA 拟橡胶金属。

本节以设计、验证 SMA 拟橡胶金属减振器为目标,从拟橡胶金属元件出发,开展 SMA 拟橡胶金属元件力学性能、减振器结构设计以及减振器减振性能试验等方面的研究。

7.3.1　拟橡胶金属元件

SMA 材料的力学性能,尤其是其超弹性、阻尼性能,对 SMA 拟橡胶金属的性能影响非常大。因此,首先对用于制作 SMA 拟橡胶金属的 SMA 材料进行力学性能测试。在对形状记忆效应、超弹性状态下的拟橡胶金属和 GH 拟橡胶金属(采用 GH4169 丝制作)进行了性能研究。

1. SMA 材料性能

选用的超弹性 SMA 材料为 Ti-55.6%Ni(质量分数),其相变温度如表 7.4 所示。在 CSS-280 型疲劳机上对超弹性 SMA 丝进行了静态拉伸和卸载试验,试验曲线如图 7.22 所示。由图可知,该 SMA 材料具有饱满的应力-应变滞回圈,阻尼性能优越。

表 7.4　SMA 材料的相变温度

材料特性	材料成分	$M_f/℃$	$M_s/℃$	$A_s/℃$	$A_f/℃$
超弹性	Ti-55.6%Ni	−30	−17	21.5	29

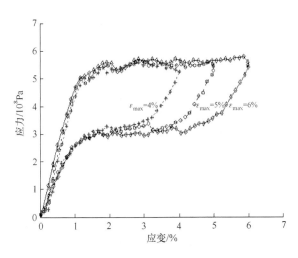

图 7.22　超弹性丝静态拉伸卸载曲线

为了探讨 SMA 拟橡胶金属元件本构关系,为后续研究提供材料参数,对超弹性

SMA 丝的动态性能进行了试验研究。加载波形为正弦波,限于试验条件,选定 1Hz、5Hz 两个频率,3%、5% 两个最大应变幅值。试验结果如图 7.23 和图 7.24 所示。可以看到,不同频率下(包括静态),SMA 材料表现出的材料性能有所不同。

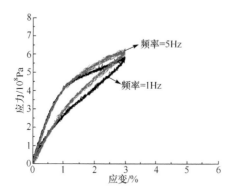

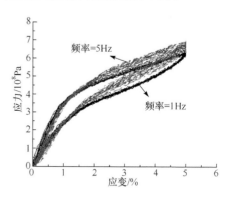

图 7.23 不同频率下应变幅为 3% 的
应力-应变曲线

图 7.24 不同频率下应变幅为 5% 的
应力-应变曲线

2. SMA 拟橡胶金属阻尼性能

利用上述 SMA 材料,完成了超弹性 SMA 拟橡胶金属的制作。同时,为了进行对比研究,选取有记忆特性的 SMA 丝和 Ni 基高温合金 GH4169 来制作拟橡胶金属阻尼元件。3 种材料制作的拟橡胶金属阻尼元件如图 7.25 所示。

图 7.25 3 种拟橡胶金属阻尼元件

为了便于研究因材料不同而引起的元件性能的变化,在制作过程中,保证不同材料元件的金属丝缠绕密度基本相同。共制作拟橡胶金属元件 9 个,每种材料各 3 个,形状为环形(外径 D、内径 d、高度 h);不同材料之间利用 SE(超弹性 SMA)、SME(记忆特性 SMA)、GH(高温合金 GH4169)来区分,具体规格参数见表 7.5。

表 7.5　拟橡胶金属元件规格尺寸及编号

材料及编号	规格/mm			质量/g	密度/(g/cm³)	丝径/mm
	D	d	h			
SE	32	12	15	23.7	2.2860	0.16
SME	32	12	15	23.6	2.2764	0.16
GH	32	12	15	28.6	2.7625	0.15

利用 CSS-280 液压疲劳机对拟橡胶金属元件进行压缩特性测试,图 7.26 为 3 种不同材料压缩迟滞特性曲线的对比。从拟橡胶金属静态压缩曲线可以看出如下内容。

(1) 拟橡胶金属受压初始阶段力-位移为线性,随着载荷增大,将呈硬非线性特性。

(2) 3 种材料中,GH 试件的硬非线性最强,其在线性阶段的刚度最大,SME 试件其次,SE 试件最小。

(3) SE 元件的可回复变形最大,可达元件高度的 33%;GH 元件的可回复变形最小,为 20%;SME 位于前两者之间。在受到很大变形后,SE 拟橡胶金属仍然能够完全回复到原状,具有类似的"超弹性"特性。

在静态试验基础上,对拟橡胶金属元件进行了动态性能测试。加载波形为正弦波形,加载频率最高为 20Hz。从试验结果来看,在低频段拟橡胶金属元件的迟滞特性对加载频率不敏感(图 7.27),这和其他干摩擦类型的减振器特性是相同的。鉴于上述原因,此处仅列出加载频率 1Hz 时 SE、SME 和 GH 试件在不同振幅下的迟滞特性(图 7.28(a)～(c)),对拟橡胶金属元件的阻尼特性分析将建立在这些迟滞曲线的基础上。

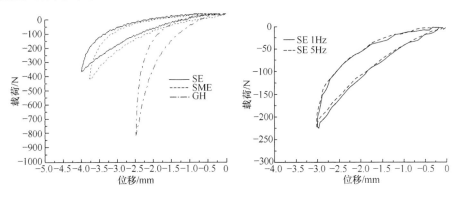

图 7.26　3 种材料试件静态压缩曲线对比　图 7.27　SE 试件在不同频率下的载荷-位移特性

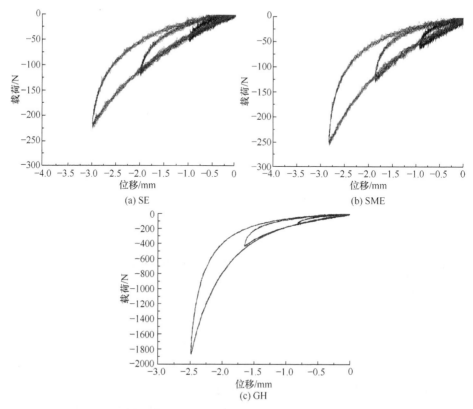

图 7.28　不同材料试件在 1Hz 加载频率、不同振幅下的力-位移特性

　　利用动态性能试验数据(图 7.28)，得到拟橡胶金属材料在 1Hz 加载频率、不同振幅下的阻尼比，如图 7.29 所示。从图中可以得出如下结论。

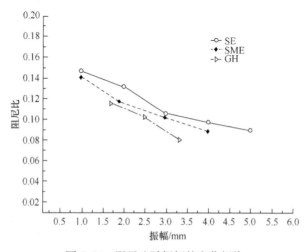

图 7.29　阻尼比随振幅的变化规律

（1）当振幅 $a_0 \geqslant 1\text{mm}$ 后,拟橡胶金属的阻尼比随着振幅的增大而减小。

（2）相同的绕丝密度下,拟橡胶金属的材料不同,其阻尼性能不同。

（3）利用超弹性 SMA 丝,采用拟橡胶金属工艺研制的超弹性 SMA 拟橡胶金属元件,其阻尼性能远优于高温合金,同时有很好的变形能力,在大变形下具有"超弹性"。

7.3.2　减振器结构

上述 SMA 拟橡胶金属元件的力学性能研究表明,SE 状态下的 SMA 拟橡胶金属具有良好的大变形性能及优越的阻尼特性,因此将其用于减振器设计中。在设计中采用了两个性能完全相同、结构对称分布的 SE 拟橡胶金属元件作为阻尼元件,减振器外观及分解图见图 7.30。

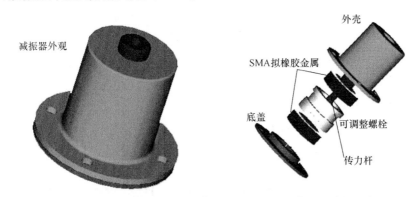

图 7.30　大阻尼超弹性 SMA 拟橡胶金属减振器的外观及分解示意图

减振器的弹性阻尼元件之所以采用两块拟橡胶金属（图 7.30）,是为了在振动过程更多地耗散能量,增加减振器的阻尼。该减振器在结构中使用时,振动力通过传力杆和可调节螺栓结构最终传递到两块拟橡胶金属元件,通过拟橡胶金属和减振器的金属外壳传递到固定底座上,从而达到减振的目的。该减振器可用于振动隔离和其他被动振动控制场合。

7.3.3　减振器性能试验

减振器的性能试验包括:迟滞特性、阻尼特性以及在正弦扫描振动和随机振动下的响应特性。

1. 迟滞特性试验

减振器的力-位移迟滞曲线是减振器基本性能（刚度、阻尼等）的反映。为了研究振幅和频率对减振器阻尼性能的影响,分别在疲劳试验机上开展了减振器在不同振幅和加载频率下的迟滞特性试验研究,为分析减振器的阻尼性能提供试验数据。

减振器迟滞特性试验研究的试验装置及减振器的结构如图 7.31 所示,通过试验机夹头可以对减振器加载不同振幅、不同频率的振动载荷,从而得到减振器相应条件下的力-位移迟滞特性曲线。

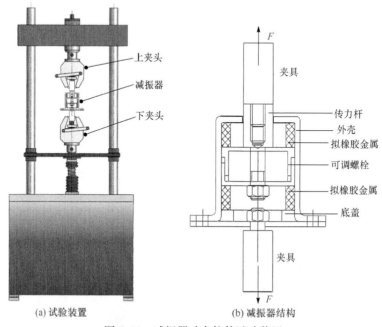

(a) 试验装置　　　　　(b) 减振器结构

图 7.31　减振器动态拉伸试验装置

超弹性 SMA 拟橡胶金属减振器在加载频率 1Hz、不同振幅下的力-位移迟滞特性曲线如图 7.32 所示。由图可知,在不同振幅下,迟滞圈所包围的面积不同,而迟滞圈面积大小直接反映系统在振动过程中耗散能量的多少,因此振幅直接影响了减振器的阻尼性能。

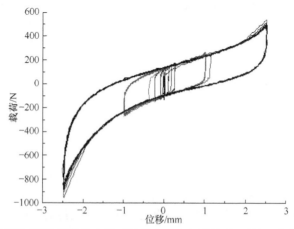

图 7.32　超弹性 SMA 拟橡胶金属减振器在 1Hz、不同振幅下的迟滞特性试验曲线

减振器在加载频率 1Hz、5Hz、10Hz，振幅 0.25mm、2mm 下的力-位移迟滞特性曲线如图 7.33 所示。可以看出，在低频阶段（20Hz 以下），不同材料减振器的迟滞特性对加载频率不敏感，这和前面对拟橡胶金属元件的研究结果是一致的。

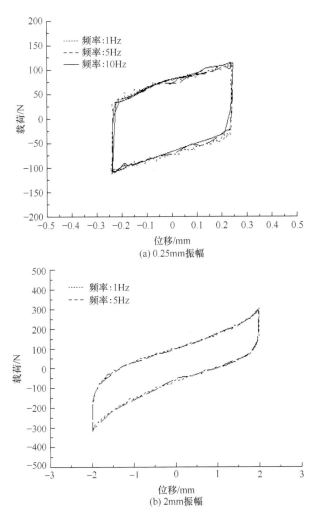

图 7.33 超弹性 SMA 拟橡胶金属减振器不同频率下的迟滞特性曲线

2. 阻尼特性试验

超弹性 SMA 拟橡胶金属减振器的等效黏性阻尼可用于衡量系统阻尼大小，因此选择等效线性阻尼比来考察该减振器的阻尼大小及变化规律。通过计算（详细计算过程见文献[6]），超弹性 SMA 拟橡胶金属减振器在加载频率 1Hz 下的等效线性阻尼比系数和振幅的关系如图 7.34 所示,从图中可以看出,减振器的阻尼特性的如下变化规律。

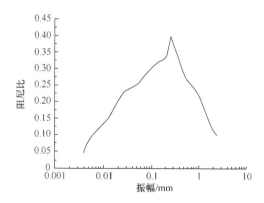

图 7.34　拟橡胶金属减振器等效阻尼比随振幅的变化规律

(1) 减振器的阻尼比随着振幅递增,先增大、后减小,在某一振幅下,阻尼比最大。

(2) 在振幅大于 0.25mm 后,3 种材料减振器阻尼比随振幅增大而减小,此规律和前面拟橡胶金属元件的阻尼变化规律相同。

(3) 利用拟橡胶金属元件组合设计的减振器,大大提高了系统的阻尼性能,超弹性 SMA 减振器的最大阻尼比可达到 0.4。

和单块拟橡胶金属元件相比,采用两块拟橡胶金属元件的减振器,阻尼性能有显著提高(阻尼比系数达到 0.4),达到了预期研究目的。在对超弹性 NiTi 合金丝试验研究中发现,材料在不同加载频率下的力学性能有所不同。对于利用较低加载频率的迟滞回线计算出的阻尼性能数据,能否代表减振器在高频下的性能,必须用振动试验来验证。

3. 正弦扫描振动试验

前面对拟橡胶金属减振器的阻尼特性分析仅仅是利用了减振器在低频加载下的迟滞回线进行的,可能与减振器在高频振动下的阻尼特性有差别。

正弦扫描振动试验装置如图 7.35 所示,在减振器上添加质量块,模拟单自由度振动系统。振动台的激励通过减振器传递到质量块上。在一次试验过程中,保持振动台面的激励加速度 a_1 为恒定值。通过改变 a_1 值的大小来试验减振器在不同载荷下的减振性能。选用传递率曲线来表示减振器的幅频特性及减振性能,传递率定义如下:

$$T=a_2/a_1 \tag{7.4}$$

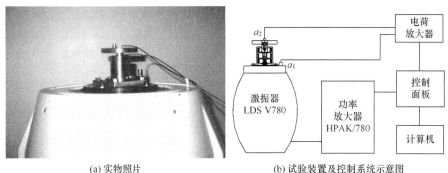

(a) 实物照片　　　　　　　　　　(b) 试验装置及控制系统示意图

图 7.35　正弦扫描振动试验装置

其中，a_2 为质量块振动响应的加速度。超弹性 SMA 拟橡胶金属减振器在不同激励下的传递率曲线如图 7.36 所示。由图可以看出，其振动特性均表现为软特性，随着激励载荷的增大，系统共振频率下降；幅频传递率曲线头向左偏。这和减振器迟滞曲线的形状特性是相吻合的。

为了探讨减振器的阻尼性能，用半功率法求得减振器在不同激励下的阻尼比：

$$\xi = \frac{f_2 - f_1}{f_2 + f_1} \tag{7.5}$$

其中，f_1 和 f_2 为共振峰值 $\sqrt{2}/2$ 处的频率。阻尼比的计算结果如图 7.37 所示。可以看出，随着激励载荷的增加，减振器的阻尼比减小，其规律和超弹性 SMA 拟橡胶金属类似（图 7.29）。

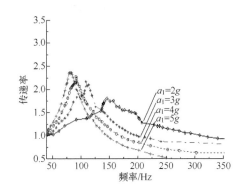

图 7.36　不同激励下的传递率曲线

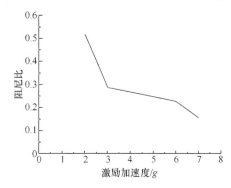

图 7.37　不同激励下的等效阻尼比系数

4. 随机激励振动试验

在了解减振器的基本振动特性之后，对超弹性 SMA 拟橡胶金属减振器在随机激励下的减振性能进行试验研究。

试验装置如图 7.35 所示。随机激励信号由控制软件 Dp350-Win 产生，台

面激励加速度 a_1 的控制功率谱密度如图 7.38 所示,通过控制 a_1 均方根 σ_{a1} 来改变激励信号强度。在激励强度 $4g$ 下,激励及响应加速度 a_1、a_2 的时域信号如图 7.39(a)、(b)所示。可以看出,超弹性 SMA 拟橡胶金属减振器可以大大减小随机激励载荷所产生的振动干扰(系统均方根响应可以减小 71.34%)。

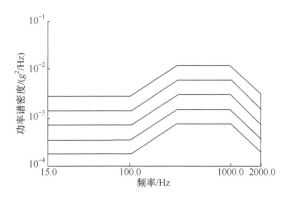

图 7.38　随机激励信号的功率谱密度

最中间曲线为控制曲线,上、下分别为最大误差及警告控制曲线

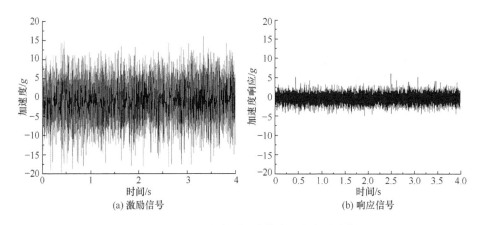

(a) 激励信号　　　　　　　　　　　(b) 响应信号

图 7.39　$\sigma_{a1}=4g$ 下随机振动激励及响应时域信号

7.3.4　其他 SMA 阻尼减振结构

在上述研究基础上,为了更好地提高减振器对随机干扰的抗振能力,提出了 3 种 SMA 减振结构设计,以期 SMA 阻尼结构能在工程减振中使用。这 3 种减振结构为:SMA 剪切拟橡胶金属结构、SMA 辐条结构、SMA 拟橡胶金属限幅器,并对前两种 SMA 结构的减振性能进行了试验研究。

1. SMA 剪切拟橡胶金属结构

上述大阻尼减振器主要是利用拟橡胶金属内部结构通过挤压来产生阻尼的。SMA 拟橡胶金属剪切结构,主要是利用拟橡胶金属内部小弹簧侧向之间的剪切作用来提供阻尼。为此,在前面减振器的基础上,添加了剪切功能的拟橡胶金属元件(图 7.40),添加的剪切元件通过可调节高度的加紧结构固定在两个挤压型元件中间,整个减振器由三块拟橡胶金属元件组成,其阻尼通过拟橡胶金属元件内部的挤压和剪切作用来提供。

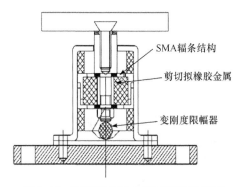

图 7.40　剪切拟橡胶金属减振器示意图

选取前面研究中记忆特性 SMA 拟橡胶金属减振器为对比对象,在该减振器中间添加剪切记忆特性 SMA 拟橡胶金属元件来试验剪切拟橡胶金属元件对减振器性能的影响。从图 7.41～图 7.43 可以看出,在各个激励水平下,剪切减振器的传递率都低于未添加剪切结构的减振器。图 7.44 为利用半功率方法计算的阻尼比对比。可以看出,减振器在添加了剪切结构的拟橡胶金属之后,阻尼性能得到了改善。此外,减振器在引入剪切结构后,对随机载荷的减振性能也得到提高。

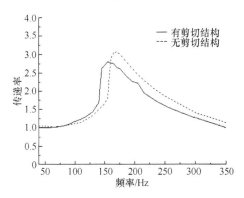

图 7.41　2g 激励下有/无剪切结构
减振器传递率

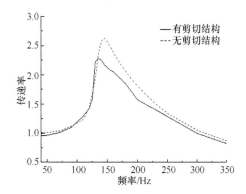

图 7.42　3g 激励下有/无剪切结构
减振器传递率

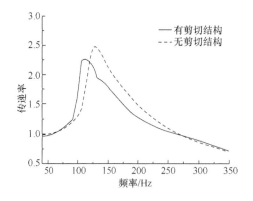

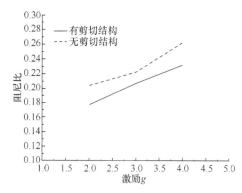

图 7.43　4g 激励下有/无剪切结构　　　　　图 7.44　有/无剪切结构减振器
　　　　　减振器传递率　　　　　　　　　　　　　　　阻尼比曲线

2. SMA 辐条结构

SMA 辐条结构,是利用阻尼和变形特性都很好的 SMA 丝排列成辐条形状,在结构中使用,以期改善系统的阻尼性能和抗干扰能力。

设计的 SMA 辐条结构如图 7.45 所示,共有上下两个相同的辐条状结构,将其添加在前面研究的剪切型结构上,传力杆将所受到的振动力传递给中间的环形垫片,垫片将振动力传递给 SMA 辐条和剪切拟橡胶金属,最后传递到上下两个环形拟橡胶金属元件,实现减振的目的(图 7.40)。限于试验条件,选用记忆特性的 SMA 丝完成试验(超弹性 SMA 丝不好安装)。

(a) 辐条结构俯视图　　　　　　　　　　　(b) 辐条结构+剪切拟橡胶金属

图 7.45　SMA 辐条结构

减振器的性能在剪切型结构的基础上,又得到了改善。图 7.46 是剪切型减振器在添加和不添加 SMA 辐条结构下的传递率曲线。可以看出,在剪切型减振器的基础上,系统的阻尼性能得到了改善。

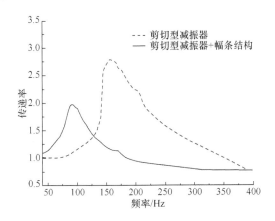

图 7.46　2g 激励下 SMA 辐条结构对于剪切型减振器减振性能的影响

3. SMA 拟橡胶金属限幅器

由于随机载荷的激励特点,有可能出现超越系统允许承受的大载荷,因此有必要在系统中采取限幅器设计;另外,当处于共振状态时,系统本身固有频率的改变可以使系统不会因共振而发生破坏,因此可以在结构中添加自适应变刚度结构,使系统在振幅逐渐增加的共振状态,刚度随之改变,从而脱离共振状态。

基于上述想法,可以在减振器中用球形拟橡胶金属(图 7.40),既作为限幅器使用,同时由于球形结构的几何特点,当所受的冲击载荷增加时,其刚度会逐渐增加,因此能够满足上述要求。球形拟橡胶金属的性能试验和设计方法,有待进一步研究。

7.4　考虑预应力的大阻尼减振器设计

前面曾对单个拟橡胶金属元件的压缩迟滞特性进行了试验研究,其特性曲线如图 7.28 所示。根据大阻尼减振器的结构设计(图 7.30),其阻尼元件由两个相同的拟橡胶金属元件组成,且结构为上下分布对称,均为受压阻尼元件。因此,整个减振器结构的迟滞特性曲线应该如图 7.47(a)所示。而试验测试的迟滞特性曲线如图 7.47(b)所示:曲线形状饱满,是典型大阻尼减振器的迟滞曲线特征。

对上述试验中出现的现象进行深入分析,究其原因,主要是安装时对拟橡胶金属元件的预压缩造成的。该结论也可以从图7.48中减振器在两次安装下的测试曲线特性不同得出。此外，加载速率不同，系统迟滞回线的形状也会有所不同。但是图7.48(a)与(b)的加载频率同为1Hz，曲线形状出现差异，因此可以确定，预压缩对减振器迟滞特性有较大的影响。

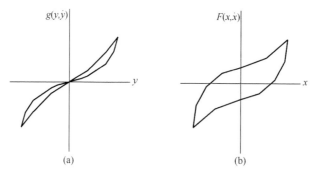

图7.47　预压缩对减振器迟滞特性曲线的影响

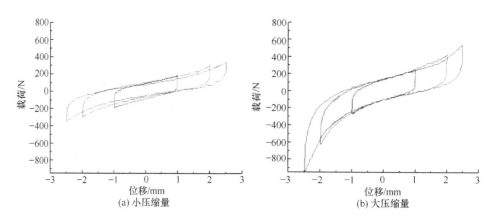

图7.48　超弹性SMA拟橡胶金属减振器在不同预压缩量安装下的迟滞特性曲线

在日常生活中，应用预压缩或预拉伸(预应力)的例子并不少见。例如，旋紧自行车的辐条，可使辐条在受力后仍处于受拉状态而不弯曲；在木桶或木盆干燥时用几道铁箍箍紧，盛水后木材膨胀但因受到铁箍的约束，接缝被挤紧，木桶或木盆就不会漏水。虽然预应力的原理和技术已经应用于很多材料的结构中，应用最多的是混凝土结构设计[9]，但有关预应力在减振器设计上的应用，尚未见到系统的理论研究报道。由于预应力会改变减振器的迟滞曲线特性，安装时预压缩或预拉伸量的不同，将影响减振器的刚度和阻尼特性，即减振性能。因此，本节将重点探讨在预应力下非线性阻尼减振器的设计规律，对如何利用预应力设计来使减振器达到最佳设计状态进行研究，使减振器在使用了具有良好阻尼性能的阻尼元件后，具备更好的减振性能，有效降低平台系统的振动水平。

7.4.1　预压缩对 SMA 减振器特性的影响

预压缩对 SMA 减振器的刚度和阻尼特性都存在影响。为了研究其影响规律,本节首先从理论上进行分析,然后将数值解与试验结果进行对比验证。

1. 理论分析

首先从理论上进行分析,以图 7.30 所示的超弹性 SMA 拟橡胶金属减振器为基础,利用图 7.49 所示的模型来分析预压缩对减振器性能的影响。

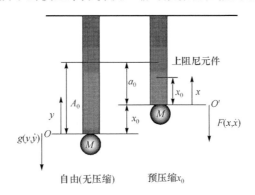

图 7.49　大阻尼减振器的预压缩分析模型

由于减振器中两个阻尼元件结构上下对称,为了清楚起见,图中仅画出上半部分。质量块 M 位于两个阻尼元件之间,图中左边表示阻尼元件无压缩的自由状态,右边为预压缩量为 x_0。在无压缩状态下 M 的振动位移用 y 来表示,向上为正,在振幅 A_0 下,其滞后力特性函数为 $g(y, \dot{y})$,向下为正;预压缩状态振动位移为 x,向上为正,在振幅 a_0 下,滞后力特性函数为 $F(x, \dot{x})$,向下为正,其中 $y = x + x_0$。

设 M 在预压缩 x_0 后振幅为 a_0,通过分析 M 一个振动周期内的运动特点,研究预压缩对减振器迟滞特性的影响。阻尼元件的最大变形为 $y_{max} = A_0 = x_0 + a_0$,因此利用阻尼元件在无预压缩下,最大振幅为 A_0 时的迟滞特性来分析预压缩后系统的迟滞特性(图 7.50)。M 在运动过程中受上、下阻尼元件对其的共同作用力,二者合力为 $F(x, \dot{x})$,图 7.50 中第一象限表示的是上阻尼元件的压缩迟滞特性,第三象限为下阻尼元件的迟滞特性。

忽略 M 的质量,在开始运动前,M 在平衡位置 $O(x = 0, y = x_0)$,先向上运动,在 $x \leqslant x_0$ 下,上阻尼元件受压,下阻尼元件沿着振幅 $y_{max} = x_0$ 的曲线卸载,M 受力 $F(x, \dot{x})$ 为两阻尼元件的合力(图 7.50(a))。

在 $x > x_0(y > 2x_0)$ 后,下阻尼元件完全卸载,对 M 振动无影响,仅有上阻尼元件对 M 施加作用力(图 7.50(b));依此类推,可以得到 M 在一个周期运动中上、下阻尼元件对其作用力的运动轨迹,如图 7.50(c)～(f)所示。需要指出的是,从第二周期开始,图 7.50(a)将有所不同,下阻尼元件的滞后力特性为图中虚线箭头所示。

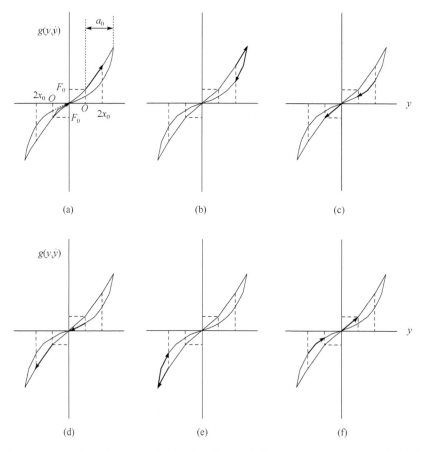

图 7.50　预压缩 x_0、振幅为 a_0 下,M 在一个周期内的力-位移滞后关系及运动示意图

　　总结图 7.50 上、下阻尼元件的滞后特性,预压缩下的大阻尼减振器在振幅 a_0 下的滞后特性可表示为

$$F(x,\dot{x})=g(x+\mathrm{sgn}(x)\cdot x_0,\dot{x}),\quad |x|\geqslant x_0 \tag{7.6}$$

$$F(x,\dot{x})=g(x+x_0,\dot{x})+g(x-x_0,\dot{x}),\quad |x|<x_0 \tag{7.7}$$

其中,$\mathrm{sgn}(x)$ 为符号函数,根据 x 取值的正、负和 0 其值分别取为 1、-1 和 0。其中,在第一运动周期内

$$F(x,\dot{x})=g(x+x_0,\dot{x})+g_{x_0}(x-x_0,\dot{x}),\quad 0\leqslant x\leqslant x_0 \tag{7.8}$$

其中, $g_{x_0}(y,\dot{y})$ 为减振器在无预压缩,振幅为 x_0 下的力-位移迟滞曲线。式(7.6)、式(7.7)是后面理论分析的基础,通过研究预应力对减振器迟滞特性的改变,可以得到减振器的刚度和阻尼特性的变化规律,进而总结此类减振器的设计理论。

2. 程序与试验验证

通过前面的理论分析,得出了预压缩条件下减振器的迟滞特性理论表达,基于表达式(7.6)和(7.7),编制了数值程序,实现了对不同 x_0 和 a_0 下减振器迟滞特性的数值仿真。

以图 7.30 所示的 SMA 拟橡胶金属减振器为研究对象,对其进行了各相同振幅、不同预压缩和不同振幅、相同预压缩下的动态力-位移迟滞特性试验,结果如图 7.51~图 7.54 所示。在式(7.6)和(7.7)的基础上,编制数值程序,对不同 x_0 和 a_0 下减振器的迟滞特性进行了研究,同时和试验结果进行了对比(图 7.51~图 7.54)。

从图 7.51~图 7.54 可以看到,上述有关预压缩的理论完全能够解释试验中出现的现象,且预测结果和试验较为接近。同时发现,预压缩对减振器迟滞特性的改变是很大的。迟滞特性曲线的改变,也就意味着减振器的刚度和阻尼特性的改变,因此为了能够设计出大阻尼减振器,以适应随机载荷下平台系统的减振需求,必须考虑预压缩对减振器减振特性的影响。

图 7.51~图 7.54 的试验和计算曲线在变化规律和数值上比较接近。在考虑了预压缩的因素后,迟滞曲线在中间部分都比较饱满,但曲线形状还是有差别的,主要表现为迟滞曲线在两端的形状不一致:试验测试结果较为饱满,而根据单个拟橡胶金属元件压缩曲线考虑预压缩对迟滞力的影响后计算得到的迟滞曲线则较尖锐。

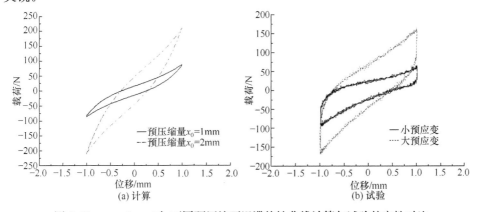

图 7.51　$a_0=1\text{mm}$ 时,不同预压缩下迟滞特性曲线计算与试验的定性对比

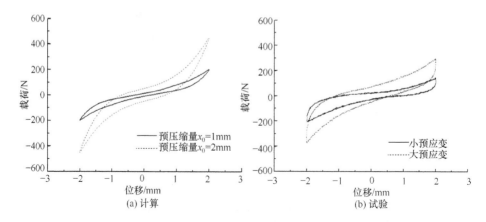

图 7.52 $a_0 = 2mm$ 时,不同预压缩下迟滞特性曲线计算与试验的定性对比

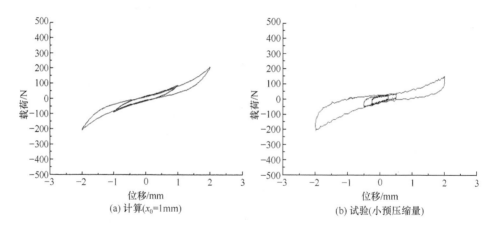

图 7.53 相同预压缩、不同振幅下迟滞特性曲线计算与试验的定性对比($x_0 = 1mm$)

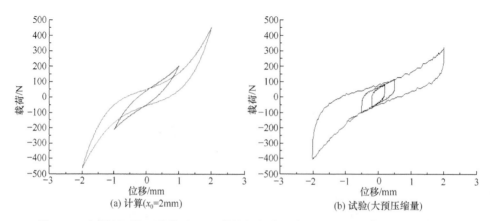

图 7.54 相同预压缩、不同振幅下迟滞特性曲线计算与试验的定性对比($x_0 = 2mm$)

对比计算模型的假设条件和实际试验条件,造成曲线形状差异的主要原因为:计算所用的单个拟橡胶金属元件压缩曲线是环状试件在外环面自由状态下的测试曲线;而真实试验条件是上下拟橡胶金属元件在受压变形的同时还受到外环面减振器外壳的约束(图 7.55),由于拟橡胶金属受压后变形较大,环面边界条件对材料变形规律的影响较大,造成了计算曲线和试验测试曲线的形状差异。此外,由于拟橡胶金属元件变形越大,约束条件对减振器特性影响也就越大,所以曲线形状差异出现在两端。

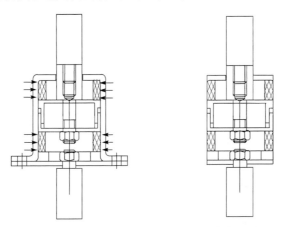

图 7.55　试验与理论分析存在的边界条件差异

7.4.2　考虑预压缩、预拉伸影响的减振器设计

前面的研究中可以得出结论:预压缩会对减振器的非线性迟滞特性曲线产生影响,从而影响减振器的刚度和阻尼特性,对其减振特性产生影响。类似地,预拉伸也会对减振器的特性产生影响。因此,在 SMA 减振器设计中,需要考虑预压缩、预拉伸对减振器特性造成的影响。

1. 预压缩设计

在考虑预压缩下对减振器进行设计时,需要选择合适的参数描述系统的刚度和阻尼特性来反映减振器迟滞曲线形状的变化。等效线性刚度和等效线性阻尼比是工程上经常使用的用来衡量非线性系统刚度和阻尼的两个参数。

对于非线性迟滞系统,假设系统迟滞特性曲线用函数 n 来表示,如图 7.56 所示,上边曲线用 $n_1(x)$ 来描述,下边曲线用 $n_2(x)$ 来描述,如果系统受到稳态激励,响应为 $x = a_0 \cos\theta$,系统的等效刚度为[10]

$$K_{eq} = \frac{1}{\pi a_0} \int_{-\pi}^{\pi} n(x)\cos\theta \mathrm{d}\theta = \frac{2}{\pi a_0} \int_{-\pi}^{\pi} g'(x)\cos\theta \mathrm{d}\theta \qquad (7.9)$$

$$g'(x) = \frac{1}{2}(n_1(x) + n_2(x)) \qquad (7.10)$$

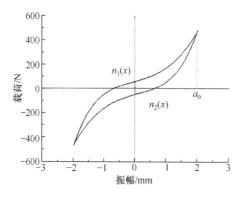

图 7.56　系统迟滞特性示意图

其中，$g'(x)$可用如下的 5 次多项式来拟合：

$$g'(x)=K_1(a_0)x+K_3(a_0)x^3+K_5(a_0)x^5 \tag{7.11}$$

等效线性阻尼比可用下式来得到：

$$\xi_e(a_0)=\frac{\Delta E(a_0)}{2\pi a_0^2 K_{eq}} \tag{7.12}$$

其中，ΔE 为在振幅 a_0 下迟滞回线的所包围的面积。

利用式(7.9)和式(7.12)对超弹性 SMA 拟橡胶金属减振器在 $a_0=1\mathrm{mm}$ 下系统等效线性阻尼比和等效线性刚度随预压位移 x_0 的变化规律进行分析(图 7.57 和图 7.58)，其中 ξ_0 为无预应力下系统的等效线性阻尼比。可以看到，存在最佳的预压缩量使减振器的阻尼性能最好；而系统的等效线性刚度则随着预应力的增加而增加。

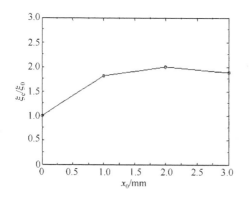

图 7.57　$a_0=1\mathrm{mm}$ 的等价线性阻尼比随预压缩量的变化

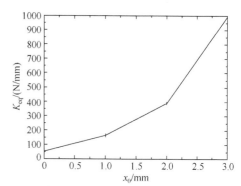

图 7.58　$a_0=1\mathrm{mm}$ 的等价线性刚度随预压缩量的变化

在了解了减振器刚度和阻尼特性随预压缩量的变化规律后，就可以按照通常减振器的设计要求来进行此类大阻尼非线性阻尼减振器的设计：在满足系统刚度要求的同时，选择最佳的预压缩量，使系统有最佳的减振阻尼比；也可以根据需要，使减振器具有所希望的迟滞曲线形状。

2. 预拉伸设计

在前面的预应力设计中，都是以 SMA 拟橡胶金属减振器的预压缩为例来阐述减振器的设计原理的。减振器的预应力设计不仅包括预压缩设计，而且包括预拉伸设计。下面列举另外一个设计实例来说明预拉伸在减振设计中的应用。

　　将超弹性 SMA 丝设计为图 7.59 所示的减振器，该减振器由对称分布的 SMA 丝组成，中间 M 为需要减振的对象。由于 SMA 丝本身的阻尼作用，同时在较大的预拉伸量下有很好的力学性能（包括变形能力及疲劳性能）（图 7.60）[11]，因此可根据减振设计需要，调整预拉伸量，使减振器具有所需的迟滞特性，满足减振设计的刚度和阻尼要求。

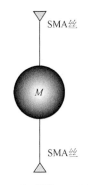

图 7.59　超弹性 SMA 丝阻尼
减振器示意图

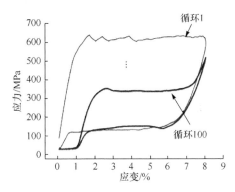

图 7.60　超弹性 SMA 丝在预拉伸下的迟滞循环

　　首先，利用式（7.6）和式（7.7）可得到各预拉伸量、各振幅下减振器的迟滞特性（图 7.61～图 7.64）。然后，利用式（7.9）和式（7.12）计算得到系统等效刚度和等效阻尼随振幅和预拉伸量的变化规律（图 7.65、图 7.66）。和考虑预压缩的减振器设计相似，在了解了减振器刚度和阻尼特性随预压缩量的变化规律后，就可以按照通常减振器的设计要求来进行此类大阻尼非线性阻尼减振器的设计。

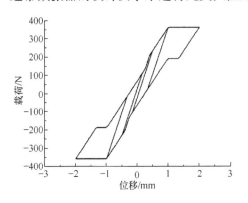

图 7.61　$x_0 = 1\text{mm}$ 时不同振幅下的
滞后特性

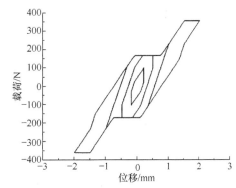

图 7.62　$x_0 = 1.5\text{mm}$ 时不同振幅下的
滞后特性

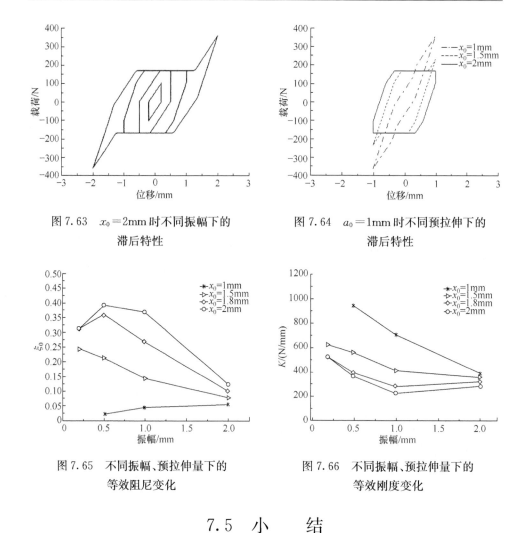

图 7.63　$x_0 = 2mm$ 时不同振幅下的
　　　　滞后特性

图 7.64　$a_0 = 1mm$ 时不同预拉伸下的
　　　　滞后特性

图 7.65　不同振幅、预拉伸量下的
　　　　等效阻尼变化

图 7.66　不同振幅、预拉伸量下的
　　　　等效刚度变化

7.5　小　　结

围绕 SMA 材料在工程结构减振中的应用,本章介绍了 SMA 主动变刚度转子支承结构、SMA 拟橡胶金属减振器以及考虑预应力的大阻尼减振器设计等方面的研究工作。本章发展的 SMA 智能结构具有以下特点。

（1）主动变刚度支承能够实现快速刚度切换,在 30V 交流电压下,其切换时间不大于 0.3s;同时,该结构能有效抑制过一阶临界转速时的共振加速度,加速度减小 53%,在存在小阻尼时,共振幅减小 77.2%。

（2）主动变刚度支承采用了两套独立的 SMA 驱动器进行驱动,能在指令控制下实现自动刚度切换,适合用于不易拆卸的封闭的转子结构。

（3）拟橡胶金属减振器具有非常大的阻尼,其阻尼比系数最大可达 0.4,具有优秀的减振性能。

（4）拟橡胶金属减振器具有优秀的减振性能。在随机振动下,该减振器可以大大减小随机激励载荷产生的振动干扰,系统均方根响应可以减小 71.34%。

（5）考虑预应力的影响后,通过在安装时采取预拉伸、预压缩,可以改变 SMA拟橡胶金属减振器的迟滞回线,可以进一步提高 SMA 丝减振器的减振性能。

参 考 文 献

[1] Yan X J, Nie J X. Study of a new application form of shape memory alloy superelasticity. Smart Materials and Structures, 2003, 12(6): N14.

[2] Yan X J, Nie J X. Response of SMA superelastic systems under random excitation. Journal of Sound and Vibration, 2000, 5(238): 893-901.

[3] 闫晓军,聂景旭. 利用形状记忆合金实现振动控制. 中国航空学会第九届航空发动机结构强度振动会议, 武夷山, 1998.

[4] Nie J X, Yan X J. Intelligent bearing system for passing through critical speed of aeroengine rotor by changing stiffness using SMA wires. Materials Science Forum, 2000: 99-102.

[5] 闫晓军,聂景旭. 用于高速转子振动主动控制的智能变刚度支承系统. 航空动力学报, 2000, 15(1): 63-66.

[6] 闫晓军. 随机载荷下 SMA 减振器及磁吸振器理论与试验研究. 北京: 北京航空航天大学博士学位论文, 2000.

[7] 闫晓军,李海燕. SMA 拟橡胶金属阻尼元件及其在减振中的应用. 北京航空航天大学学报, 2003, 29(1): 72-75.

[8] 邓剑波. 新型结构阻尼材料金属橡胶性能的理论与应用试验研究. 北京: 北京航空航天大学博士学位论文, 1997.

[9] 王有志,薛云沔,张启海. 预应力混凝土结构. 北京: 中国水利水电出版社, 1999.

[10] 田千里,高赞明,倪一清. 用钢丝绳减振器控制结构振动. 机械强度, 1991, 13: 7-10.

[11] Soul H, Isalgue A, Yawny A, et al. Pseudoelastic fatigue of NiTi wires: Frequency and size effects on damping capacity. Smart Materials and Structures, 2010, 19(8): 085006.

第 8 章　SMA 强度自适应结构

8.1　概　　述

SMA 强度自适应结构是将 SMA 嵌入基体或直接利用 SMA 作为结构件,基于形状记忆效应或超弹性特性,实现对结构自身强度的诊断、修复,从而实现根据外界环境自适应改变自身特性的一类智能结构。本章给出了两种 SMA 强度自适应结构:主动阻止裂纹扩展结构和均载螺栓。

主动阻止裂纹扩展结构是基于 SMA 的形状记忆效应,将 SMA(丝或薄带)嵌入基体材料,通过监测 SMA 电阻变化来确定裂纹萌生及扩展情况;通过激励 SMA 来改变裂纹尖端处的应力和应变场,减小裂纹尖端应力强度因子,从而达到阻止裂纹张开和扩展的目的。

均载螺栓是基于超弹性特性,将 SMA 直接作为连接螺栓。当两个结构的连接需要多个螺栓来实现时,SMA 均载螺栓能够根据载荷的增加情况,自适应地进行载荷分配,使载荷平均分配到多个螺栓,消除载荷不均带来的失效或断裂隐患,提高连接结构的可靠性和安全性。

8.2　主动阻止裂纹扩展结构[1~8]

对 SMA 主动阻止裂纹扩展结构的研究,主要包括:SMA 主动阻止裂纹扩展结构的工作原理、结构制作、结构方案设计,以及试验测试与验证。

8.2.1　工作原理

采用 SMA 主动阻止裂纹扩展就是将 SMA(丝或薄带)嵌入基体材料形成嵌入复合式 SMA 智能结构,通过监测 SMA 电阻的变化情况来确定裂纹的萌生及扩展情况,通过激励其中的 SMA 来改变裂纹尖端处的应力和应变场,减小裂纹尖端应力强度因子,从而达到阻止裂纹张开和扩展的目的。

主动阻止裂纹扩展结构具有两方面的功能:自动探测裂纹和主动阻止裂纹。下面介绍其工作原理。

1. 自动探测裂纹

自动探测裂纹的原理如图 8.1 所示,将 SMA 丝或薄带嵌入基体材料中。当裂纹萌生并扩展时,对应部位的 SMA 会受拉伸长一定的量 δ,而 SMA 的电阻对伸长量的变化十分敏感,通过监测 SMA 电阻的变化量和变化规律,可推测出智能结构中裂纹的长度。

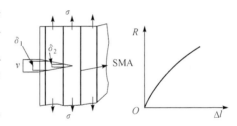

图 8.1　裂纹探测基本原理图

SMA(尤其是 NiTi 合金材料)具有电阻率大、对应变敏感的特点。根据电阻应变片原理,如果 SMA 电阻的变化率 $\mathrm{d}R/R$ 与应变 $\mathrm{d}l/l$ 二者之间具有如下关系[9]:

$$\frac{\mathrm{d}R}{R}=K_N\frac{\mathrm{d}l}{l} \tag{8.1}$$

利用式(8.1)就可以进行结构裂纹的探测。式中,R 为 SMA 的电阻,可表示为

$$R=\frac{\rho l}{F} \tag{8.2}$$

其中,ρ 为电阻率;l 为 SMA 长度;F 为 SMA 丝横截面积。式(8.1)中的 K_N 为 SMA 的灵敏系数,可表示为[9]

$$K_N=\frac{\mathrm{d}R}{R}\bigg/\varepsilon_x=1+2\gamma+\frac{\mathrm{d}\rho}{\rho}\bigg/\varepsilon_x \tag{8.3}$$

其中,γ 为泊松比。K_N 的变化主要受两个因素的影响:一是 SMA 丝几何尺寸改变,二是 SMA 丝的电阻系数随应变的改变。当 SMA 的几何尺寸和材料性能一定时,K_N 便可利用式(8.3)计算出来,于是式(8.1)可写成

$$\frac{\mathrm{d}R}{R}=K_N\frac{\mathrm{d}l}{l}=K_N\varepsilon_x \tag{8.4}$$

式(8.4)中,如果 SMA 丝的长度一定,电阻值 R 即为一个定值,则可利用式(8.4)计算不同外载下引起的 SMA 丝 $\mathrm{d}l$ 的变化所导致的 $\mathrm{d}R$ 的变化。根据此原理便可利用 SMA 进行智能结构的裂纹探测。

2. 主动阻止裂纹

当裂纹在外载作用下张开时,位于裂纹处的 SMA 随着裂纹的张开而变形,发生应力诱发马氏体相变($M^t \rightarrow M^d$),当裂纹张开或扩展到一定程度时,控制系统接通电源,对 SMA 加热,SMA 中将产生巨大的回复力。该回复力作用在基体材料上,促使裂纹闭合或减小张开程度,使裂纹尖端应力强度因子减小,从而降低结构的裂纹扩展速率,延长结构的使用寿命。

根据断裂力学基本原理,I 型裂纹尖端受力状态可表示为如图 8.2 所示的情况,其应力强度因子 K_1 可表示为[10]

$$K_I = K_{Ia} - K_{Ib} \tag{8.5}$$

其中,K_{Ia} 为未嵌入 SMA 的结构裂纹尖端应力强度因子;K_{Ib} 为嵌入 SMA 的结构中,SMA 被加热后的裂纹尖端应力强度因子。由于加热 SMA 后,SMA 将产生回复力 P(图 8.2),在此力作用下可使裂纹尖端受力状态得到改善。

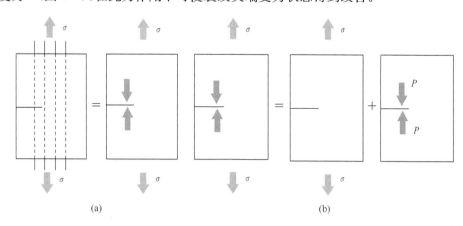

图 8.2　裂纹尖端受力状态

8.2.2　结构制作

SMA 主动阻止裂纹扩展结构属于嵌入复合式 SMA 智能结构。对于这类嵌入复合式结构的制作,需要考虑制作工艺,并需要对利用该制作工艺嵌入 SMA 后的界面结合强度进行测试。

1. 制作工艺[11]

嵌入复合式结构的制作工艺首先应考虑如何将 SMA 嵌入基体材料中。由于对嵌入在基体材料中的 SMA 通常采用通电加热方法进行驱动,还需要考虑 SMA 和基体材料之间的绝缘问题。

SMA 和基体材料相嵌可以采用两种方法:黏结法和浇铸法。黏结法是用黏结剂将 SMA 和基体材料进行黏结,它适用于表面积较大的 SMA 材料,如 SMA 薄带。浇铸法是将基体材料熔化,并在其中布置 SMA,然后冷却形成内嵌 SMA 的结构。这种方法适用于表面积较小的 SMA 材料,如 SMA 丝。

SMA 和基体材料的绝缘措施,根据制作工艺不同而有所差别。采用黏结法制作工艺,既可以在基体材料和 SMA 的接触面上喷涂绝缘涂层,也可以通过本身绝缘的黏结剂将 SMA 和基体材料分隔开(图 8.3)。而对于浇铸法,则仅能采用在基体材料和 SMA 的接触面上喷

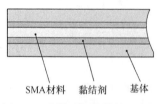

SMA材料　黏结剂　基体

图 8.3　黏结法智能结构示意图

涂绝缘涂层,绝缘效果相对较差。

2. 界面结合强度测试[12]

SMA 与基体材料的界面结合强度是反映制作工艺的重要性能指标。尤其是位于裂纹附近的 SMA,它与基体材料界面间存在着很大的剪切力。如果界面结合强度较低,SMA 将出现脱落和滑移(图 8.4),因此需要进行界面结合强度测试。

界面结合强度通常可采用剪切(拔出)试验进行测试。以黏结法制作的 SMA 智能结构为例,剪切试验法测试界面结合强度的方法如下。

如图 8.5 所示,将 SMA 通过黏结法嵌入在基体材料(硬铝,YL-11)中,黏结长度为 L,用试验机夹头夹住 SMA,并向外拔出,对应的拔出力为 P,则其界面结合强度为

$$\tau_L = \frac{P}{SL} \tag{8.6}$$

其中,S 为 SMA 横截面的周长。根据试验结果,SMA 与基体材料(硬铝,YL-11)的结合强度为 3.14MPa。

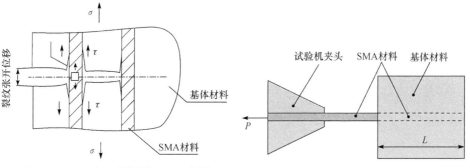

图 8.4　SMA 与基体材料界面示意图　　　　　图 8.5　剪切试验原理图

8.2.3　结构方案设计

SMA 主动阻止裂纹扩展结构的工作原理是在裂纹张开后,通过 SMA 驱动裂纹闭合,降低裂纹尖端应力场,延长结构寿命。在完成方案设计后,需要通过数值方法对结构阻止裂纹扩展的效果进行计算与分析。

1. 裂纹尖端参量的计算[13,14]

裂纹尖端附近取出的 8 节点单元如图 8.6 所示。根据 8 节点等单元的基本概念,在此单元上,位移 u、v 将随 ξ、η 坐标的二次关系而变化。例如,当 η 为一定值时,ξ 方向位移 u 的变化为

$$u = a_1 + a_2 \xi + a_3 \xi^2 \tag{8.7}$$

其中，a_1、a_2、a_3 均为常数。由此可知，对应这个位移场的应变在 A 点附近为

$$\lim_{\xi \to -1} \varepsilon = \lim_{\xi \to -1} \frac{\mathrm{d}u}{\mathrm{d}\xi} = \lim_{\xi \to -1} (a_2 + 2a_3 \xi) = a_2 - 2a_3 = 常数 \tag{8.8}$$

因此，在裂纹尖端不呈奇异性。

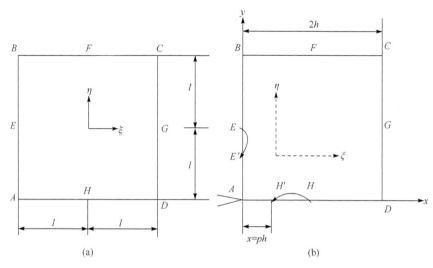

图 8.6　裂纹尖端奇异性原理图

为了在裂纹尖端呈现奇异性，可将中边节点 H、E 向 A 点移动（此时 ξ-η 坐标系的原点也跟着移动），并使新正方形的 A 点与新坐标系的 xy 系统的原点一致，如图 8.6 所示，引入无因次参量 $r = x/h$，则 $\mathrm{d}x = h\mathrm{d}r$。由两坐标之间的二次函数关系，$r$ 与 ξ 可表示为

$$r = b_1 + b_2 \xi + b_3 \xi^2 \tag{8.9}$$

其中，b_1、b_2、b_3 均为常数。根据图 8.6，分别在 A、H'、D 三个点取 ξ、r 值，并将其代入式(8.9)，解方程得到 ξ 为

$$\xi = \frac{-1 \pm \sqrt{1 - 4(1-p)(p-r)}}{2(1-p)} \tag{8.10}$$

在式(8.10)中 ξ 有两个值，即正值和负值，通过计算证明，必须取正值才能符合所要求的条件，所以取 ξ 的正值，并将其代入式(8.10)后求导，当 $r \to 0$，$\mathrm{d}\xi/\mathrm{d}r \to \infty$ 时，求得 $p = 1/2$，将其代入式(8.10)得

$$\xi = -1 + \sqrt{2r} \tag{8.11}$$

则

$$\frac{\mathrm{d}\xi}{\mathrm{d}r} = \frac{1}{\sqrt{2r}} \tag{8.12}$$

这样便与线弹性断裂力学解的结论相一致,即与裂纹尖端存在奇异性相吻合。因此,在具体计算中,对于裂纹尖端带一个中边节点的元素,只要把中边节点移到距裂纹尖端 1/4 处,即可得到一个反映奇异性的元素。在上述基础上求出裂纹尖端张开位移后,将其代入下式便可计算裂纹尖端应力强度因子 K_I。根据断裂力学基本原理,K_I 可表示为

$$K_I(r,\pi)=\frac{2\mu}{k+1}\sqrt{\frac{2\pi}{r}}v(r,\pi) \tag{8.13}$$

其中,μ 为剪切模量;$k=\dfrac{3-\gamma}{1+\gamma}$(平面应力)或 $3-4\gamma$(平面应变),γ 为泊松比;v 为所计算出的裂纹尖端处张开位移;r 为距裂尖的距离,当 $r\rightarrow 0$ 时,所计算出的应力强度因子才能代表裂纹尖端附近处的受力情况。因此,计算时可沿裂纹面取不同的 r 值算出位移 v,并将其代入式(8.13)得到对应的 K_I 值后,作 K_I-r 曲线,此曲线与纵坐标轴的交点就是所求的 K_I 值。

2. 有限元计算分析

通过有限元分析方法,研究 SMA 主动阻止裂纹扩展结构的效果,并分析 SMA 丝预拉伸量、加热情况、排布情况等对裂纹阻止效果的影响。有限元分析是针对图 8.7 所示的主动阻止裂纹扩展结构展开的。该结构是由 SMA 丝嵌入 ZL-105 铝合金基体材料形成的。

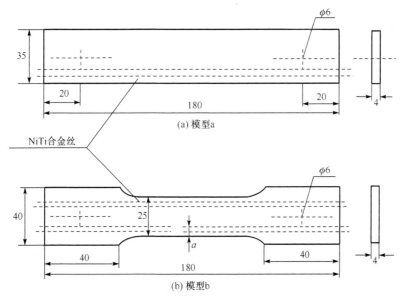

图 8.7　SMA 丝嵌入 ZL-105 铝合金材料的主动阻止裂纹扩展结构(单位:mm)

基体材料 ZL-105 铝合金的性质如表 8.1 所示。计算模型的初始条件和计算方法如表 8.2 所示。其中采用模型 a 的目的是与试验测试结果(参见 8.2.4 节)相对比,因此其尺寸和嵌入 SMA 丝的量均与图 8.7 所示结构相同。

表 8.1　ZL-105 铝合金材料性能

参数名称	$\sigma_{0.2}$ /MPa	σ_b /MPa	δ/%	E /GPa	G /GPa	泊松比 γ	线膨胀系数 /(10^{-6}/℃)	密度 ρ /(kg/m³)
数值	225	235	1	70	26	0.33	23.1	2.68×10³

表 8.2　SMA 丝智能结构的初始条件和计算方法

初始参量	模型 a		模型 b				
试件类型	无丝件	含丝件	无丝件	含丝件			
含丝量/根	无	4	无	8			
裂纹区域丝的预处理状态	—	无预拉伸	—	无预拉伸		预拉伸应变为3%	
计算条件	常温	丝加热	常温	常温	丝加热	常温	丝加热
计算方法	常规有限元法	拟温度载荷法	常规有限元法	常规有限元法	拟温度载荷法	常规有限元法	拟温度载荷法
模型代号	A0	A1	AD41	AD11	AD12	AD21	AD22
数值计算	应力强度因子		裂纹张开位移				

为了更进一步验证增加 SMA 丝的嵌入数量或将位于构件裂纹区域内的 SMA 进行预拉伸处理后对裂纹扩展的阻止效果,在模型 a 的基础上,将嵌入结构中的 SMA 丝数量进一步增大,组成计算模型 b,模型 b 中的 SMA 丝分为有预拉伸和无预拉伸两类。计算分析采用限元程序进行,网格划分如图 8.8 所示。

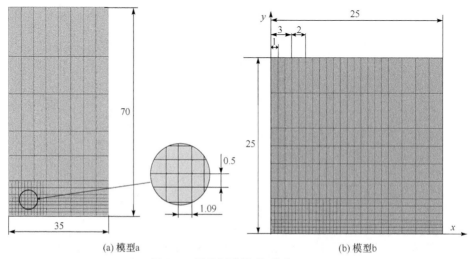

(a) 模型a　　　　　　　　　　　　(b) 模型b

图 8.8　网格划分情况(单位:mm)

根据表 8.2 所示的计算条件,模型 a 和模型 b 的计算结果如图 8.9~图 8.13 所示。由图 8.9 可以看出,在裂纹长度为 5.94mm 和 8.3mm 时对裂纹部位的 SMA 丝加

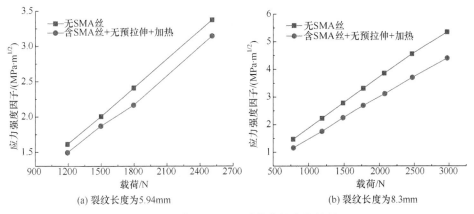

(a) 裂纹长度为5.94mm　　　　　　　　(b) 裂纹长度为8.3mm

图 8.9　模型 a 的 K_I 随载荷的变化情况

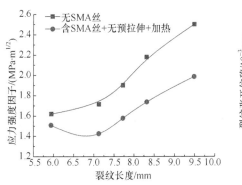

图 8.10　模型 a 的 K_I 随裂纹长度的
变化情况

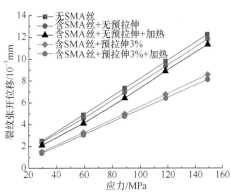

图 8.11　模型 b 的裂纹张开位移随
载荷的变化情况

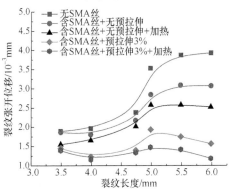

图 8.12　模型 b 的裂纹张开位移随
裂纹长度的变化情况

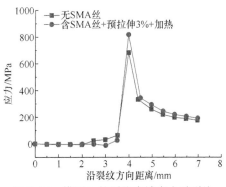

图 8.13　模型 b 的裂纹尖端应力随裂纹
长度方向距离的变化情况

热,SMA 丝收缩会有效降低裂纹尖端的应力强度因子,改善裂纹尖端受力状态。同时,随着外加载荷的增加,应力强度因子的降低幅度逐渐增大。

由图 8.10 可以看出,对位于结构裂纹部位的 SMA 丝加热以后,裂纹尖端受力状态得到改善,并且随着裂纹扩展长度的增加,相应位于裂纹处的 SMA 丝的变形增大,被加热后回复力增大,对裂纹尖端应力场的改善效果也更好。

另外,由图 8.11 和图 8.12 可以看出,嵌入预拉伸变形 SMA 丝的结构与嵌入无预拉伸变形 SMA 丝的结构相比,在相同 SMA 丝嵌入量的情况下,其对裂纹扩展的阻止效果进一步增强,对于有 3% 预拉伸 SMA 丝的结构,通电驱动后,其裂纹阻止效果更加明显。

由图 8.13 可以看出,嵌入 SMA 丝并通电加热的结构和无 SMA 丝的结构相比,在裂纹尖端附近沿裂纹方向的应力强度因子明显减小。

8.2.4　试验测试与验证

试验验证的目的是考核 SMA 主动阻止裂纹扩展结构对裂纹的探测能力、在静态加载条件下对裂纹尖端应力强度因子的减弱能力和在循环加载条件下对裂纹扩展的阻止效果。

1. 裂纹探测试验

裂纹探测试验采用的试件如图 8.14 所示,其中 SMA 丝直径为 0.38mm,基体材料为环氧树脂材料,通过浇铸法将 SMA 丝嵌入环氧树脂内(结构的形状和尺寸如图 8.14 所示)。

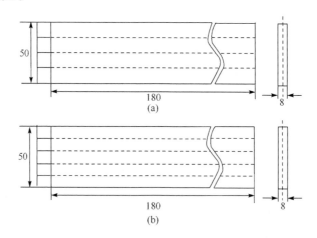

图 8.14　试件的形状和尺寸(单位:mm)

试验方案如图 8.15 所示,将试件预制裂纹,并将其中嵌入的 SMA 丝都接入高精度电阻测试仪。在不同载荷和不同裂纹长度条件下测试位于裂纹处 SMA 丝的电阻变化规律。

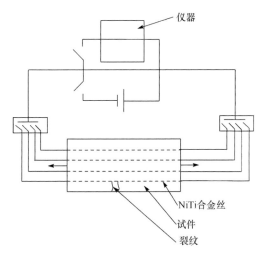

图 8.15　测试原理示意图

　　为了研究不同裂纹长度对电阻变化规律的影响,分别预制了长度为 11mm、17mm、19mm 和 23mm 的裂纹,并在多个载荷下进行电阻测试,得出各裂纹长度条件下、不同载荷作用下电阻值的变化曲线(图 8.16)。可以看出,对于裂纹长度一定的试件,当载荷增大时,裂纹张开位移增大,位于裂纹处的 SMA 丝应变增大,从而导致 SMA 丝的电阻值增大。

　　随后对确定载荷下,SMA 丝的电阻值随裂纹长度的变化情况进行了研究。如图 8.17 所示,当载荷分别为 $P=178.7$N、$P=238.3$N 时,SMA 丝的电阻值随裂纹长度的增大而增大。而且,随着加载载荷的增加,电阻增大的速率也会加快。

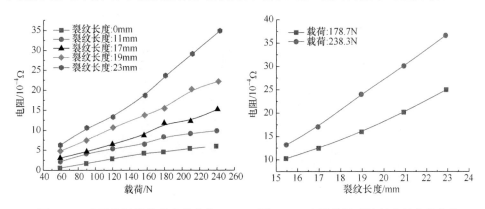

图 8.16　电阻值随外载的变化曲线　　　图 8.17　电阻值随裂纹长度的变化曲线

通过以上两方面的研究工作可以看出，SMA 丝的电阻能敏感地反映主动阻止裂纹扩展结构的裂纹长度和加载载荷。如果通过计算机系统分析 SMA 丝的电阻变化规律，结合预先测得的试验数据库，就可实现对裂纹的监测。

2. 静态试验

主动阻止裂纹扩展静态试验是研究在静态加载条件下，当结构中出现裂纹后，主动驱动 SMA 对裂纹尖端应力场的改善能力。分别对 SMA 丝-环氧基、SMA 丝-金属基的主动阻止裂纹扩展结构试件开展了试验研究。

对于 SMA 丝-环氧基试件，采用光弹测试法对裂纹尖端的应力场、光弹性测试的示意图如图 8.18 所示。试件尺寸和形状如图 8.14 所示，预制裂纹长度为 21mm，当在两端施加 208.5N 的载荷时，分别拍摄对 SMA 丝驱动前和驱动后试件上裂纹尖端应力场等色线图形，如图 8.19 所示。由图可看出，在驱动后裂纹尖端等色线条纹图明显减弱，说明裂纹尖端应力场在 SMA 丝的作用下得到了明显的改善。

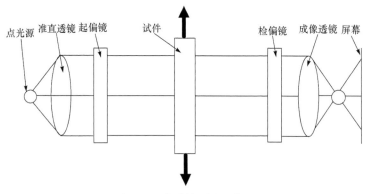

图 8.18　光弹性测试示意图

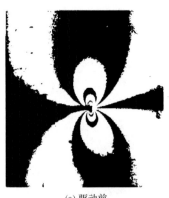 

(a) 驱动前　　　　　　　　　　　(b) 驱动后

图 8.19　裂纹尖端光弹照片

在获得光弹测试结果的基础上,利用测试结果与数值分析相结合的方法来求解裂纹尖端应力强度因子 K_I[15],由求出的 K_I 的大小来说明 SMA 丝被加热后使裂纹尖端应力场得到改善的情况。

设 K_{I0} 为没有嵌入 SMA 丝试件计算出的应力强度因子,K_{I1} 和 K_{I2} 分别表示有 SMA 丝试件在 SMA 丝不加热和加热条件下所计算出的应力强度因子,计算结果如图 8.20 所示。从图中可以看出,对 SMA 丝加热后所计算出的应力强度因子 K_{I2} 要比 K_{I1} 减小 11%～14%,而 K_{I2} 要比没有嵌入 SMA 丝试件的应力强度因子 K_{I0} 减小 15.6%。总体说来,试件中含有 SMA 丝会降低裂纹尖端应力强度因子,而裂纹扩展后对 SMA 丝加热能大幅降低应力强度因子,改善裂纹尖端应力状况。

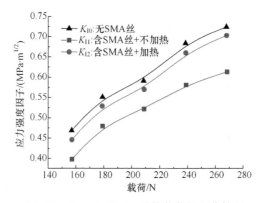

图 8.20　K_{I0}、K_{I1} 和 K_{I2} 随外载荷的变化情况

对于 SMA 丝-金属基试件的试验研究,采用浇铸法制作了以 ZL-105 铝合金为基体材料的主动阻止裂纹扩展结构试件(图 8.21(a)),试件的形状为矩形薄板,中间单边开有裂纹。

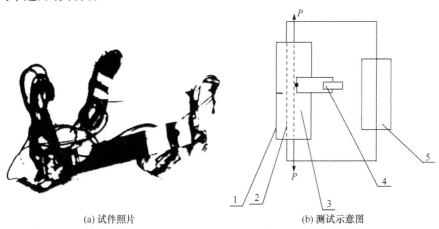

(a) 试件照片　　　　　　　　　(b) 测试示意图

图 8.21　试件及试样测试示意图

1-试件;2-SMA 丝;3-应变片;4-数据采集系统;5-加热控制装置

　　试验原理示意图如图 8.21(b)所示,本次试验采用激光云纹干涉技术面内位移实时观测法[16],所拍摄的不同载荷状态下的激光云纹照片如图 8.22 和图 8.23 所示。计算出的裂纹尖端表面张开位移如图 8.24 所示,图中 V_1 和 V_2 分别表示 SMA 丝不被加热和被加热时的裂纹尖端表面张开位移。可以看出,加热驱动 SMA 丝可以有效减小裂纹尖端的张开位移,阻止裂纹的扩展。同时,随着外加载荷的增大,V_1 和 V_2 的差值(此差值就是 SMA 丝被加热后所产生的回复力驱动裂纹闭合的位移量)相应增大,表明 SMA 丝对裂纹的阻止效果增强。

　　裂纹尖端应力强度因子 K_{I1} 和 K_{I2} 随外载荷的变化情况如图 8.25 所示。由图可知,含 SMA 丝加热和不加热的试件相比,裂纹尖端应力强度因子相对减小量为 15.7%～20.6%,平均减小量为 18.4%。利用 8.2.3 节模型 a 的有限元计算结果可以得出,含 SMA 丝加热和不加热的试件相比,应力强度因子相对减小量为 16.9%～20.6%,其平均减小量为 18.7%,计算和试验结果吻合得很好。

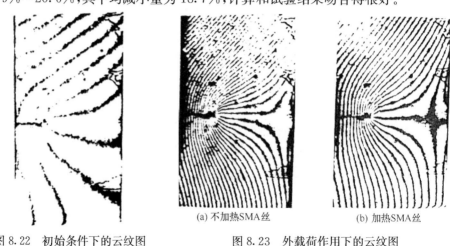

(a) 不加热SMA丝　　　　　　　　(b) 加热SMA丝

图 8.22　初始条件下的云纹图　　　　　图 8.23　外载荷作用下的云纹图

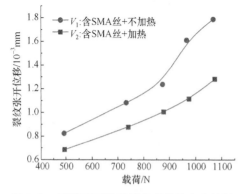

图 8.24　裂纹张开位移随外载荷的变化情况　　　图 8.25　K_I 随外载荷的变化情况

裂纹长度和外载荷保持不变,仅改变加热电压时 K_I 的变化情况如图 8.26 所示。可以看出,在一定范围内适当提高加热电压,可以提高 SMA 丝的加热温度,从而提高 SMA 丝的回复力,有效减弱裂纹尖端应力场。

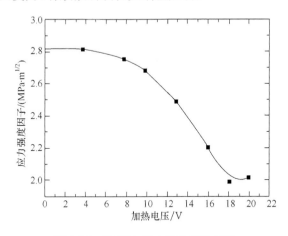

图 8.26　K_I 随加热电压的变化情况

3. 疲劳试验

疲劳试验是研究在循环载荷作用下,主动阻止裂纹扩展结构试件中 SMA 丝对裂纹扩展的阻止作用和对疲劳寿命的影响规律。试验主要针对浇铸法制作的 SMA 丝-LY-11 铝合金试件展开,试件尺寸如图 8.7 所示,预制裂纹长度为 7mm。

疲劳试验在电液伺服液压疲劳试验机上进行,根据 LY-11 铝合金材料的性质,试验载荷在裂纹萌生阶段选定为 $\sigma = 68\text{MPa}$,在裂纹扩展阶段选定为 $\sigma = 54.4\text{MPa}$,工作频率为 0.5Hz,应力比为 $R = \sigma_{\max}/\sigma_{\min} = 0$,即为脉动载荷。试验条件见表 8.3。

表 8.3　疲劳裂纹扩展试验条件及内容

试验条件	无 SMA 丝试件	含 SMA 丝不加热试件	含 SMA 丝加热试件
SMA 丝预拉伸量	—	$\varepsilon = 0.025$	$\varepsilon = 0.025$
试验温度	30℃	30℃	对 SMA 丝加热至 100℃
测试内容	裂纹萌生寿命		
	裂纹扩展寿命		
试验载荷	裂纹萌生阶段 $\sigma = 68\text{MPa}$,裂纹扩展阶段 $\sigma = 54.4\text{MPa}$		
载荷谱	脉动载荷		
频率	0.5Hz		

试验过程中,通过将断裂丝片(图 8.27)贴在预制裂纹处来监测裂纹的扩展长度。当裂纹扩展时,裂纹尖端张开位移增大,相应位于裂纹尖端附近由脆性材料制成的栅线逐渐被拉断。每拉断一根栅线代表裂纹扩展了相当于一个栅线距离的长度。当栅线发生断裂时,在断裂丝片的两端就有电阻值的变化,如图 8.28 所示。根据电阻值的变化情况,就可知裂纹扩展长度。

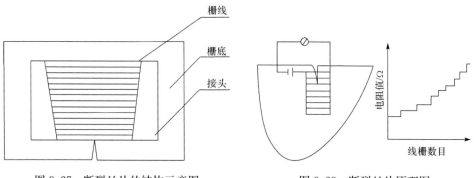

图 8.27　断裂丝片的结构示意图　　　　图 8.28　断裂丝片原理图

试验过程中,通过监测系统监测嵌入试件中 SMA 丝的电阻,控制系统自动分析电阻变化情况,判断裂纹扩展情况,从而控制电源对相应的 SMA 丝加热,使其阻止裂纹扩展,延长主动阻止裂纹扩展结构试件的寿命。

试验结果如表 8.4 所示。对于裂纹萌生寿命,无 SMA 丝的试件、含 SMA 丝不加热的试件和含 SMA 丝并加热的试件寿命分别为 1750 循环、4008 循环和 8200 循环,含 SMA 丝试件在不加热时裂纹萌生寿命提高了 1.3 倍,加热时寿命大幅提高,达到了 3.69 倍。对于裂纹扩展寿命,3 种试件的寿命(从 0.68mm 扩展到 1.22mm)分别为 3300 循环、6223 循环和 13019 循环,含 SMA 丝试件不加热和加热情况下分别提高为原来的 1.89 倍和 3.95 倍。

表 8.4　疲劳裂纹扩展试验结果

试验条件		无 SMA 丝试件	含 SMA 丝不加热试件	含 SMA 丝加热试件
裂纹萌生寿命	循环数	1750	4008	8200
	提高倍数	—	2.30	4.68
裂纹扩展寿命(从 0.68mm 扩展到 1.22mm)	循环数	3300	6223	13019
	提高倍数	—	1.89	3.95

几种试件的 Δa-ΔN 曲线如图 8.29 所示。可以看出,含 SMA 丝的试件即使

在不加热的状态下也可以在一定程度上对裂纹扩展起到阻止作用,裂纹扩展速率有所降低。对 SMA 丝通电加热对于裂纹的扩展有非常明显的阻止作用,裂纹扩展速率大幅降低,裂纹扩展寿命明显延长。

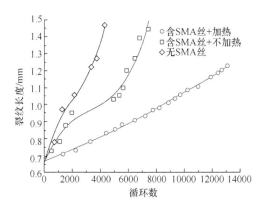

图 8.29　几种试件的 Δa-ΔN 曲线

8.3　均　载　螺　栓

工程中经常需要多个螺栓共同连接两个结构(图 8.30)。这类结构如果出现螺栓失效问题,往往是其中一个螺栓首先断裂,随后其余螺栓承担的载荷突然增大,在较短的时间内发生连续断裂,导致整个连接失效。尤其是在航空航天领域,连接的失效将导致结构的损毁,造成灾难性的后果。

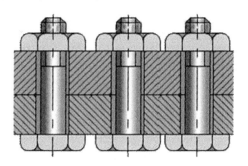

图 8.30　多个螺栓连接结构

为了解决上述问题,可以在装配过程中,精确控制每个螺栓中的初始预紧力,降低装配对螺栓载荷不均匀性的影响。如果在设计环节就考虑到螺栓载荷的不均匀性,采取自适应的载荷分配,保证每个螺栓的载荷均匀,就能明显提高螺栓结构的强度裕度和工作可靠性。

8.3.1 工作原理

如第 1 章所述,SMA 具有超弹性特性,其简化图如图 8.31 所示。在载荷作用下,当载荷小于 P_1 时,材料的变形曲线沿 OA 变化,完全呈线性关系。而当载荷超过 P_1 时(超弹性相变开始临界应力),材料发生奥氏体向非孪晶马氏体的变化,材料变形不再继续沿 OA 变化到 C 点,而是出现拐点,材料刚度发生变化,变形曲线将沿 DB 线变化。在 DB 段变形增加很多,而载荷却增加很小(可假设载荷不增加),直到达到 B 点,材料的相变结束。在 DB 段内时,若去除载荷,材料变形能够回复原始状态。

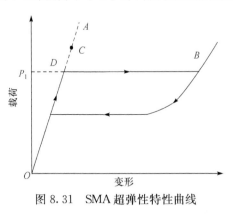

图 8.31 SMA 超弹性特性曲线

利用 SMA 的这种特性,设计 SMA 螺栓,便可实现螺栓自动均载的目的。例如,P_1 点调整为所要求限制的载荷,当外载荷继续增大时,该螺栓不再继续承受增加的载荷,但可产生较大的变形,让其他螺栓继续分摊载荷,达到平均每个螺栓中载荷的目的。

基于上述分析,将 SMA 制作成 6 个均载螺栓,如图 8.32 所示。其中连接段设有螺纹,用于和螺母配合,实现连接和加载功能,均载段相对较细,在螺栓被施加载荷后,该段会伸长,实现均载的作用。

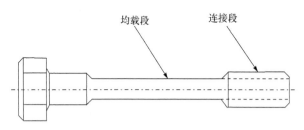

图 8.32 SMA 均载螺栓示意图

6 个螺栓用于连接两个结构件,要求限制各螺栓中的载荷为 P_1(后面称该载荷为均载载荷)。在连接的初始状态,各螺栓上所承受的载荷是不均匀的,如图 8.33(a)所示,图中①～⑥编号表示 6 个螺栓,由图可知,螺栓③中载荷最大,而螺栓②、④中载荷偏小。

对各 SMA 螺栓施加拧紧载荷,各个螺栓中载荷都非均匀地增大。如果各螺

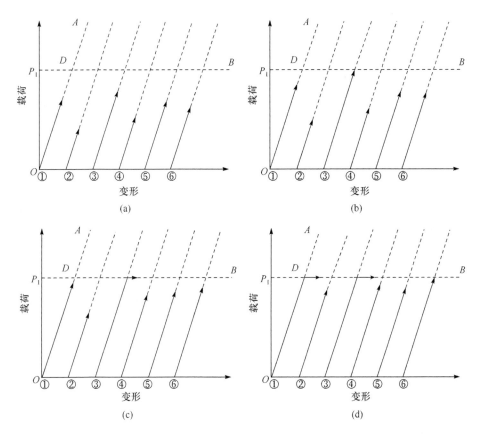

图 8.33　SMA 自动均载螺栓工作原理图

栓上所承受的载荷小于 P_1，则各自沿着与 OA 平行的加载曲线按线性规律变化。由于螺栓③上承受的载荷最大，该螺栓的载荷首先达到 P_1，如图 8.33（b）所示。

随后，进一步对各螺栓拧紧，螺栓③载荷不再增加，而是出现拐点，其他载荷未达到 P_1 的螺栓则继续沿与 OA 平行的加载曲线增加，如图 8.33(c)所示。随着拧紧载荷的继续增加，螺栓①载荷也达到了 P_1，并且出现拐点，载荷不再增加，而其他螺栓载荷则继续增加。如此继续下去，各螺栓中的载荷逐渐趋于均匀，从而实现了均载连接。

需要指出的是，通过这 6 个螺栓连接的两个结构件在服役过程中可能承受振动或冲击载荷作用，使各螺栓的连接载荷发生突然增加的情况。由于自动均载载荷的作用，突然增加的载荷会平均分配到 6 个螺栓中，避免了某一螺栓因载荷过大而发生损坏。

8.3.2　结构方案设计

通过以上工作原理的介绍,该 SMA 螺栓设计的关键点是保证螺栓在限制载荷为 P_1 时刚好达到材料的相变临界应力,从而发生奥氏体向非孪晶马氏体的相变,导致应力-应变曲线拐点的出现。基于以上考虑,SMA 螺栓的设计步骤如下。

1. 螺栓尺寸选择

SMA 有很多种,其中 NiTi 合金为机械性能最突出的一种。但即使是 NiTi 合金,其材料配方微小的变化、热处理工艺及冷加工量的变化都会引起性能的改变。因此,在进行螺栓设计前,必须选取具有良好超弹性的 NiTi 合金材料作为原材料。

经过多种配方 NiTi 材料的试验,最终选取了近等原子比 NiTi 超弹性材料,该材料在某种热处理状态下的载荷-应变曲线如图 8.34 所示。由图可知,该材料曲线拐点明显、平台平滑、材料延伸率大、强度高、载荷卸除后残余应变小,因而选取此材料作为螺栓材料,使其具有良好的超弹性功能,满足实际工况的要求。

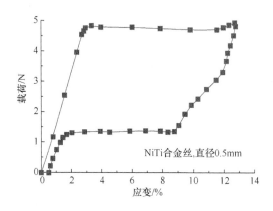

图 8.34　材料超弹性载荷-应变曲线

通过图 8.34 所示的 SMA 丝载荷-应变曲线,可直接根据螺栓的均载载荷(图 8.33 中 P_1)计算出螺栓的直径,但是这种方法是比较理想化的,没有考虑热处理工艺对螺栓尺寸的敏感性和机械加工残余应力的影响。因此,需要直接测试特定热处理、机械加工工艺下的不同直径的螺栓试件,确定出最符合使用要求的螺栓直径。

试验分别对直径为 4mm、4.5mm 和 5mm 的试件进行单轴拉伸测试,确定各直径试件的均载载荷。图 8.35 为测得的载荷-应变曲线,根据实际使用要求,最后选择图 8.35(c)所示曲线对应的直径,即螺栓直径为 5mm。

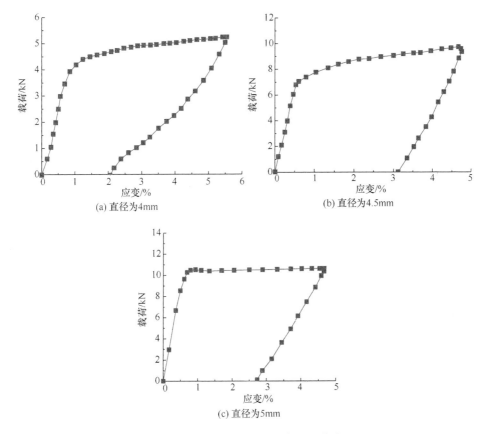

图 8.35　SMA 试件均载载荷测试曲线

2. 使用温度范围测试

根据实际工况要求,螺栓应在一定的环境温度下正常工作。因此,还应进行低温(环境温度为−20℃)或高温环境(环境温度为 60℃)下的 SMA 试件性能试验。其测试方法为:首先测试常温条件下材料的载荷-应变曲线,然后进行低温、高温载荷-应变曲线性能的测试。观测两种不同温度条件下与常温载荷-应变曲线的差别。

试验表明,该试件在环境温度为 60℃的条件下,其性能与常温接近;而在低温条件下,其试件的回复性能比常温状态下要好,但均载载荷略低,如图 8.36 所示。但在低温下材料强度仍然可以满足使用要求。

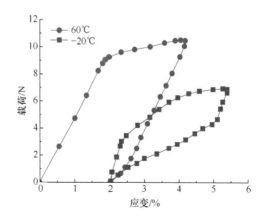

图 8.36　材料低温测试曲线

3. 疲劳试验

疲劳试验是在 MTS 电液伺服疲劳试验机上进行的。试验载荷是根据某型卫星吊装工况要求确定的。疲劳试验的载荷谱如图 8.37 所示。疲劳试验的主要参数为:最大载荷 $P_{max}=3.920kN$,最小载荷 $P_{min}=0.392kN$,应力比为 $R=0.1$,试验环境温度为 18℃,加载频率为 30Hz。

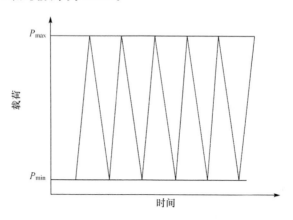

图 8.37　疲劳试验的载荷谱

在上述试验条件下,螺栓试件的循环寿命可达 2500 次以上,完全满足实际使用工况要求。

8.3.3　试验测试与验证

基于上述 SMA 均载螺栓设计,完成了某型卫星与吊装架螺栓的加工。为了验证其自动均载能力,搭建了均载螺栓测试系统,并对均载螺栓进行了装配载荷不均和系统刚性不均的均载试验。

1. 测试系统

整个测试系统是在实验室模拟卫星吊装工况进行的,测试系统如图 8.38 所示。其中,卫星吊装系统中一根横梁作为试验承力构件,一共 7 个均载螺栓被安装在横梁上。螺栓的排列方式如图 8.38 所示。试验现场照片如图 8.39 所示。

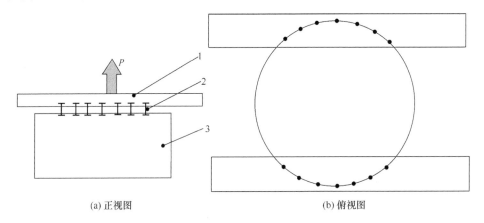

(a) 正视图　　　　　　　　　　　　　　(b) 俯视图

图 8.38　测试系统示意图
1-构件;2-均载螺栓;3-卫星壳体

图 8.39　试验现场照片

2. 装配载荷不均

在将 SMA 均载螺栓与卫星壳体、横梁连接的过程中，人为地加大某一螺栓上承受的载荷，以模拟在装配过程中造成的载荷不均匀工况。通过人为调整后，7 个 SMA 均载螺栓的初载情况如表 8.5 所示（表中第一行是正常安装状态下的载荷，第二行是人为调整造成不均匀后的载荷）。从表中可以看出，在人为调整后，6 号螺栓上所承受的载荷最大。

表 8.5　装配造成载荷不均匀的均载试验载荷表

序号	$\sum P_i$ /kN	$P_平$ /kN	P_1 /kN	P_2 /kN	P_3 /kN	P_4 /kN	P_5 /kN	P_6 /kN	P_7 /kN	ΔP /kN
1	2.516	0.3594	0.39	0.39	0.386	0.382	0.330	0.319	0.347	0.356
2	3.1978	0.456	0.6818	0.5144	0.3821	0.0334	0	1.586	0	1.586
3	7.082	1.0117	1.314	1.173	0.987	0.369	0.127	2.919	0.1930	2.730
4	13.417	1.9160	2.289	2.186	1.767	1.275	1.188	3.790	0.928	2.87
5	18.857	2.6938	3.036	2.924	2.612	2.248	2.137	3.895	1.955	1.94
6	19.466	2.7815	3.1331	3.0707	2.6752	2.3825	2.2329	3.9194	2.0517	1.87
7	20.190	2.8845	3.2468	3.1833	2.7707	2.5168	2.3445	3.9516	2.1768	1.775
8	20.552	2.936	3.2792	3.2476	2.8025	2.6175	2.4327	3.9355	2.2375	1.70
9	21.217	3.031	3.3929	3.36	2.8822	2.7517	2.5439	3.9435	2.3425	1.6
10	7.1452	1.021	1.2338	0.9968	1.0067	0.8893	0.5582	2.0081	0.4523	1.55
11	3.2268	0.4612	0.6331	0.3537	0.4459	0.3859	0.1116	1.2903	0.008	1.2823

逐渐开始对系统加载，各螺栓上所承受的载荷开始上升。受系统刚性的影响，各螺栓之间的载荷不均匀性进一步加大，直到达到某一最大值。随后，随着载荷继续上升，当承受最大载荷的 6 号螺栓达到所要求的调节范围时，均载调节功能开始发生作用，此时 6 号螺栓上增加的载荷量明显比其他螺栓上增加的载荷量小，即该螺栓开始自动进行均载调节，其承担的载荷不再继续增大或与其他构件相比上升缓慢，而其他螺栓将 6 号螺栓不再承受的多余部件载荷分担过来，从而使系统的不均匀性减小。

6 号螺栓试验载荷与平均试验载荷对比如表 8.6 所示。由表 8.5 和表 8.6 可知，6 号螺栓承受的载荷由 3.79kN（第 3 个加载点）增加到 3.9435kN（第 8 个加载点）共经过了 5 个加载点，仅上升了 0.1535kN，而系统在此阶段的平均载荷上升了 1.1143kN。6 号螺栓的增加量仅为系统平均增加量的 13.77%，而 5 号和 7 号螺栓在此阶段的载荷分别从 1.88kN 和 0.92kN 增加到了 2.544kN 和 2.3425kN，为系统平均增加量的 121.68% 和 142.25%；此时系统的不均匀性由原来的绝对偏差

2.87kN 下降到了 1.6kN。由试验结果可知，SMA 均载螺栓可以自动平均装配造成的载荷不均匀。

表 8.6　6 号连接构件试验载荷与平均试验载荷对比表（单位：kN）

加载序号		1	2	3	4	5	6	7	8	9
6 号构件	载荷	0.347	1.586	2.919	3.79	3.895	3.9194	3.9516	3.9355	3.9435
	变化量	—	1.239	1.333	0.871	0.105	0.0244	0.0322	−0.016	0.008
所有构件	平均载荷	0.3594	0.456	1.0117	1.9167	2.6938	2.7815	2.8843	2.936	3.031
	平均变化量	—	0.0966	0.5557	0.905	0.777	0.0877	0.1028	0.0517	0.095

3. 系统刚性不均

在初始状态下，将各螺栓上所承受的载荷调整到基本平衡，然后开始逐步加载。系统中各螺栓位于横梁上的位置不同，导致在相同载荷下横梁的变形不同，所以各螺栓上实际承受的载荷也不同，其不均匀性将随着外加载荷的增加相对增大，如表 8.7 所示。然而，当某一螺栓上的载荷超过其限制载荷时，该构件的载荷变形曲线开始出现拐点，将增加到其上的载荷分担到其他螺栓之中，从而降低了系统的不均匀性。

表 8.7　系统刚性不均造成载荷不均匀的均载试验数据

序号	$\sum P_i$ /kN	$P_平$ /kN	P_1 /kN	P_2 /kN	P_3 /kN	P_4 /kN	P_5 /kN	P_6 /kN	P_7 /kN	ΔP /kN
1	1.5846	0.2264	0.259	0.225	0.223	0.235	0.199	0.2096	0.234	0.06
2	3.5146	0.5021	0.568	0.5308	0.5095	0.5033	0.403	0.435	0.565	0.165
3	8.2733	1.1819	1.315	1.286	1.1943	1.175	0.947	1.016	1.34	0.393
4	10.6135	1.5162	1.688	1.688	1.529	1.51	1.172	1.3145	1.712	0.54
5	12.871	1.8387	2.045	2.058	1.863	1.829	1.427	1.597	2.052	0.631
6	15.327	2.19	2.451	2.508	2.245	2.147	1.7065	1.927	2.3405	0.744
7	17.835	2.5479	2.825	2.91	2.627	2.483	1.994	2.25	2.746	0.831
8	20.3348	2.905	3.2143	3.328	2.994	2.819	2.3285	2.581	3.07	0.9995
9	20.624	3.232	3.539	3.6495	3.344	3.205	3.6635	3.903	3.32	0.98
10	25.746	3.678	3.782	3.987	3.635	3.893	3.493	3.42	3.546	0.567
11	26.388	3.7697	4.026	4.051	3.662	3.926	3.581	3.556	3.586	0.495
12	27.001	3.8587	4.14	4.148	3.726	3.993	3.676	3.661	3.667	0.487
13	27.333	3.905	4.188	4.212	3.758	3.993	3.692	3.694	3.796	0.516
14	27.965	3.995	4.286	4.309	3.869	4.094	3.772	3.766	3.869	0.544

序号	$\sum P_i$ /kN	$P_平$ /kN	P_1 /kN	P_2 /kN	P_3 /kN	P_4 /kN	P_5 /kN	P_6 /kN	P_7 /kN	ΔP /kN
15	26.9871	3.8553	4.14	4.148	3.71	3.9597	3.6443	3.621	3.7641	0.527
16	22.375	3.1964	3.539	3.4727	3.1051	3.2215	2.8867	3.032	3.118	0.6523
17	17.8905	2.5558	2.8571	2.7974	2.468	2.584	2.261	2.403	2.520	0.5961
18	15.657	2.2367	2.549	2.444	2.118	2.282	1.962	2.113	2.189	0.587
19	10.8177	1.5454	1.8344	1.704	1.465	1.5436	1.26	1.464	1.5267	0.5744
20	8.3594	1.1942	1.429	1.318	1.131	1.208	0.9931	1.153	1.1874	0.496
21	3.7487	0.5355	0.682	0.611	0.494	0.604	0.335	0.53	0.4927	0.347
22	1.9145	0.2735	0.3896	0.2894	0.223	0.3523	0.1435	0.2742	0.2423	0.246

载荷不均匀数随总载荷的变化曲线如图 8.40 所示,在加载过程中,系统的不均匀性由初始时的偏差值 0.06kN 上升到 0.9995kN,即由平均载荷的 26.5% 上升到 34.4%。但随着载荷的继续增加,达到其限制载荷时,SMA 均载螺栓的均载效应开始起作用,系统的不均匀性由最大偏差值 0.9995kN 下降到 0.487kN,即由平均载荷的 34.4% 下降到 12.6%。

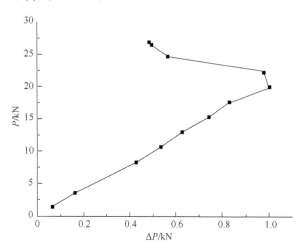

图 8.40　系统刚性不均造成载荷不均匀的自动调节情况

通过上述理论及试验研究表明,采用 SMA 的自动均载螺栓结构简单可靠,并且能有效地平均因装配和系统刚性不均造成的连接载荷不均匀,非常适合用于工程中结构件的连接。

8.4　小　　结

SMA 主动阻止裂纹扩展结构仅进行了几根 SMA 丝同方向排布的嵌入方案，目的仅是验证这种新思想、新原理。实际上，可以选择更多的嵌入方案，如编制 SMA 网再嵌入基体材料、将 SMA 分多层嵌入基体材料等，通过巧妙的嵌入方案能得到更多的结构自诊断、自适应特性。另外，在将 SMA 嵌入基体材料时，如何提高两者结合界面的强度、如何提高 SMA 和基体材料的绝缘性能等仍然是需要进一步深入研究的工作。

SMA 均载螺栓具有良好的均载效果，实现了设计的初衷，也为工程应用提供了一种用于连接的新型智能结构。但在应用中还需要注意：①在长期承受交变载荷的应用场合，不仅要考虑螺栓的强度，还需要考虑 SMA 性能衰减造成的塑性应变的累积，即疲劳问题；②在高低温循环范围较大的场合，还必须考虑温度循环导致的 SMA 螺栓中应力的变化。

参 考 文 献

[1] 张学仁,杜彦良. SMA 智能复合构件控制裂纹的数值与试验研究. 航空动力学报,1998,13 (4):357-360.

[2] 杜彦良,聂景旭. 主动探测裂纹和控制裂纹扩展的智能材料结构. 力学进展,1994,24(4): 499-510.

[3] 张学仁,聂景旭,杜彦良. 主动控制裂纹智能复合构件的有限元分析. 复合材料学报,1999, 16(2):147-151.

[4] 杜彦良,聂景旭,赵长占. 构件裂纹的探测和主动控制的一种新方法. 航空学报,1993,14 (7):A337-A341.

[5] 杜彦良,聂景旭,赵长占,等. 主动控制裂纹扩展的一种新型复合材料构件的研究. 复合材料学报,1992,9(3):105-110.

[6] 杜彦良,聂景旭. 自动探测和控制裂纹的含 NiTi 合金带的智能复合材料构件研究. 石家庄铁道学院学报,1995,8(4):1-10.

[7] 杜彦良. 自动探测裂纹和主动控制裂纹扩展的智能材料结构研究. 北京:北京航空航天大学博士学位论文,1993.

[8] 张学仁. 主动控制裂纹的形状记忆合金智能材料结构研究. 北京:北京航空航天大学博士学位论文,1995.

[9] 沈观林,马良程. 电阻应变计及其应用. 北京:清华大学出版社,1983.

[10] Ewalds H L,Wanhill R J H. Fracture Mechanics. London:Edward Arnold,1984.

[11] 普罗德曼 E P. 聚合物基体复合材料中的界面. 北京:中国建筑工业出版社,1980.

[12] Betz E. Experimental studies of the fibre pull-out problem. Journal of Materials Science, 1982,17(3):691-700.

[13] Murakami Y. Stress Intensity Factors Handbook. 1. Oxford:Pergamon Press,1988.

[14] Marshall D,Cox B N,Evans A G. The mechanics of matrix cracking in brittle-matrix fiber composites. Acta Metallurgica,1985,33(11):2013-2021.

[15] Williams M L. On the stress distribution at the base of a stationary crack. Journal of Applied Mechanics,Transactions of the ASME,1957,26:109.

[16] Post D,Baracat W. High-sensitivity moiré interferometry——A simplified approach. Experimental Mechanics,1981,21(3):100-104.

第9章 总 结

围绕航空航天领域对SMA智能结构的需求,本书融汇了作者及所在课题组和国内工业界近年来在基础研究、应用基础研究、工程研制方面的成果,系统总结和归纳了SMA智能结构的研制方法和流程(图1.27),按照设计需求分析、结构方案设计、材料性能测试、本构模型表征、驱动器设计、结构设计及优化、试验测试与验证、产品工程化的研制流程,组织和形成了书中的内容。本章在对SMA智能结构研制流程总结的基础上,展望了其未来的发展趋势。

9.1 研制流程总结

下面按照SMA智能结构的研制流程,对每个步骤中的重点问题和注意点进行归纳和总结。

1. 设计需求分析

设计需求分析是SMA智能结构研制的出发点。总体设计部门根据产品和系统需求,提出针对SMA智能结构的总需求。这一过程需要总体设计和结构设计部门密切沟通和合作,以保障提出的设计需求既能发挥智能结构的优点,又能给后续结构设计提供一定的裕度。

设计需求分析具体包括:功能要求、性能要求、力学环境要求、热环境要求、可靠性和寿命要求等,具体工作内容如表9.1所示。

表9.1 设计需求分析工作内容

序号	设计需求分析工作	
1	功能要求	压紧释放功能
		锁紧功能
		减振功能
		⋮

续表

序号	设计需求分析工作	
2	性能要求	包络尺寸
		质量
		使用寿命
		释放载荷
		工作电流
		减振指标
		⋮
3	力学环境要求	正弦振动
		随机振动
		冲击
		汽车、铁路等运输振动
		⋮
4	热环境要求	高温/低温使用环境
		热真空
		高低温循环
		湿热环境
		⋮
5	可靠性和寿命要求	使用寿命
		压紧、释放可靠性
		⋮
6	其他要求	剩磁特性、生物相容性等

进行设计需求分析时,往往会专注于智能结构的功能、性能,而忽略以下几方面的内容,需特别注意加以考虑。

(1) 考虑 SMA 智能结构运输需求。对于需要通过汽车、铁路、轮船等交通工具运输的 SMA 智能结构来说,必须考虑运输过程中振动力学环境、热环境等的影响。

(2) 考虑 SMA 智能结构长时间的储存环境需求。对于需要长时间储存的 SMA 智能结构,需要考虑储存环境对其性能的影响,并在设计中加以考虑。

(3) 考虑 SMA 智能结构电磁特性对其周围仪器的影响。当 SMA 智能结构周围仪器需要借助电磁特性工作时,如磁力矩器,需要在设计中考虑 SMA 的剩磁特性。

2. 结构方案设计

结构方案设计是智能结构设计的初步构思,在此阶段应根据材料特点,尽可能提出多重原理的方案,进行充分论证。应充分利用 SMA 的形状记忆效应或超弹性特性,提出巧妙的智能结构设计方案。考虑不同原理和方案的技术优势和缺陷,反复研究和论证,使结构具有很好的智能特征。

结构方案设计具体包括:现有技术评估、提出方案、方案对比、确定方案等,具体工作内容如表9.2所示。

表 9.2 结构方案设计工作内容

序号	结构方案设计工作	
1	现有技术评估	技术资料整理
		原理特点分析
		结构中采用的先进技术评估
		⋮
2	提出方案	方案原理讨论
		方案可行性分析
		关键性能评估
		⋮
3	方案对比	方案关键性能参数对比
		方案优缺点分析
		⋮
4	确定方案	确定最优方案

进行结构方案设计时,需要注意以下方面的内容。

(1) 实现功能。根据需求分析,SMA 智能结构方案的首要目标是实现系统提出的功能。在此基础上,采用材料、结构、控制等多方面的原理和技术,综合权衡,考虑工程实现性和可靠性,开展结构方案设计。

(2) 验证新原理。针对提出的方案,可以初步分离出方案中的重要或新原理,如 SMA 分瓣螺母型压紧释放机构中的分瓣螺母释放结构。同时,设计简单的试验或通过数值仿真,初步验证方案原理,确定方案的可行性。

(3) 充分利用 SMA 的智能特性。方案设计中,要充分利用 SMA 的形状记忆效应、超弹性、阻尼特性等智能特性。例如,SMA 作为驱动器使用时,其受载或受热过程中的电阻变化可用于监测驱动器的工作情况及智能结构所处的环境温度情况。

3. 材料性能测试

材料性能测试是选取 SMA 的关键步骤。对于驱动器中的 SMA,应重点测试其形状记忆效应相关的参数;对于阻尼器中的 SMA,应重点测试其超弹性相关参数;对于需要多次重复使用的驱动器,需要测试循环加载对 SMA 性能衰减的影响。

材料性能测试具体包括:相变温度、力学性能、热处理以及其他性能测试等,具体工作内容如表 9.3 所示。

表 9.3　材料性能测试工作内容

序号	材料性能测试工作	
1	相变温度	原材料相变温度测试
		热处理后相变温度测试
		加载应力条件下相变温度测试
		⋮
2	力学性能	基本力学性能测试
		力学性能衰减测试
		⋮
3	热处理	消除加工硬化
		调节力学性能
		改变相变温度
		设定初始形状
		⋮
4	其他性能测试	智能结构中关注的其他材料性能测试

进行材料性能测试及热处理时,需要注意以下方面的内容。

(1) 被测 SMA 和智能结构中使用的 SMA 应为同批次材料。SMA 对生产过程中的冷加工量、热处理等都很敏感,不同批次的材料如果不能保证相同的生产工艺,材料性能会有很大差别,因此必须采用同批次材料进行测试。

(2) 对特殊使用环境的 SMA 智能结构应增加测试试验。SMA 智能结构的特殊使用环境会对其中的 SMA 性能有特殊要求,需要有针对性地对 SMA 展开性能测试,如人体使用的 SMA 需要考虑生物相容性等。

(3) 热处理中应对 SMA 材料进行保护以防止氧化。SMA 在热处理时,其表面很容易发生氧化现象。若 SMA 智能结构对 SMA 表面质量要求比较高,则可以采用适当的措施防止氧化,如采用封管法将 SMA 材料密封于石英管中,再进行热处理。

4. 本构模型表征

SMA 智能结构设计中需要对 SMA 的力学行为进行表征。不同 SMA 智能结构所利用的 SMA 特性不同,如 SMA 驱动器利用形状记忆效应、均载螺栓利用超弹性,因此需要有针对性地选择合适的本构模型进行表征。

本构模型表征具体包括:选择本构模型、计算分析、应力-应变-温度响应、考虑衰减的本构模型等,具体工作内容如表 9.4 所示。

表 9.4　本构模型表征工作内容

序号	本构模型表征工作	
1	选择本构模型	确定利用的 SMA 特性
		选择本构模型
		⋮
2	计算分析	SMA 边界条件分析
		本构模型编程计算
		求解及后处理
		⋮
3	应力-应变-温度响应	获得应力-应变-温度响应
		⋮
4	考虑衰减的本构模型	确定重复使用情况
		衰减本构描述
		⋮

进行 SMA 本构模型表征时,需要注意以下方面的内容。

(1) 抓住智能结构中关心的 SMA 性能建立本构模型。SMA 的力学行为非常复杂,很难用统一的本构模型进行全面描述。为了降低建模难度和模型的复杂度,在进行本构表征时必须抓住关心的 SMA 性能。

(2) 必要时应考虑 SMA 自加热效应。SMA 在高应变率循环加载时会产生热量,这个热量会加热 SMA 本身,从而影响到其应力-应变响应,在需要精确描述高应变率加载下的力学行为时,必须考虑这种自加热效应。

(3) 高温环境下使用 SMA 时,需要考虑蠕变效应。高温 SMA 材料在航空发动机中有很大的应用潜力。若对这类智能材料进行本构描述,需要考虑高温环境对 SMA 的影响,发展黏塑性 SMA 本构模型。

5. 驱动器设计

驱动器设计首先应确定 SMA 智能结构中采用的驱动器类型,并以 SMA 本构模型为基础,以智能结构的功能、性能等需求为输入,发展针对不同类型驱动器的设计理论,用于指导驱动器设计。

驱动器设计具体包括:确定驱动器类型、开展设计工作、驱动器参数(获取)、寿命预测等,具体工作内容如表9.5所示。

表9.5　驱动器设计工作内容

序号	驱动器设计工作	
1	确定驱动器类型	建立 SMA 驱动器模型
		确定 SMA 驱动器类型
		⋮
2	开展设计工作	选择设计方法
		设计 SMA 丝参数
		设计偏置弹簧参数
		⋮
3	驱动器参数(获取)	获得 SMA 丝参数
		获得偏置弹簧参数
		⋮
4	寿命预测	确定寿命预测模型输入参数
		求解寿命预测模型
		⋮

进行驱动器设计时,需要注意以下方面的内容。

(1) 根据具体需求,选择合适的设计参数。线性变载荷、突变载荷驱动器往往具有多组可满足设计要求的参数,要根据实际驱动器工程应用的关注点,如寿命、尺寸等,选择合理的设计参数。

(2) 突变载荷驱动器设计可以粗略采用线性变载荷驱动器预测模型。对于突变载荷驱动器,其载荷历程比较复杂,对其寿命预测则更加复杂,但是可以利用线性变载荷驱动器寿命预测模型进行预测,预测结果偏安全。

(3) SMA 构件型驱动器不能采用本书中的 SMA 驱动器设计方法。SMA 构件型驱动器,如 SMA 扭管驱动器、SMA 弹簧驱动器等,需要通过多相变 SMA 三维本构模型进行设计。

6. 结构设计及优化

结构设计及优化是在结构方案设计的基础上,利用驱动器设计得出的 SMA、偏置弹簧等参数,开展智能结构详细设计及优化。通常需要首先进行结构初步设计,并从运动、结构强度、热、振动等角度进行优化设计,最终得出详细的结构模型及工程图纸。

结构设计及优化的具体工作内容如表9.6所示。

表 9.6 结构设计及优化工作内容

序号	结构设计及优化工作	
1	初步设计	结构初步设计
		三维建模
		⋮
2	运动仿真优化	运动仿真分析
		优化设计
		⋮
3	力学、热分析优化	关键件强度分析
		热分析
		优化设计
		⋮
4	详细设计	结构详细设计
		⋮
5	工程图纸绘制	确定关键配合尺寸公差
		确定材料加工、热处理工艺
		绘制装配图、零件图
		⋮

进行结构设计及优化时,需要注意以下方面的内容。

(1) 对实现机构原理的核心结构进行运动仿真优化。SMA 智能结构由运动部件、承力结构件和 SMA 丝组成。运动仿真优化主要针对结构中的运动部件,得到能实现预设动作的最优运动部件设计。

(2) 力学仿真优化针对关键承力结构件。关键承力结构件在工作过程中将承受很大的载荷,如 SMA-10000 中的释放销承受很大的接触应力。对于这类结构,需在保证其承力性能的基础上优化其结构外形。

(3) 热分析优化针对热敏感结构。SMA 智能结构中的热敏感结构在温度载荷作用下会出现结构变形,影响结构的配合关系,需要针对这类结构展开热分析优化。

7. 试验测试与验证

试验测试与验证是对加工装配完成的 SMA 智能结构开展测试与验证,以确定各参数指标是否符合设计要求。根据智能结构功能、性能、寿命/可靠性、使用环境等要求,分别开展机构制造、功能试验、性能试验、寿命/可靠性试验、力学环境试验、热环境试验等。

试验测试与验证的具体工作内容如表 9.7 所示。

表 9.7　试验测试与验证工作内容

序号		试验测试与验证工作
1	机构制造	机构加工装配
2	功能试验	压紧释放功能
		锁紧功能
		减振功能
		裂纹抑制、刚度改变
		⋮
3	性能试验	电性能
		释放载荷能力
		尺寸、质量
		释放时间、释放冲击
		⋮
4	寿命/可靠性试验	使用寿命试验
		多次释放可靠性试验
		SMA 丝性能衰减测试
		⋮
5	力学环境试验	正弦振动
		随机振动
		冲击
		加速度、跌落
		⋮
6	热环境试验	热循环
		热真空
		高温环境
		高低温循环、低温环境
		⋮

进行试验测试与验证时,需要注意以下方面的内容。

(1) 功能试验要在 SMA 智能结构服役环境下开展。SMA 服役时所处的环境很可能不是常压、室温环境,如在轨使用的 SMA 压紧释放机构,因此验证其功能时必须考虑服役环境的影响。

(2) 大量级环境试验只针对专用于测试的 SMA 智能结构展开。对 SMA 智能结构产品开展大量级环境试验时(如航天领域中的鉴定级试验),必须采用同批次专门用于测试的产品,不能用最终使用的产品进行这类试验。

（3）试验出故障必须排查并改进设计。若试验考核未通过,则需要开展故障树分析,并返回前述设计过程,排查设计缺陷、SMA 材料缺陷、零件加工超差等情况,并进行改进设计。

8. 产品工程化

产品工程化是利用严格的质量管理与工艺控制方法,将通过实验室验证的 SMA 智能结构转化为工程中可以直接应用的标准化产品。产品转化的重点在于质量管理与工艺控制,因此需要从这两方面分别开展设计文件固化、工艺固化、质量控制、说明书编写等工作,最终完成产品的定型。

产品工程化的具体工作内容如表 9.8 所示。

表 9.8　产品工程化工作内容

序号		产品工程化工作
1	设计文件固化	设计参数
		生产图纸
		⋮
2	工艺固化	零件加工工艺
		热处理工艺
		润滑涂层工艺
		装配工艺
		SMA 热处理训练工艺
		⋮
3	质量控制	零件加工
		SMA 采购
		装配
		SMA 热处理训练
		⋮
4	说明书编写	使用说明书
		复位操作
		安装说明
		⋮
5	产品定型	形成标准型号产品
		⋮

进行产品工程化时,需要注意以下方面的内容。

（1）建立严格的 SMA 质量控制体系。SMA 是整个 SMA 智能结构的核心,其性能稳定性至关重要,SMA 材料配方、热处理、加工方法的改变都会严重影响其性能,为保证多批次产品的一致性,必须控制 SMA 采购环节,建立 SMA 成分检测、热处理、训练工艺、性能测试等一系列质量控制体系。

(2) 航天产品需要采用飞行验证工艺。对于航天智能结构产品的质量控制,还必须严格保证产品中所采用的工艺都是经历飞行验证的工艺;对于需要采用的新工艺,必须开展规定的验证试验,以保证工艺的可靠性。

9.2　未来发展趋势

随着 SMA 新材料、新工艺、新理论等的发展,SMA 智能结构的发展将集中体现在四个方面:新型 SMA 材料研制和改进,考虑蠕变、多轴载荷、跨尺度的本构模型,基于新材料、新工艺的 SMA 驱动器和更加广阔的应用范围。

1. 新型 SMA 材料研制和改进

未来新型 SMA 材料的进一步研制和改进,将大幅拓宽 SMA 的使用温度范围,提高机械性能。随着国内外学者的持续大量研究,SMA 材料的性能将大幅提高。例如,通过改变材料成分定量控制 SMA 的相变温度,获得更宽的相变温度范围[1,2];添加第三元素提高 SMA 的相变温度,获得高温 SMA(high temperature SMA,HTSMA)[3~5];改进热处理方法从而改善 SMA 的驱动性能和多次驱动的稳定性[6~8]等。

2. 考虑蠕变、多轴载荷、跨尺度的本构模型

随着 SMA 在高温、多轴载荷环境以及 SMA 在微机电系统(micro-electro-mechanical system,MEMS)中的应用逐渐增多,发展考虑蠕变、多轴载荷、跨尺度的本构模型将是未来本构模型的发展方向。高温 SMA 出现后,针对其应用过程中的蠕变问题,需要发展考虑高温下 SMA 蠕变的本构模型[9,10]。多孔 SMA 材料出现后,为了模拟多孔材料的力学性能,需要发展模拟多孔 SMA 材料的本构模型[11~14]。随着 SMA 在 MEMS 领域的应用,需要发展描述 SMA 在微尺度下力学性能的本构模型[15~18]。除此之外,考虑多轴加载的 SMA 应力-应变响应[19~22]、循环加载引起的性能衰减[23]、考虑热机械耦合效应的影响[24~26]、SMA 裂纹扩展规律[27,28]等是目前研究的热点,也是 SMA 本构模型未来的发展方向。

3. 基于新材料、新工艺的 SMA 驱动器

随着 SMA 新材料、新工艺等的发展,未来将发展出结构形式、功能、尺度等多样化的 SMA 驱动器。高温 SMA 的出现使在高温环境中使用 SMA 驱动器成为

可能,这将催生 SMA 高温驱动器的发展[29~31]。溅射 SMA 薄膜加工、激光切割等微加工技术的出现,也将大大推动 SMA 在 MEMS 领域的应用,促进基于 SMA 的 MEMS 驱动器的发展[32~35]。

4. 更加广阔的应用范围

随着 SMA 材料制备、加工工艺等的发展,未来 SMA 的应用范围将进一步拓宽。多孔 SMA 结构加工技术将推动 SMA 在医学领域的新应用,如人工骨骼[36]; SMA 相变温度的提高进一步将其应用拓宽到航空发动机的内部,如涡轮叶尖间隙调节;SMA 纳米器件制作工艺的快速发展将继续推动 SMA 在 MEMS 领域中的应用[32~35]。

参 考 文 献

[1] Jiang C, Feng G, Gong S, et al. Effect of Ni excess on phase transformation temperatures of NiMnGa alloys. Materials Science and Engineering:A,2003,342(1):231-235.

[2] Surbled P, Clerc C, Le Pioufle B, et al. Effect of the composition and thermal annealing on the transformation temperatures of sputtered NiTi shape memory alloy thin films. Thin Solid Films,2001,401(1):52-59.

[3] Ma J, Karaman I, Noebe R D. High temperature shape memory alloys. International Materials Reviews,2010,55(5):257-315.

[4] Evirgen A, Karaman I, Noebe R, et al. Effect of precipitation on the microstructure and the shape memory response of the Ni50. 3Ti29. 7Zr20 high temperature shape memory alloy. Scripta Materialia,2013,69(5):354-357.

[5] Atli K, Karaman I, Noebe R, et al. Shape memory characteristics of Ti49. 5Ni25Pd25Sc0. 5 high-temperature shape memory alloy after severe plastic deformation. Acta Materialia, 2011, 59 (12):4747.

[6] Ma L W, Cheng H, Chung C Y, et al. Effect of heat treatment time on microstructure and mechanical properties of Ti-19Nb-9Zr(at%) shape memory alloy. Materials Science and Engineering:A,2013,561:427-433.

[7] He Z, Liu M. Effect of heat treatment on transformation behavior of Ti-Ni-V shape memory alloy. Materials Science and Engineering:A,2011,528(22):6993-6997.

[8] Cho H, Yamaguchi M, Yamamoto T, et al. Effect of heat-treatment time on performance recovery of Ti-50. 4at%Ni shape memory alloy. Transactions of the Materials Research Society of Japan,2012,37(3):463-466.

[9] Hartl D J, Chatzigeorgiou G, Lagoudas D C. Three-dimensional modeling and numerical analysis of rate-dependent irrecoverable deformation in shape memory alloys. International Journal of Plasticity,2010,26(10):1485-1507.

[10] Shamsolhodaei A, Zarei-Hanzaki A, Ghambari M, et al. The high temperature flow behavior

modeling of NiTi shape memory alloy employing phenomenological and physical based constitutive models: A comparative study. Intermetallics, 2014, 53: 140-149.

[11] Sayed T E, Gürses E, Siddiq A. A phenomenological two-phase constitutive model for porous shape memory alloys. Computational Materials Science, 2012, 60: 44-52.

[12] Liu B, Dui G, Zhu Y. A constitutive model for porous shape memory alloys considering the effect of hydrostatic stress. Computer Modeling in Engineering & Sciences, 2011, 78(3-4): 247-275.

[13] Zhu Y, Dui G. A model considering hydrostatic stress of porous NiTi shape memory alloy. Acta Mechanica Solida Sinica, 2011, 24(4): 289-298.

[14] Panico M, Brinson L C. Computational modeling of porous shape memory alloys. International Journal of Solids and Structures, 2008, 45(21): 5613-5626.

[15] Tabesh M, Boyd J G, Lagoudas D C. Modeling size effect in the SMA response: A gradient theory. SPIE Smart Structures and Materials & Nondestructive Evaluation and Health Monitoring, 2014: 905803-1-905803-11.

[16] Gabry B, Lexcellent C, No V H, et al. Thermodynamic modeling of the recovery strains of sputter-deposited shape memory alloys Ti-Ni and Ti-Ni-Cu thin films. Thin Solid Films, 2000, 372(1-2): 118-133.

[17] Massad J E, Smith R C, Carman G P. A free energy model for thin-film shape memory alloys. Smart Structures and Materials, 2003: 13-23.

[18] Dhote R, Melnik R, Zu J. Dynamic thermo-mechanical coupling and size effects in finite shape memory alloy nanostructures. Computational Materials Science, 2012, 63: 105-117.

[19] Arghavani J, Auricchio F, Naghdabadi R, et al. A 3-D phenomenological constitutive model for shape memory alloys under multiaxial loadings. International Journal of Plasticity, 2010, 26(7): 976-991.

[20] Mehrabi R, Kadkhodaei M, Elahinia M. Constitutive modeling of tension-torsion coupling and tension-compression asymmetry in NiTi shape memory alloys. Smart Materials and Structures, 2014, 23(7): 75021-75035.

[21] Gu X, Zaki W, Morin C, et al. Time integration and assessment of a model for shape memory alloys considering multiaxial nonproportional loading cases. International Journal of Solids and Structures, 2015, 54: 82-99.

[22] Mehrabi R, Kadkhodaei M, Andani M T, et al. Microplane modeling of shape memory alloy tubes under tension, torsion, and proportional tension-torsion loading. Journal of Intelligent Material Systems and Structures, 2014: 1045389X14522532.

[23] Yu C, Kang G, Song D, et al. Effect of martensite reorientation and reorientation-induced plasticity on multiaxial transformation ratchetting of super-elastic NiTi shape memory alloy: New consideration in constitutive model. International Journal of Plasticity, 2015, 67: 69-101.

[24] Morin C, Moumni Z, Zaki W. A constitutive model for shape memory alloys accounting for thermomechanical coupling. International Journal of Plasticity, 2011, 27(5): 748-767.

[25] Liu J Y, Lu H, Chen J M, et al. Phenomenological description of thermomechanical behavior of shape memory alloy. Journal of Materials Science, 2008, 43(14): 4921-4928.

[26] Morin C, Moumni Z, Zaki W. Thermomechanical coupling in shape memory alloys under cyclic loadings: Experimental analysis and constitutive modeling. International Journal of Plasticity, 2011, 27(12): 1959-1980.

[27] Hazar S, Zaki W, Moumni Z, et al. Modeling of steady-state crack growth in shape memory alloys using a stationary method. International Journal of Plasticity, 2015, 67: 26-38.

[28] Maletta C, Sgambitterra E, Furgiuele F. Crack tip stress distribution and stress intensity factor in shape memory alloys. Fatigue & Fracture of Engineering Materials & Structures, 2013, 36(9): 903-912.

[29] Nicholson D E, Padula I, Noebe R D, et al. Thermomechanical behavior of NiTiPdPt high temperature shape memory alloy springs. Smart Materials and Structures, 2014, 23(12): 125009.

[30] De Castro K, Melcher K, Noebe R. System-level design of a shape memory alloy actuator for active clearance control in the high-pressure turbine. AIAA Paper 2005-3988, 2005.

[31] Kumar P K, Lagoudas D C, Zanca K J, et al. Thermomechanical characterization of high temperature SMA actuators. Smart Structures and Materials, 2006: 617012-1-617012-7.

[32] Bell D, Lu T, Fleck N, et al. MEMS actuators and sensors: Observations on their performance and selection for purpose. Journal of Micromechanics and Microengineering, 2005, 15(7): S153.

[33] Fu Y, Du H, Huang W, et al. NiTi-based thin films in MEMS applications: A review. Sensors and Actuators A: Physical, 2004, 112(2): 395-408.

[34] Dahmardeh M, Ali M, Sultan M, et al. High-power MEMS switch enabled by carbon-nanotube contact and shape-memory-alloy actuator. Physica Status Solidi A, 2013, 210(4): 631-638.

[35] Kumara S M, Lakshmia M V. Shape memory alloys and its application in MEMS devices. International Journal of Current Engineering and Technology, 2013, 3(2): 292-296.

[36] Kang S B, Yoon K S, Kim J S, et al. In vivo result of porous NiTi shape memory alloy: Bone response and growth. Materials Transactions, 2002, 43(5): 1045-1048.